Thomas M. Seebohm

Philosophie der Logik

Handbuch Philosophie

Herausgegeben von
Elisabeth Ströker und Wolfgang Wieland

Thomas M. Seebohm

Philosophie der Logik

Verlag Karl Alber Freiburg/München

CIP-Kurztitelaufnahme der Deutschen Bibliothek

Handbuch Philosophie / hrsg. von Elisabeth Ströker u. Wolfgang Wieland. – Freiburg (Breisgau); München: Alber.

NE: Ströker, Elisabeth [Hrsg.]

Seebohm, Thomas M.: Philosophie der Logik – 1984

Seebohm, Thomas M.:
Philosophie der Logik / Thomas M. Seebohm. – Freiburg (Breisgau); München: Alber, 1984.
(Handbuch Philosophie)
ISBN 3-495-47474-9

Satz und Druck: Presse-Druck Augsburg
ISBN 3-495-47474-9

Inhalt

Einleitung

Traditionell gesehen, ist es die Aufgabe der Philosophie einer Disziplin, den Charakter des Gegenstandes der Disziplin allgemein zu bestimmen, auf die bei der Erfassung des Gegenstandes verwendeten Methoden zu reflektieren, die Prinzipien der Methoden zu bestimmen und schließlich das Recht und die Grenze der Geltungsansprüche der Disziplin kritisch zu fixieren. Auf die Philosophie der Logik kann dieses Schema gegenwärtig nur bedingt angewendet werden. Hier stehen sich Positionen gegenüber, die nicht nur verschiedenes über die Logik sagen, sondern zugleich auch ganz verschiedene Ansichten über die Philosophie und ihre Stellung zur Logik haben. Das indiziert, daß die Stellung der Logik zur Philosophie eine andere ist als die anderer Disziplinen.

Es kann einmal davon ausgegangen werden, daß Logik Organon der Wissenschaften und der Philosophie sei, d.h. nicht nur negative, sondern auch positive Kriterien wissenschaftlich-methodischen Argumentierens an die Hand gibt. Wird weiter vom modernen Begriff der Wissenschaft ausgegangen, nach dem die Wissenschaftlichkeit einer Disziplin am Leitfaden der Frage, wieviel Mathematik in ihr anzutreffen sei, beurteilt wird, dann kann der Anspruch der Logik, Organon zu sein, nur gerechtfertigt werden, wenn sie a) selbst in mathematischer Präzision aufgebaut wird und b) gezeigt werden kann, daß sie auch das Organon der Mathematik selbst sei, was nicht immer besagen muß, daß Mathematik aus ihr ableitbar sein muß.

Es genügt zu zeigen, daß Logik es gestattet, mathematisches Beweisen zu explizieren. Damit aber wird Logik selbst zum kritischen Maßstab wissenschaftlicher Rationalität und übernimmt ganz die Funktion, die die Philosophie den Wissenschaften gegenüber beansprucht hat. In einem sich notwendig anschließenden Schritt wird Logik selbst zur Philosophie, d.h. was philosophisch sinnvoll ist, muß sich in der Sprache der formalisierten Logik sagen lassen, und was so nicht formuliert werden kann, ist ein Scheinproblem. Anzumerken ist, daß dieser Anspruch im 20. Jahrhundert für zwei Gestalten der formalisierten Logik gestellt wurde, einmal für die klassische formalisierte Logik und dann für die nachklassische Logik. Diese hier grob skizzierte Position wird im folgenden als die Position des epistemischen Programmes bezeichnet werden.

Dieser Position steht zunächst eine gemäßigte kritische Position gegenüber, für die Logik nicht Organon der Wissenschaftlichkeit und Rationalität ist, sondern ein Kanon, der nur negative Kriterien liefert. Positive Kriterien sind nur philosophisch, sei es transzendental, sei es in anderweitig zu charakterisierenden erkenntnistheoretischen Erwägungen zu gewinnen. Ein schwacher Punkt dieser Position, der über ihr philosophisches Recht noch nichts aussagt, ist, daß der Begriff der Logik, von dem hier ausgegangen wird, immer enger ist als das Gebiet, das faktisch in der Disziplin bearbeitet wurde und wird.

Eine radikale kritische Position wird der Logik allen oder fast allen Wert für umgangssprachliches Argumentieren, wissenschaftliches Denken und vor allem philosophisches Denken absprechen. Ein solcher Einwand wurde zunächst von der Rhetorik formuliert. Nur eine materiale Topik kann die Gesichtspunkte liefern, die als Organon des Denkens und Argumentierens, einschließlich der Kunst der Erfindung, dienen können. Eine bloß formale Topik ist wertlos. Dieser bereits in der Antike erhobene Einspruch wird in der Tradition des Humanismus wiederbelebt und hat im Anschluß an die Philosophie der natürlichen Sprache, aber auch an die wiedererstarkte Rhetorik im 20. Jahrhundert wiederum Bedeutung gewonnen.

In der Philosophie selbst wird eine radikale Kritik an den Ansprüchen der formalen Logik und den ersten Ansätzen formalisierter extensionaler Darstellungen zuerst von der spekulativen Dialektik geübt. Formales Denken ist veräußerlichtes, uneigentliches Denken. Dieses Motiv wird, nachdem der Systemgedanke des deutschen Idealismus in Mißkredit geriet, von verschiedenen Positionen, u. a. der Lebensphilosophie, aufgegriffen. Gegenwärtig bestimmt er vor allem die Stellung der philosophischen Hermeneutik zur Logik. Vielfältige Mischformen von hermeneutischen Dialektiken und dialektischen Hermeneutiken betreiben Metakritiken der formalen Logik. Eine nicht mehr an der Logik, sondern an der Wissenschaftsgeschichte orientierte Wissenschaftstheorie liefert hier ebenso wie die wiedererstarkte Rhetorik Gesichtspunkte, die einer solchen radikalen Kritik am Werte der Logik entgegenkommen.

Der Begriff einer „Philosophie der Logik" ist demnach zweideutig. Im Rahmen des epistemischen Programmes ist es die Logik, die eine Philosophie hat und beansprucht, daß diese Philosophie die einzig rationale ist. Man hat Logik als Philosophie. Auf der anderen Seite kann „Philosophie der Logik" als philosophische Kritik der Logik aufgefaßt werden, die in verschiedenem Grade radikal sein kann. Ein Handbuch der „Philosophie der Logik" muß versuchen, zunächst aus rein pragmatischen Gründen für die Darstellung einen übergreifenden Gesichtspunkt zu gewinnen.

Ein solcher Gesichtspunkt wird von der Entwicklung der Disziplin selbst geboten. Das treibende Motiv der Entwicklung der Disziplin ist das epistemische Programm. Ist man an Fortentwicklung interessiert, so wird zumindest als heuristisches Prinzip zu unterstellen sein, daß die Disziplin Wert hat und auch soweit wie möglich so auszubauen ist, daß sie als Organon und nicht nur als Kanon Wert hat. Das bedeutet aber auch, daß in dieser Entwicklung philosophische Kritik, die Schwächen aufweist, zu berücksichtigen ist. Es gilt, solche Kritik sozusagen mit hauseigenen Mitteln zu formulieren und durch Weiterentwicklung zu überwinden, wobei es durchaus der Fall sein kann, daß gewisse überspitzte Erwartungen, die zuweilen an das epistemische Programm geknüpft sind, beschnitten werden mußten. Das gilt z.B. für die Kritik am logizistischen Grundlegungsprogramm. Hier wird der Zweifel an der Reichweite des Formalismus in der Sprache des Formalismus formuliert, und eine Antwort auf die Frage nach den Grenzen wird ebenfalls mit denselben Mitteln gefunden.

In der Entwicklung der Disziplin lassen sich drei Hauptschichten unterscheiden, die einander nicht nur historisch, sondern genetisch und systematisch voraussetzen, eben weil die jeweils höhere als Antwort auf gewisse kritische Einwände auftritt, die gegen die jeweils voraufgehende Gestalt der Logik erhoben wurden. So ist die nachklassische sogenannte intensionale Logik eine Antwort auf Kritik an der klassischen formalisierten Logik und diese selbst eine Antwort auf die Kritik, die nachweist, daß die traditionelle Logik den Anspruch, Organon der Wissenschaften und insbesondere der Mathematik zu sein, nicht erfüllen kann. Andererseits gilt aber, daß kritische Gesichtspunkte gegen den nachklassischen Formalismus ein Sprungbrett im klassischen Formalismus haben, und daß kritische Gesichtspunkte gegen den klassischen Formalismus u. a. in der Philosophie der natürlichen Sprache eine Weiterentwicklung von Gesichtspunkten der traditionellen Logik fordern. Auch in der Diskussion der Probleme der nachklassischen Logik ergeben sich solche Weiterentwicklungen. Es ist deshalb notwendig, dem historischen Begriff „traditionelle Logik" einen systematischen zur Seite zu stellen, der sich allgemein auf die ursprüngliche Schicht logischer Reflexion bezieht, für die natürliche Sprache das Medium, in dem logischer Sinn ursprünglich und primär gegeben ist, bleibt. Der Begriff, der für diesen Zweck eingeführt wird, ist „deskriptive Logik".

Diese Vorerwägungen zeichnen für den Aufbau des Haupttextes folgende Gliederung vor. Teil I wird die deskriptive Logik behandeln. Hier ist der Ort, die traditionelle Frage nach dem Gegenstand, den Methoden und den Prinzipien der Logik zu stellen, und die hier möglichen Positionen im Überschlag darzustellen. Dabei wird auch auf die Modifikationen solcher Positionen, die sich aus der weiteren Entwicklung der Logik zur klassischen formalisierten und zur nachklassischen formalisierten Logik ergeben, einzugehen sein. Sie sind entweder ausgehend von der deskriptiven Logik vorformulierbar oder ergeben sich aus der Kritik der deskriptiven Logik, die zwar nicht zur deskriptiven Logik, aber zu den philosophischen Problemen, die sie aufwirft, gehört. So setzt die weitere Entwicklung des epistemischen Programmes, in der sich dann Positionen wie die des konstruktiven Nominalismus ergeben, eine extensionale Interpretation dessen, was an der deskriptiven Logik das eigentlich Logische ist, voraus und ist nichts anderes als eine radikale Weiterentwicklung dieser Interpretation. Was konstruktiver Nominalismus präzise mit Bezug auf die formalisierte Logik ist, wird allerdings erst später zu entwickeln sein. Auf der anderen Seite gilt, daß die radikale Kritik des Formalismus in Hermeneutik und Dialektik bereits diese Interpretation verwirft und sich für eine intensionale Interpretation dessen, was das eigentlich Logische sei, vorentscheidet.

Teil II befaßt sich mit der formalisierten klassischen Logik. Hier ist darzustellen, wie die klassische Logik einen Teil der philosophischen Probleme der Logik mit den Mitteln des Formalismus zur Auflösung bringt, welche philosophischen Konsequenzen diese Selbstkritik für den Begriff der Logik und des Formalismus hat und was das Wesen des Formalismus ist. Ebenso wie in Teil I bei der Kritik der deskriptiven Logik auf Probleme eingegangen werden muß, die für die Entwicklung des Formalismus von Bedeutung sind, da sie in ihm eine bestimmte Lösung erhalten, wie z.B. das der Paradoxien und Antinomien, wird in Teil II der Begriff des Formalismus so zu entfalten sein, daß der Übergang zur nachklassischen Logik als eine im Formalismus angelegte Möglichkeit verständlich wird. Die Darstellung selbst wird, soweit das möglich ist, selbst nicht formalistisch sein. Es wird, wie das in der Philosophie der Logik nicht anders der Fall sein kann, in natürlicher Sprache über das Wesen des Formalismus gesprochen. Das setzt naturgemäß eine gewisse Kenntnis des Formalismus voraus. Anhang I bietet einen Abriß des Formalismus der klassischen Logik in der Gestalt, in der er in Teil II vorausgesetzt wird. Er führt auch die im Haupttext verwendete Notation ein. Auf abweichende Notationen und Darstellungsformen wird nicht eingegangen. Ihre Behandlung gehört in ein Lehrbuch der formalisierten Logik.

Teil III behandelt die Kritik an der klassischen Logik. Dabei ist zwischen den kritischen Gesichtspunkten, die sich aus der Betrachtung der klassischen Logik ergeben können, und der Funktion, in der sie stehen können, zu unterscheiden. Ein und derselbe kritische Gesichtspunkt, z.B. der, der sich aus der Reflexion auf Individuenkonstanten ergibt, kann in der Funktion stehen, kritisch die Rückkehr zur deskriptiven Logik zu fordern, oder der, kritisch den Übergang zum nachklassischen Formalismus zu begründen, aber auch der, eine scharfe Trennung zwischen der Umgangssprache und der Logik als Sprache idealer Wissenschaftlichkeit vorzuschlagen. Das Herausarbeiten des kritischen Gesichtspunktes ist weitgehend eine Aufgabe logischer Analyse und auch trennbar von der Funktion, in die er gestellt wird. Die Wahl der Funktion ist dagegen von bestimmten Positionen in der Philosophie der Logik abhängig.

Teil IV behandelt die nachklassische Logik. Wie sehr die Situation hier im Fluß ist, zeigt sich nicht zuletzt daran, daß diese Logik unter verschiedenen Titeln läuft: intensionale Logik, modale Logik, Semantik möglicher Welten, universale Pragmatik, die alle verschiedene Aspekte und Ansprüche hervorheben, von denen jedoch keiner alle Aspekte abdeckt. Fest steht, daß die Philosophie der Logik hier vor einer ganz neuen Problemsituation steht. Der Anspruch der nachklassischen Logik, u.a. in der Lage zu sein, intensionale Beziehungen zu explizieren und darüber hinaus natürliche Sprachen einschließlich der pragmatischen Dimension als formale Sprachen rekonstruieren zu können, hat die Lage so verändert, daß insbesondere Philosophie der Logik als Kritik der Logik völlig neu formuliert werden müßte. Eine neue Metakritik der neuen formalisierten Logik ist weitgehend noch ein Desiderat. Daß eine neue Situation vorliegt, ergibt sich auch daraus, daß die Grenzen zwischen deduktiver Logik – und auf sie bezogen wird in diesem „Handbuch der

Philosophie der Logik“ Logik verstanden – und induktiver Logik und Wahrscheinlichkeitslogik sich zu verwischen beginnen. Was daher in Teil IV ausgeführt wird, ist nicht mehr als der Versuch, im Strome schwimmend seine Richtung bestimmen zu wollen. Ebenso wie Anhang I den notwendigen Hintergrund zu Teil II und III liefert, liefert der von meinem Kollegen Glen Helman verfaßte Anhang II eine Darstellung des nachklassischen Formalismus, auf die sich die Diskussion in Teil IV bezieht.

Zur Literatur und ihrer Behandlung sind folgende Bemerkungen zu machen. Bücher, die den Titel „Philosophie der Logik“ tragen, sind selten (Quine *1970;* Putnam *1971*). Sie entwickeln ebenso wie eine Reihe anderer Werke, die „Philosophie der Logik“ im Untertitel tragen könnten und ebenfalls das epistemische Programm vertreten, systematisch bestimmte Standpunkte (Carnap *1928a; 1928b; 1935;* Quine *1960*). Das gleiche gilt für Bücher, die in verschiedenem Grade und von verschiedenen Gesichtspunkten her als Kritiken der Geltungsansprüche des epistemischen Programmes zu betrachten sind (z. B. Husserl FTL; Heidegger *1976; 1978;* Eley *1969;* Rosen *1980*). Es gibt im Grunde nur ein Werk (Haack *1978*), das den Versuch macht, verschiedene Positionen, ausgehend von den Problemlagen der Logik selbst, systematisch zu ordnen und kritisch zu diskutieren. Für das vorliegende Handbuch war diese Arbeit von großem Wert. Was dort allerdings nicht berücksichtigt wurde, sind Gesichtspunkte einer Philosophie der Logik als Kritik der Logik, wie sie in der Tradition im Anschluß bereits an die deskriptive Logik entwickelt wurden. Weiter gilt, daß die Darstellung der nachklassischen Logik und ihrer Probleme doch weitgehend unter dem Gesichtspunkt einer vom Standpunkt der klassischen Logik an ihr zu übenden Kritik steht, obwohl die Idee leitend ist, daß es von nun an wieder eine

Philosophie der Logik – genauer eine Philosophie der Logiken – geben muß, weil es verschiedene, alle im formalistischen Sinne korrekte Typen von Logiken gibt.

Die Hauptmasse der für die Philosophie gegenwärtig wichtigen Literatur ist einerseits Aufsatzliteratur, andererseits handelt es sich um Kapitel – manchmal auch bloß um Absätze – in Büchern, die der Grundintention nach nicht philosophisch, sondern technisch logisch orientiert sind (z.B. Lewis, D. K. *1973a*, Kap. 4). Ein Teil der Aufsatzliteratur ist in Anthologien gesammelt (u.a. Anderson u.a. *1975;* Copi/Gould *1967; 1978;* Davidson/Harmann *1975;* Davis *1969;* Evans/McDowell *1976;* Feigl/Sellars *1949;* Harmann/Davidson *1972;* Linsky *1971;* Posch *1981;* Schwarz *1977*). Ein Literaturverzeichnis, das auch nur eine gewisse Vollständigkeit anstrebt, würde unter diesen Umständen die diesem Handbuch gesetzten Grenzen weit überschreiten. Es war auch nicht möglich, Aufsätze klassischer Autoren (z.B. Frege, Russell, Quine), die in Ausgaben oder Sammelbänden wieder gedruckt wurden, einzeln und mit dem ursprünglichen Jahr des Erscheinens aufzuführen. Die Literaturverweise im Text haben vornehmlich die Aufgabe anzugeben, wer eine bestimmte These oder Position behandelt hat bzw. wo eine bestimmte These oder Position behandelt worden ist, d.h. es handelt sich um Hinweise für ein gründlicheres Studium des in Frage stehenden Problems und nicht um Belege. Das bedeutet andererseits auch, daß der Anspruch, ein vollständiges Explikat der Literatur, auf die verwiesen wird, im Text gegeben zu haben, nicht gestellt wird. Es ist räumlich unmöglich, Verweisen auf Literatur (Montague *1974*), in denen z.B. die These vertreten wird, daß natürliche Sprachen als formale Sprachen rekonstruierbar sind, ein präzises Explikat folgen zu lassen. Allein die Darstellung der erforderlichen technischen Mittel würde ein eigenes Kapitel fordern. Es ist ebensowenig möglich, der Darstellung der Kritik, die Dialektik, Hermeneutik und Rhetorik am Werte der formalen Logik üben, über das hinaus, was formale Logik selbst betrifft, eine tiefere Begründung durch eine Darstellung der Hermeneutik und Dialektik selbst zu geben, von der her sich eventuell weiter begründen ließe, warum diese Kritiken Affinitäten haben. Ein Handbuch wie das vorliegende kann nur versuchen, einen Überschlag über die Probleme, die Problementwicklung und die möglichen Positionen anhand eines systematischen Leitfadens zu bieten. Wie dieser Leitfaden aussieht, wurde erörtert. Selbstverständlich sind andere auch möglich. Bei der Beurteilung ihrer Tauglichkeit und demgemäß auch der Tauglichkeit des hier gewählten Leitfadens sollte allein die Frage ausschlaggebend sein, ob er gestattet, alle Positionen einzuführen, und zwar so, daß der Leitfaden keine negativen oder positiven Urteile über mögliche Positionen und Thesen unmittelbar impliziert. Jeder Leitfaden, der sich hier entweder an das epistemische Programm in einer seiner Gestalten bindet und damit „Philosophie der Logik“ als „Logik als Philosophie“ interpretiert oder aber „Philosophie der Logik“ als philosophische Kritik der Logik versteht, ist unter diesem Gesichtspunkt untauglich. Ob es unter den gegenwärtigen Umständen einen anderen tauglichen als den, der sich an der Genese der Disziplin orientiert, geben kann, scheint mehr als fraglich.

I. Deskriptive Logik

1. Die Methode der deskriptiven Logik und ihre Grenzen

a. Der Begriff der deskriptiven Logik

Deskriptive Logik gewinnt ihren Gegenstand allein durch Reflexion auf die logischen Strukturen, die in natürlicher Sprache unmittelbar manifest sind. Die sogenannte traditionelle Logik ist deskriptive Logik. Es ist aber zu berücksichtigen, daß auch nach der Entwicklung der formalisierten Logik, die Logik in formalisierten Sprachen repräsentiert, auf dem Gebiete der deskriptiven Logik, u. a. in der Phänomenologie und in der Philosophie der natürlichen Sprache, weitergearbeitet wurde. Es kommt dabei zur Gewinnung neuer Gesichtspunkte, u. a. der Absonderung einer rein logischen Grammatik als Sonderdisziplin, auf die gleich zurückzukommen sein wird. Weiter gilt, daß deskriptive Techniken bei der Kritik der klassischen formalisierten Logik eine Rolle spielen (vgl. III), aber auch bei der Diskussion der Interpretation der verschiedenen Systeme der nachklassischen Logik (IV, 2).

Eine gesonderte Behandlung der deskriptiven Logik in der Philosophie der Logik ist notwendig, weil a) viele Fragen der Philosophie der Logik zunächst mit Bezug auf die deskriptive Logik formuliert oder zumindest vorformuliert werden können. Es gilt weiter b), daß die formalisierte Logik im Anschluß an eine philosophische Kritik der deskriptiven Logik entwickelt wurde. Diese Kritik führt zunächst zu einer Entscheidung für eine extensionale Interpretation der Logik. Der Streit darüber aber, was nun das eigentlich Logische in der deskriptiven Logik sei, intensionale oder extensionale Beziehungen, ist ursprünglich ein Streit über das Wesen der deskriptiven Logik. Ob die Möglichkeit besteht, auch intensionale Beziehungen mit Hilfe des nachklassischen Formalismus, d.h. mit Hilfe erweiterter mengentheoretischer, damit extensionaler Techniken darstellen zu können, ist ein Problem, das sich erst später stellt. Es wird an entsprechender Stelle (IV) zu behandeln sein.

„Traditionelle Logik" ist ein historischer Begriff (Darstellungen bei Bocheński *1956,* Teil I–III; Brunstaedt *1930;* vom phänomenologischen Gesichtspunkt bei Pfänder *1921*). „Deskriptive Logik" ist ein systematischer Begriff, der für die Philosophie der Logik unentbehrlich ist. Er darf nicht mit dem Begriff „informelle Logik" vermengt werden. Informelle Logik beschäftigt sich hauptsächlich mit rhetorischen Schlüssen, wie z.B. dem argumentum ad hominem. Deskriptive Logik ist formale Logik. Der Terminus „deskriptiv" ist gerechtfertigt insbesondere durch den deskriptiven Charakter der Methode der deskriptiven Logik im Bereich der logischen Grammatik, auf den gleich einzugehen sein wird. Die Grammatik einer formalisierten Sprache muß rekursiv konstruiert werden. Ob das letztere Verfahren auch auf natürliche Sprache angewendet werden kann (Montague *1974,* vgl. dort auch die Einleitung über die Techniken streng formalisierter Grammatiken allgemein), ist ein Problem, das zurückzustellen ist. Deskriptive Logik verwendet ein solches Verfahren nicht.

b. Deskriptive logische Grammatik und Einteilung der Logik

Die aristotelische Tradition hat der formalen Logik (int.; an. pr.) die Kategorienlehre (cat.) vorangestellt. Was folgt, ist zunächst die Lehre vom wissenschaftlichen Schließen (an. post.), d.h. primär wird hier das epistemische Programm vertreten. Die Beziehung zur Rhetorik ist sekundär. Verbindendes Glied ist die Topik (top.), oft Dialektik genannt, mit den Sophistischen Widerlegungen (so. el.). In der späthellenistischen und humanistischen Tradition wird die Logik – hier bezeichnenderweise oft selbst Dialektik genannt – im Trivium zwischen Grammatik und Rhetorik gestellt. Auf die Beziehung der Logik zu den ihr nachgeordneten Disziplinen, die für die Kritik der Logik wichtig sind, ist später einzugehen. Hier ist zunächst ihr Verhältnis zu den ihr vorgeordneten Disziplinen, Grammatik bzw. Kategorienlehre, zu betrachten.

Daß es eine rein logische Grammatik als eine von der allgemeinen Grammatik zu sondernde und zur Logik gehörige eigenständige Disziplin gibt, ist erst im 20. Jahrhundert entdeckt worden (Husserl LU III, IV; FTL, Kap. 1; Bachelard *1957;* Bar-Hillel *1970,* 89ff.). Der logischen Grammatik zuzuordnendes Material wird in der Aristotelischen Tradition in der Kategorienlehre, Einleitungen zur Kategorienschrift, aber auch in der Lehre vom Urteil behandelt. In der traditionellen Logik der Neuzeit (vgl. z.B. Arnauld/Nicole *1662;* Kant Logik) wird ähnliches Material in der Lehre vom Begriff, aber auch in der Lehre vom Urteil behandelt. Was gesagt wird, beschränkt sich in beiden Fällen hauptsächlich auf die Grammatik der Prädikation. Grammatische Formen der Satzverknüpfung werden ausführlich nur in der stoischen und mittelalterlichen Logik behandelt (Bocheński *1956,* §§ 20, 31).

Grammatische Reflexion setzt Gegebenheit von Sprache als geschriebener Sprache voraus. Gleiches gilt damit auch für eine deskriptive logische Grammatik. Historisch gesehen, ist Grammatik im Dienste der Logik als logische Kategorienlehre früher entwickelt worden als Grammatik als allgemeine Disziplin. Grammatische Reflexion geht auf die grammatische Form eines Satzes oder eines aus Sätzen zusammengesetzten Satzes. Die grammatische Form wird bestimmt durch die in ihr verwendeten grammatischen Kategorien. Eine grammatische Kategorie wird durch Angabe einer grammatischen Konstanten, die immer ein unselbständiger, synkategorematischer Ausdruck ist, und durch Variable, in die ein durch die jeweilige Art der Konstanten festgelegter Bereich von Ausdrücken eingesetzt werden kann, dargestellt. Auf Beispiele wird gleich zurückzukommen sein. Ausdrücke einer Sprache sind nur dann grammatisch wohlgeformt und damit sinnvoll, wenn sie den Gesetzen, die vorschreiben, was in dieser Sprache grammatisch korrekt ist, gehorchen.

Eine deskriptive logische Grammatik wird nur auf die grammatischen Formen und in ihnen verwendete Kategorien eingehen, die maßgeblich für Sätze und aus Sätzen zusammengesetzte Sätze sind, die logische Eigenschaften haben und in logischen Beziehungen – z.B. der der schlüssigen Folge – stehen können. Es ist somit die logische Grammatik, die etwas über die Beschaffenheit des Gegenstandes der Logik, d.h. des Gegenstandes, der logische Eigenschaften haben kann und in logischen Beziehungen steht, zu sagen hat. Demgemäß werden die Gesichtspunkte, unter denen die Logik einzuteilen ist, logisch grammatische Gesichtspunkte sein.

In der Satzlogik oder Aussagenlogik sind die Konstanten satzverknüpfende Partikel wie „und“, „oder“, „wenn-dann“, „nicht“. Die Variablen sind Satzvariablen. Die zuzuordnenden Kategorien sind Konjunktion, Disjunktion, Konditional und Negation. Die Beschreibung einer Kategorie wäre z. B. „P und Q“ mit P, Q als Variablen und die einer aus verschiedenen Kategorien zusammengesetzten grammatischen Form „Wenn R, dann S oder nicht P“.

Die Prädikaten- oder Quantorenlogik hat als kategoriale Grundform die Prädikation „A ist B“ mit der Kopula „ist“ als grammatische Grundkonstante. Durch sie werden für die *deskriptive* Logik einfache Sätze oder Urteile gebildet. Welchen Terminus man bevorzugt, hängt bereits von bestimmten Positionen in der Philosophie der Logik ab. Weiter hinzutretende Konstanten sind die Quantoren „alle“, „einige“. „A“, „B“ sind Variablen, in die Begriffe, die zuweilen auch Terme genannt werden, eingesetzt werden können. Wiederum gilt, daß die Wahl des Terminus von Positionen in der Philosophie der Logik abhängt. An der Subjektstelle einer Prädikation und nur hier können auch Individuennamen eingesetzt werden.

Werden modale Partikel „notwendig“, „möglich“ eingeführt, so ergibt sich die Modallogik, in der sich die Scheidung von Satz- und Prädikatenlogik wiederholt. Solange modale Konstanten nur als Satzoperatoren zugelassen werden, d. h. nur vor, aber nicht in Sätzen stehen dürfen, kann Modalität ausschließlich als Modalität de dicto interpretiert werden und hat somit keine ontologische Bedeutung. Werden modale Operatoren aber in der Prädikatenlogik zur Kopula gezogen „Alle A sind notwendig B“, dann hat man Modalitäten de re. Auf der Ebene einer deskriptiven logischen Grammatik läßt sich kaum anfechten, daß Modalitäten de re, damit aber auch Aussagen über begriffsanalytische intensionale Beziehungen, grammatisch wohlgeformt sind. Auf die Zweifel, die sich hier für die formalisierte klassische Logik ergeben, wird einzugehen sein (IV, 2b).

c. Logische Eigenschaften und Relationen und die Techniken ihrer Bestimmung in der deskriptiven Logik

Eigentliche Aufgabe der formalen Logik ist, für den ihr von der logischen Grammatik vorgegebenen Gegenstandsbereich der Sätze – durch Partikel verknüpfte Sätze können als ein Satz aufgefaßt werden – die folgenden Feststellungen zu treffen:

1) Ob bestimmte Sätze rein auf Grund ihrer grammatischen Form, logisch wahr, logisch falsch oder logisch indeterminiert sind;
2) ob aus einer Konjunktion von Sätzen oder einem einzigen Satz ein anderer, wiederum rein auf Grund der grammatischen Form, schlüssig gefolgert werden kann oder nicht;
3) ob zwei Sätze wechselseitig auseinander schlüssig gefolgert werden können oder nicht, d. h. logisch äquivalent sind oder nicht;
4) ob eine Satzkonjunktion einen Widerspruch enthält, somit inkonsistent ist, oder nicht.

Bei 1) handelt es sich um logische Eigenschaften von Sätzen. In 2) und 3) handelt es sich um logische Relationen zwischen Sätzen. In 4) wird die Eigenschaft einer Satzkonjunktion angegeben, die mit Bezug auf die in ihr konjunktiv verknüpften Sätze aber als Relation zwischen diesen Sätzen gedacht werden muß.

Die traditionelle Logik hat weiter differenziert. Neben die kontradiktorische Opposition, den Widerspruch zwischen zwei Sätzen, in der die Verneinung des einen äquivalent zur Bejahung des anderen und vice versa ist, wird die konträre und subkonträre gestellt. In ersterer können zwei Sätze, konjunktiv verknüpft, unverträglich sein, ihre Verneinungen sind aber verträglich, in letzterer sind die Verneinungen unverträglich, die Bejahungen aber konsistent zueinander. Als Aspekte des logischen Folgerns wurden Subimplikation, d. h. welche Formen welche anderen zu folgern gestatten, und Superimplikation, d. h. welche Formen aus welchen gefolgert werden können, unterschieden.

Die traditionelle Logik hat sich oft darauf beschränkt, Satzformen mit entsprechenden Eigenschaften aufzuzählen und zu rubrizieren. Wie die aristotelische Syllogistik zeigt (an. pr., Kap. 2, 4–6), läßt sich die Idee formaler Beweise für das Vorliegen solcher Eigenschaften und Relationen durchaus im Bereich der deskriptiven Logik entwickeln. Sind einige einfache, gültige Schlußformen gegeben, die als Axiome dienen, und einige andere, die Umformungsregeln sind, so ist es möglich, die Gültigkeit anderer formaler Schlußformen zu beweisen. Obwohl die Tradition hierfür keine Vorbilder liefert, ließen sich Systeme formalen Ableitens im Rahmen deskriptiver Logik auch für andere ihrer Teilgebiete entwickeln. Die formalisierten Systeme natürlicher Deduktion für die Aussagenlogik weichen in der zugrunde gelegten logischen Grammatik nur wenig von der der Umgangssprache ab. Einige ihrer Regeln zusammen mit in diesem System ableitbaren Regeln (vgl. Anhang I, 1.3) können ebenfalls ohne Schwierigkeiten mit den Mitteln der deskriptiven Logik zum Ausdruck gebracht werden. In ihr könnte demgemäß ein recht brauchbares System „natürlicher Deduktion“ formuliert werden. Auf den Gesamtbereich logischer Probleme kann das Verfahren in der deskriptiven Logik nur deshalb nicht ausgedehnt werden, weil die logische Grammatik auf dieser Ebene nur für monadisches Prädizieren, und auch hier nur annähernd, die Präzision erreicht, die für formales Beweisen vorausgesetzt werden muß. Es wird darauf in der Kritik der deskriptiven Logik zurückzukommen sein (I, 1 d).

Der Vergleich mit Systemen natürlicher Deduktion, die so ‚natürlich' sind, daß eine Übertragbarkeit ihrer Techniken auf die Ebene natürlicher Sprache wenigstens prinzipiell möglich ist, lehrt aber auch, daß es hier unmöglich sein wird, formale Beweise dafür zu finden, daß eine Schlußform ungültig ist, daß ein Satz logisch indeterminiert und daß eine Satzkonjunktion konsistent ist. Das Verfahren, das die deskriptive Logik hier anwendet, ist das des ‚Gegenbeispiels' durch Einsetzung. Der vorauszusetzende Grundbegriff ist der der ‚denkbaren' materialen Wahrheit oder Falschheit. Es ist ein semantisches Verfahren, da hier auf den Gegenstandsbezug, den eine Satzform mit der Einsetzung bestimmter Ausdrücke in ihre Variablen gewinnt, zurückgegriffen wird. Die Technik formalen Beweisens kann vom Gegenstandsbezug abstrahieren. Das philosophische Problem der Wahrheit stellt sich somit in der deskriptiven Logik an dieser und nur an dieser Stelle (vgl. I, 3 d). Die Definitionen logischer Eigenschaften und Relationen, in denen Bezug auf materiale Wahrheit und Falschheit genommen wird, sind die folgenden:

1) Eine Satzform ist logisch wahr, wenn sie wahr für alle ihre Einsetzungen ist.
2) Eine Satzform ist logisch falsch, wenn sie falsch für alle ihre Einsetzungen ist.
3) Eine Satzform ist logisch indeterminiert, wenn sie wahr für mindestens eine ihrer Einsetzungen ist und falsch für mindestens eine ihrer Einsetzungen.
4) Eine Satzform ist nicht logisch wahr, wenn sie falsch für mindestens eine ihrer Einsetzungen ist.
5) Eine Satzform ist nicht logisch falsch, wenn sie wahr für mindestens eine ihrer Einsetzungen ist.

6) Ein Schluß ist gültig, wenn es keine Einsetzung gibt, die alle Prämissen wahr und die Konklusion falsch macht.
7) Ein Schluß ist ungültig, wenn es mindestens eine Einsetzung gibt, die alle Prämissen wahr und die Konklusion falsch macht.
8) Eine Satzkonjunktion ist inkonsistent, wenn es keine Einsetzung gibt, die alle ihre Konjunkte wahr macht.
9) Eine Satzkonjunktion ist konsistent, wenn es mindestens eine Einsetzung gibt, die alle ihre Konjunkte wahr macht.

Das System der Definitionen ist vollständig, es liegt aber auf der Hand, daß die Angabe eines Beispiels, das das Vorliegen einer Eigenschaft bzw. Relation anzeigt, nur da zum Ziel führt, wo die Bedingung durch „mindestens eine Einsetzung" definiert ist und nicht dort, wo auf alle Einsetzungen positiv oder negativ Bezug genommen wird. Daraus folgt aber, daß das Einsetzungsverfahren es möglich macht, auf alle die Fragen nach logischen Eigenschaften und Relationen eine Antwort zu geben, für die das Beweisen auf der Ebene deskriptiver Logik keine Antwort geben kann, nämlich: nicht logisch wahr, nicht logisch falsch, Ungültigkeit eines Schlusses und Konsistenz einer Satzkonjunktion. Umgekehrt gilt, daß Beweise überall da zu einer Antwort führen können, wo das Einsetzungsverfahren keine geben kann. Das gilt für die informelle, mit konkreten Beispielen arbeitende Semantik der deskriptiven Logik. In einer formalisierten Semantik ist es möglich, den Begriff „aller möglichen Einsetzungen" durch den „aller möglichen Belegungen mit Wahrheitswerten" zu ersetzen, der exakt kalkulierbar ist.

Hinzuzufügen ist, daß das Verfahren es auch erlaubt, den Sinn logischer Konstanten zu präzisieren. In formalen

Beweisen wird deren Sinn durch die Ableitungsregeln präzisiert, er kann aber auch durch Rückgriff auf die Begriffe materialer Wahrheit und Falschheit präzisiert werden. So ist z. B. eine Konjunktion wahr, wenn beide Konjunkte wahr sind und falsch, wenn mindestens ein Konjunkt falsch ist. Solche Präzisierungen wurden in der Tradition von der stoischen Logik eingeführt.

Ein methodisches Problem, das sich unabhängig von dem der ersten Philosophie zuzuordnenden bzw. zu ihr überleitenden Problem der Wahrheit ergibt und mit der Technik der Einsetzung zusammenhängt, ist das folgende: Der Begriff aller möglichen Einsetzungen kann sich auf Sätze beziehen, die mit Bezug auf unsere aktuale Welt wahr oder falsch sind. Die Angabe eines Gegenbeispiels, das faktisch in diesem Sinne wahr oder falsch ist, wird sicher einem Gegenbeispiel vorzuziehen sein, das bloß ‚denkbar' wahr oder falsch ist. Andererseits gilt, daß es plausibel ist, für den Nachweis der Konsistenz auch ein Beispiel gelten zu lassen, das bloß denkbar wahr ist. „Alle möglichen Einsetzungen" bezieht sich dann aber auf Sätze, die nicht nur mit Bezug auf unsere, sondern mit Bezug auf irgendeine mögliche Welt wahr oder falsch sind. Dem kann eine Definition logischer Wahrheit zugeordnet werden. Ein Satz ist logisch wahr genau dann, wenn er nicht nur in unserer, sondern in allen möglichen Welten wahr ist. Es ist auf deskriptiver Ebene schwierig, den Unterschied zwischen „wahr, bzw. falsch, bezogen auf unsere aktuale Welt" und „wahr oder falsch mit Bezug auf irgendeine mögliche Welt" präzis zu fixieren. Die Technik der Einsetzung durch Angabe konsistenter Gegenbeispiele bleibt deshalb zweideutig. Der Unterschied wird für die Entwicklung, die von der formalisierten klassischen Logik zum Formalismus der nachklassischen Logik führt, von entscheidender Bedeutung sein (IV, 2).

d. Kritik der deskriptiven Logik vom Standpunkt des epistemischen Programms

Die Frage, die jeder Gestalt der formalen Logik vom epistemischen Programm vorgelegt wird, ist, ob sie der Aufgabe, ein Organon der Wissenschaften zu sein, erfüllen kann. Diese Frage muß hinsichtlich der Mathematik für die deskriptive Logik verneint werden. Sie ist nicht in der Lage, mathematische Beweise zu analysieren. Was sie daran hindert, sind die Grenzen, die ihrer logischen Grammatik gezogen sind, die sich an der Umgangssprache orientiert. Zwei Gründe sind maßgeblich:

Mathematisches Beweisen benützt, bereits in den einfachsten Systemen, etwa dem Kalkül einfacher Ordnung, relationenlogisches Schließen und definiert die Eigenschaften der hier maßgeblichen Relationen „=“ „<“ in den Axiomen des Systems. In der Umgangssprache werden Relationen in einer Vielzahl verschiedener grammatischer Formen zum Ausdruck gebracht: transitive Verben, Genitive, Dative, Komparative, Superlative. Zuweilen sind sie in Partikeln versteckt, wie etwa dem historischen „und“, das zwei einander folgende Ereignisse verknüpft. Hier zu standardisieren ist unmöglich. Hinzu kommt, daß die grammatische Form, aber oft auch der inhaltliche Sinn von relationalen Prädikaten der Umgangssprache, in verschiedenster Weise verschiedenes über die Eigenschaften von Relationen festlegt: Ob sie transitiv oder intransitiv, symmetrisch oder nicht sind. Ob sie Konverse anderer Relationen sind, wie z.B. aktive und passive Formen desselben transitiven Verbs. Was zu fordern wäre, sind kategoriale Strukturen, die es erlauben, Relationen als geordnete Paare, Tripel usf. zu bestimmen, ohne solche Eigenschaften anzugeben und weiter, daß die Möglichkeit besteht, solche Eigenschaften in besonderen Sätzen explizit auszudrücken. Die Umgangssprache bietet in dieser Hinsicht noch nicht einmal grammatische Formen an, aus denen eine Standardisierung entwickelt werden könnte. Eben deshalb sind die primitivsten relationenlogischen Schlüsse wie „Alle Pferde sind Tiere, folglich sind alle Pferdeschwänze Tierschwänze“ nicht mit den Mitteln deskriptiver Logik zu behandeln. Zudem liegen alle Schlüsse im Kalkül einfacher Ordnung bereits gänzlich außerhalb ihrer Reichweite.

Aber auch in Bereichen, die von der deskriptiven Logik behandelt werden können, ergeben sich Schwierigkeiten. Eine deskriptive logische Grammatik ist nicht in der Lage, Quantoren und ihr Verhältnis zur Kopula so zum Ausdruck zu bringen und zu präzisieren, daß sie zum Organon der Klassenalgebra als mathematischer Disziplin werden kann. Für die Philosophie der Logik ist wichtig, daß sich an dieser Stelle der Gegensatz zwischen der intensionalen und der extensionalen Interpretation der Logik ergibt. In der traditionellen Logik wird das „ist“, die Kopula, im universalen Urteil nicht nur als Inklusionsverhältnis zwischen Subjekt- und Prädikatterm interpretiert, sondern zugleich auch als Feststellung über die Existenz von Gegenständen, die hier durch den Subjektterm bezeichnet werden. Eben deshalb ist der Schluß der Subalternation vom universalen zum partikulären Urteil gültig. Für die Bedürfnisse der Klassenalgebra ist aber zu fordern, daß Klassenbeziehungen zum Ausdruck gebracht werden können, ohne Angaben darüber zu machen, ob die betreffenden Klassen leer sind oder nicht, und daß es der Existenzquantor ist, der die Angabe macht, daß die Klasse nicht leer ist, d.h. der Operator, der Klassen in Beziehung setzt, darf nicht, wie in der deskriptiven Logik, Angaben über Existenz implizieren. Angaben über Existenz werden mit anderen Operatoren zum Ausdruck gebracht. Für das universale Urteil gilt, daß es wahr auch dann ist, wenn die Klasse, die als in einer anderen eingeschlossen gedacht wird, leer ist, d.h. „Alle A sind B“ ist wahr, auch dann wenn es kein Individuum gibt, das A ist. Mithin gilt der Subalternationsschluß und eine Reihe anderer Schlüsse hier nicht. Um die Forderungen, die von der Klassenalgebra her an die Logik gestellt werden und die an sie auch von der extensionalen Interpretation her gestellt werden müssen, zu erfüllen, genügt es nicht mehr, die in der Umgangssprache gegebenen Formen zu standardisieren. Sie müssen durch andere, künstlich zu konstruierende ersetzt werden, die es erlauben, den in den Ausdrücken der Klassenalgebra und der Mathematik allgemein deponierten logischen Sinn zum Ausdruck zu bringen. Das gilt dann auch für den in der Umgangssprache intendierten, aber eben mit ihrer Grammatik und auch nicht in der Grammatik der deskriptiven Logik zum Ausdruck zu bringenden logischen Sinn.

Das Unvermögen der traditionellen Logik und der deskriptiven Logik allgemein, als Organon der Mathematik zu dienen, führt historisch gesehen zunächst zu einem Verdikt über die formale Logik vom Standpunkt des an der Mathematik orientierten modernen Wissenschaftsideals. Es wird ihr jeder Wert für die Wissenschaft abgesprochen. Sie wird der Dialektik und Rhetorik zugeordnet, denen aber ebenfalls jeder Wert für wissenschaftliche Forschung abgesprochen wird (Descartes Disc. méthode, 1,2). Dieses Verdikt wird teilweise zurückgenommen dort, wo der Logik zwar kein Wert als Organon, aber immerhin als Kanon, als negatives Kriterium des Denkens zugesprochen wird (Kant KrV, B 85). Mathematik setzt nicht nur Logik, sondern auch die Konstruktion ihrer Begriffe in der Anschauung voraus, und selbst Algebra ist eine charakteristische Konstruktion in Symbolen, die sich auf Größenverhältnisse in der Anschauung beziehen (KrV, B 762). Die hier zugrundeliegende Philosophie der Mathematik ist nach der Entwicklung der nichteuklidischen Geometrien ohne Modifikationen kaum noch akzeptabel. Sie hat aber im Intuitionismus bzw. Konstruktivismus im 20. Jahrhundert eine gewisse Parallele, sofern auch hier unterstellt wird, daß formale Logik nicht zureicht, um Mathematik zu begründen bzw. mathematisches Schließen zu analysieren. Der Begriff der Logik, der zugrundeliegt, weicht allerdings ab von dem, den die intensionale Interpretation entwickelte (vgl. III, 4).

Die Reduktion der Logik zum Kanon ist eng verbunden mit der intensionalen Interpretation der deskriptiven Logik. Was das eigentlich Logische in der deskriptiven Logik ist, muß immer auf Begriffsanalyse reduzierbar sein, was darüber hinausgeht sind Spitzfindigkeiten. Daß Logik vom Gehalt abstrahiert bedeutet, daß sie vom Gegenstandsbezug abstrahiert und damit von Existenz. Logisch sind lediglich die Beziehungen zwischen Begriffen im Urteil und Schluß. Die Prinzipien des Schließens werden auf die Prinzipien der Explikation der Begriffe nach Inhalt und Umfang reduziert. Der Begriffsumfang darf hier nicht durch die Klasse der Individuen, auf die der Begriff bezogen werden kann, verstanden werden, sondern als die Sphäre der Begriffe, die diesen Begriff als gemeinsames Merkmal haben (Kant Logik, Einleitung VIII und §§ 9–16).

Die Einengung, die die Logik hier erfährt, schließt viele Gesichtspunkte aus, die in der traditionellen Logik als zur Logik gehörig aufgefaßt wurden, so z. B. das Leibnizprinzip für die Identität von Individuen. Sie ist daher für Logiker, die ein Interesse an der Fortbildung ihrer Disziplin haben, von geringem Interesse. Nur wenige und wenig beachtete Versuche sind gemacht worden, zumindest die traditionelle Logik, d.h. systematisch betrachtet die deskriptive Logik, voll zu rekonstruieren und ihr Verhältnis zur extensionalen formalisierten Logik, zur ‚Logistik' zu bestimmen (Freytag Löringhoff *1955*). Aufgegriffen wird der Gesichtspunkt auch auf der Grundlage der cartesischen Linguistik (Chomsky *1966;* Katz *1966*). Auf den Versuch, diese intensional interpretierte Logik als Logik der Prädikatorenregeln einer intuitionistisch interpretierten formalisierten Logik als Supplement zur Seite zu stellen, ist ebenfalls schon hier hinzuweisen (Kamlah/Lorenzen *1967;* Lorenzen *1968,* 24ff., 70ff.). Für die Philosophie der Logik ist die intensionale Interpretation der Logik und ihre Reduktion zum Kanon wichtig, weil die Kritik der Logik im epistemischen Programm durch Dialektik und Hermeneutik immer davon ausgeht, daß die kalkülmäßige Behandlung der Logik als begrifflose Behandlung des Begriffes und ihre extensionale Interpretation als inhaltsleere Veräußerlichung logischer Beziehungen zu charakterisieren ist. Man geht hier also von der philosophischen Berechtigung der intensionalen Interpretation der Logik aus, um dann die weitere Kritik an ihr zu entfalten (zu einschlägigen Stellen in Hegel vgl. Seebohm *1976b,* in Heidegger Fay *1978*).

Während die Reduktion der Logik auf einen Kanon und ihre intensionale Interpretation sich weiter hauptsächlich an der deskriptiven Logik orientieren kann, muß eine Restaurierung der Logik als Organon, das auch auf die Mathematik angewendet werden kann, auf der Ebene der logischen Grammatik eine formalisierte Sprache konstruieren und wird sich auch positiv zur extensionalen Interpretation einstellen müssen (Leibniz UCAC; Ploucquet *1766;* De Morgan *1847;* Boole *1847*). Was eine Kunstsprache zu leisten hat, ist dabei verschieden interpretiert worden. Sie kann, im einfachsten Fall, als Sprache eines begrenzten Kalküls aufgefaßt werden, der für spezifische Zwecke konstruiert wird, z.B. den, eine Klassenalgebra aufzubauen. Sie kann aber auch unter den Anspruch gestellt werden, eine charakteristica universalis, die einer mathesis universalis entspricht, abzugeben (Leibniz UCAC; Husserl FTL, Kap. II). Diese charakteristica universalis kann einerseits als Sprache universaler Wissenschaftlichkeit als Ganzes der Umgangssprache gegenübergestellt werden (Carnap *1928a;* Quine *1960*), und es kann andererseits der Anspruch gestellt werden, die Umgangssprache in ihr voll zu rekonstruieren (Montague *1974*, 188ff.). Diese verschiedenen Möglichkeiten, Ansprüche an eine formalisierte logische Grammatik zu stellen, treten gleich zu Beginn der Entwicklung auf (vgl. Heijenhoort *1967a*) und sind als Probleme der Philosophie der Logik insbesondere mit dem Auftreten der nachklassischen Logiken unverändert aktuell.

Es ist schließlich auch vordeutend darauf hinzuweisen, daß die Idee der Entwicklung einer characteristica universalis dort, wo sie zuerst verwirklicht wurde (Frege 1879 in *1964*), nicht dazu führt, intensionale Phänomene grundsätzlich nicht als logische Probleme anzuerkennen. Obwohl das eine Tendenz in der an der klassischen formalisierten Logik orientierten Philosophie der Logik war, gilt, daß ihnen in der nachklassischen formalisierten Logik wieder besondere Aufmerksamkeit zugewendet wird.

e. Kritik der deskriptiven formalen Logik durch die Rhetorik

Vom epistemischen Programm her gesehen ist Rhetorik die Kunst des Überzeugens. Sie verwendet für diesen Zweck informelle Schlüsse, die logisch betrachtet nicht gültige Schlüsse, also Fehlschlüsse sind, und lehrt, welche

Stilmittel je nach den durch besondere Verhältnisse vorgezeichneten Situationen verwendet werden müssen, um erfolgreich zu überzeugen.

Die Rhetorik hatte bereits in der klassischen Antike und in der Tradition des Humanismus ein ganz anderes Selbstverständnis. Nicht nur Überzeugung anderer, sondern Anwendung alles Wissens in gegebenen konkreten Situationen und die Kunst, in diesem Zusammenhange Erfindungen zu machen, ist, was sie lehrt. Es ist die Rhetorik, so verstanden, die für die Analyse auch wissenschaftlicher Denkprozesse zuständig ist. Sie ist das Organon auch der Wissenschaften. Damit ist sie der formalen Logik nicht nachgeordnet, sondern übergeordnet. Was die formale Logik liefert, sind formale topoi, die von der Rhetorik aufgegriffen und in den Zusammenhang der von ihr entdeckten materialen topoi gestellt werden. Alle Gesichtspunkte, die kritisch gegen den Anspruch der formalen Logik, Organon der Wissenschaft sein zu können, erhoben werden, können auch zur Verteidigung dieses Anspruches der Rhetorik verwendet werden. Die Schwächen, die insbesondere die deskriptive Logik in dieser Hinsicht aufweist, dienen zur Begründung der These, daß es in der Analyse überzeugender Argumentation auch in den Wissenschaften maßgeblich auf die materialen topoi ankommt und daß die formalen, wenn überhaupt einen, so nur einen untergeordneten Wert haben.

Daß auf die Kritik der formalen Logik durch die Rhetorik in der zweiten Hälfte des 20. Jahrhunderts wieder eingegangen werden muß, hat seinen Grund nicht nur im Wiedererstarken dieser Disziplin (Perelman/Olbrechts-Tyteca *1958;* Perelman *1970*). Es ist auch zu beachten, daß sich aus der Philosophie der natürlichen Sprache, die zunächst eine Kritik der formalisierten Logik entwikkelt und deskriptiven Techniken in der Logik wieder

Vorrang einräumt, radikalere Positionen ergeben haben, für die die Analyse von Argumenten vor allem auf die materialen Vollmachten, d. h. nichts anderes als die materialen topoi der Rhetorik, achten muß. Die gültigen formalen Schlüsse der deskriptiven Logik – was über den Wert der formalisierten Logik Negatives zu sagen ist, wird vorausgesetzt (vgl. u. III, S. 178) – sind analytische Tautologien. Liegt eine Überprüfung der Vollmacht für die Prämissen explizit vor, dann ist auch die Konklusion explizit gegeben, ohne von den Prämissen abgeleitet werden zu müssen (Toulmin *1958*, vgl. bes. 94 ff.). Diese Kritik der formalen Logik verbindet sich mit der Kritik der auf formale Logik aufbauenden normativen Wissenschaftstheorie durch eine Philosophie der Wissenschaft, die an der Wissenschaftsgeschichte orientiert ist. Nicht Logik oder anderweitig zu bestimmende rationale Gesichtspunkte bestimmen den Prozeß wissenschaftlicher Argumentation, sondern materiale Gesichtspunkte, die an Paradigmen, Instrumentarien und psychologischen und sozialen Umständen orientiert sind (Toulim *1953; 1972;* Kuhn *1962*). Es ergeben sich auch Querverbindungen zur Kritik der Logik durch die Hermeneutik (vgl. u. I, 3 c), die die alte These der Rhetorik, nach der Interpretation und Applikation untrennbar sind, wiederholt. Das Grundmodell des Argumentierens ist nicht die Mathematik, sondern die Jurisprudenz (Toulmin *1958*, 7 f. u. ö.; vgl. Gadamer *1965*, 307 f.). Während die Hermeneutik ihre Kritik auf der Ebene der Philosophie der Logik entwickelt, hält sich die wieder erstandene Rhetorik an die Analyse des Sprachgeschehens „Argumentation" und versucht konkret zu zeigen, daß formale Logik wertlos ist.

2. *Logische Gegenstände, das Universalienproblem, extensionale und intensionale Interpretation der Logik*

Gegenstand einer Disziplin ist, was sie als gegeben voraussetzt, ohne nach der Seinsweise zu fragen. Die Philosophie einer Disziplin wird eben diese Frage stellen. Was der Gegenstand der Logik allgemein ist, wird durch die logische Grammatik bestimmt: Es sind Sätze, sofern sie logische Eigenschaften haben und in logischen Relationen stehen können. Die mögliche philosophische Fragerichtung ist somit eine doppelte. Sie kann Fragen, die sich im Anschluß an die Eigenschaften und Beziehungen ergeben, nachgehen. Was hier in den Blick kommt, sind zunächst philosophische Fragen, die die logischen Prinzipien, d.h. die Gesichtspunkte, unter denen sich die logischen Eigenschaften und Beziehungen bestimmen lassen, betreffen. Da Sätze, die logische Eigenschaften haben und in logischen Beziehungen stehen können, in und durch die Prinzipien als Sätze, die wahr oder falsch sein können, näher bestimmt werden, ergibt sich in dieser Richtung auch die Frage nach der Wahrheit.

Die andere Richtung möglicher philosophischer Fragestellung geht auf den Satz, sofern er von der logischen Grammatik her vorgegeben ist, abstrahiert also von den Eigenschaften und Relationen. Die Frage nach der Seinsweise des Satzes ist hier abhängig von der Frage nach der Seinsweise der in einfachen Sätzen verknüpften Begriffe, bzw. Terme und der Individuen, auf die sich in Sätzen vorkommende Individuennamen beziehen. Grundlegend aber ist die Frage nach der kategorialen Form und ihrer Seinsweise. Was ein wohlgeformter, damit sinnvoller Satz ist – sinnlose Sätze sind Ausdrücke, die nicht im eigentlichen Sinne Sätze sind –, wird ja durch das jeweils zugrunde gelegte System kategorialer Form bestimmt. Es ist die Frage nach der Seinsweise kategorialer Form, mit der zugleich auch die Frage nach dem Sinn logischer Konstanten, die in Verbindung mit dem Bereich der ihnen zuzuordnenden Variablen kategoriale Form konstituieren, gestellt wird.

Es wird anerkannt (vgl. Bernays *1935;* Bocheński/Church/Goodman *1956;* van Fraassen *1975;* Putnam *1971;* Quine *1947a; 1970;* Stegmüller *1956* u. a.), daß die traditionellen Unterscheidungen und Namen von Positionen in der Philosophie der Logik hinsichtlich der Natur ihres Gegenstandes selbst noch für die formalisierte Logik leitende Gesichtspunkte abgeben können. Vom Standpunkt einer deskriptiven Logik und ihrer Möglichkeiten muß jedoch auch gesagt werden, daß der traditionelle Nominalismus, Konzeptualismus und Realismus bzw. Platonismus in den meisten Fällen die Frage nach der Seinsweise logischer Gegenstände auf die Frage nach der Seinsweise allgemeiner Begriffe reduziert hat. Das hat zur Folge, daß der Unterschied zwischen der Allgemeinheit des Begriffes und der Allgemeinheit der Kategorie als Begriff der Funktion von Begriffen (Kant KrV, B 105) bzw. zwischen der formal ontologischen Kategorie und den materialen Kategorien als allgemeinste materiale Begriffe einer Seinsregion (Husserl Ideen, §§ 9–16; FTL, § 27) nicht immer scharf herausgearbeitet wird. Auf der anderen Seite gewinnen die spezifischen Probleme, die der Satz als Gegenstand der Logik mit sich führt, erst mit der Wiederentdeckung der Satzlogik entsprechendes Gewicht (Boole *1847;* McColl *1880;* Peirce 1880 in *1930–1958,* 3.104–158, 1.218–238; Frege 1879 in *1964;* philosophisch zentral sind solche Probleme vorher in Bolzano WSL I). Anzumerken ist vorgreifend, daß das Problem der Seinsweise logischer Gegenstände und mathematischer Gegenstände in der extensionalen Interpretation im Grunde das gleiche Problem ist (vgl. z.B. Putnam *1971*).

a. Kategorien

Neben dem Problem der Wahrheit ist das Problem der Kategorie das Problem der Philosophie der Logik, das in allgemein erkenntnistheoretische und metaphysische Fragestellungen hineinführt. Ein Handbuch der Philosophie der Logik kann bei dem zur Verfügung stehenden Raum nur den Versuch machen, eine schematische Klassifizierung der Positionen vorzulegen, die sich unmittelbar aus der Reflexion auf die Seinsweise logischer Gegenstände ergeben.

Vom Standpunkt der formalen Logik aus gesehen, ist eine rein logische Grammatik ein System kategorialer Formen, die, als Regeln formuliert, festlegen, welche aus den Grundzeichen einer Sprache gebildeten Ausdrücke grammatisch wohlgeformt sind und welche nicht. Der Übergang zur philosophischen Fragestellung ergibt sich, wenn weiter festgelegt wird, daß nur grammatisch wohlgeformte Ausdrücke sinnvoll sind, d.h. Gegenstandsbezug haben *können*. Grammatisch wohlgeformt zu sein, Korrektheit der kategorialen Form, wird damit zur Grundbedingung möglichen Gegenstandsbezuges, die jedoch nicht die vollständige zureichende Bedingung ist. Auch Ausdrücke, die die logische Eigenschaft haben, widersprüchlich zu sein, sind grammatisch wohlgeformt, d.h. sinnvoll, können aber keinen Gegenstandsbezug auf der Ebene von Sätzen haben. Die Frage, ob ein Ausdruck nicht nur Gegenstandsbezug haben *kann*, d.h. sinnvoll und widerspruchsfrei ist, sondern hat oder nicht hat, gehört in den Bereich der Frage nach den Bedingungen von Wahrheit und Falschheit. Die leitenden philosophischen Fragen, die sich mit dem Begriff eines kategorialen Systems verbinden, sind: 1) Wie kann begründet werden, daß ein bestimmtes kategoriales System die Grundbedingungen möglichen Gegenstandsbezuges angibt, d. h. objektive Gültigkeit beansprucht, damit aber auch beansprucht, ein System nicht nur sprachlicher, sondern auch ontologischer Kategorien zu sein? 2) Gibt es nur ein „legitimes" kategoriales System oder gibt es mehrere, und wenn das letztere der Fall ist, sind sie ineinander transformierbar oder inkommensurabel?

„Nominalismus" ist ein Terminus, der wenig geeignet ist, die ihm gegenwärtig verwandten Positionen zuzuordnen und passend zu kennzeichnen. Das gilt besonders für „Nominalismus" mit Bezug auf die Seinsweise kategorialer Form. „Lingualismus" wäre vorzuziehen. Lingualistisch sind Positionen, für die die Sprache das Medium der ersten Philosophie und damit auch der Philosophie der Logik ist. Die Frage nach der objektiven Gültigkeit wird allgemein durch den Hinweis auf den intersubjektiven, überindividuellen Charakter von Sprache beantwortet. Das, was Gegenstand und Welt ist, wird durch Sprache konstituiert (Wittgenstein *1922*, aber auch, in ganz anderer Wendung, *1953*).

In diesem allgemeinen Rahmen sind diametral entgegengesetzte Positionen zu unterscheiden: Der konstruktive Nominalismus, für den „die Sprache" die Sprache der idealen Wissenschaft ist. Diese Sprache ist unmittelbar die der extensional interpretierten und formalisierten Prädikatenlogik (Carnap *1928a;* Quine *1947a; 1960*). Für die Philosophie der natürlichen Sprache ist „die Sprache" die Umgangssprache (Ryle *1949;* Strawson *1959; 1964; 1971,* 116ff.). Obwohl Formalisierung der Logik kritisch beurteilt wird, sind extensionale Gesichtspunkte in der Interpretation vorherrschend. Eine Kritik der formalen Logik wird dann entwickelt, wenn rhetorische Gesichtspunkte vorherrschen (vgl. I, 1 e). Lingualismus als Kritik der Logik und ihrer Prinzipien (vgl. I, 3 e) ergibt sich auf der Grundlage einer intensionalen Interpretation auch in der Hermeneutik.

Das Kategorienproblem ist die Achillesferse des epistemischen Programmes auf lingualistischer Grundlage. Die kategorialen Formsysteme natürlicher Sprachen sind 1) mehrdeutig und 2) gibt es viele verschiedene. Daß natürliche Sprachen mit abweichender Struktur inkommensurabel sind – d. h. auch unter Voraussetzung gemeinsamer Beobachtungs- und Aktionssituationen bleibt Übersetzung unmöglich –, ist gerade von Vertretern des konstruktiven Nominalismus betont worden (Quine *1960*, Kap. 2). Die Konsequenz ist, daß zum konstruktiven Nominalismus übergegangen werden muß und nur die kategorialen Formen einer durch Regimentierung und Formalisierung zu gewinnenden Sprache der Logik objektive Gültigkeit haben.

Das Problem ist damit nicht gelöst. Es sind formalisierte Sprachen denkbar, die abweichende kategoriale Strukturen haben, und damit stellt sich das Übersetzungsproblem neu. Logik wird ontologisch relativ. Übersetzbarkeit ist im übrigen bereits dann ausgeschlossen, wenn bei gleicher kategorialer Struktur das System materialer Grundkategorien verschiedener, auf denselben Bereich bezogener Theorien, inkommensurabel ist (Quine *1953*, 20 ff.; *1969*; vgl. Feyerabend *1970*). Die Empfehlung, Änderungen in kategorialen Strukturen und überhaupt Änderungen der Sprachstruktur nur so vorzunehmen, daß Kohärenz gewahrt bleibt, ist mit dem Argument der Hermeneutik zu konfrontieren, nach dem Desambiguierung, Regimentierung und Abstraktion die Wahrung von Kohärenz im Prozeß auslegender Tradition gerade unmöglich macht.

Der Übergang zum konstruktiven Nominalismus kann daher im Rahmen des Lingualismus das epistemische Programm nicht retten. Da Sprache zwar überindividuell ist, aber auf Grund rein lingualistischer Prinzipien eine Sprache, die prinzipiell intersubjektiv ist, nicht nachweisbar ist, und auch konstruktive Disambiguierung prinzipiell auf verschiedene Weise vorgenommen werden kann, ist die einzig mögliche Schlußfolgerung, daß es mehrere kategoriale Systeme gibt, daß diese Systeme inkommensurabel sein können und daß das kategoriale System der Logik an relative Kontexte gebunden ist, somit ontologisch relativ bleibt. Der Streit in der Wissenschaftstheorie zwischen normativ und historisch orientierten Positionen hat sich meist an materialen Kategorien orientiert. Auf tieferer Stufe aber gilt, daß der Streit im Grunde gegen die normative Position entschieden ist, wenn lingualistische Positionen in der Philosophie der Logik unterstellt werden. Auch ein konstruktiver Nominalismus kommt nicht umhin einzugestehen, daß das kategoriale System der Logik und der formalisierten Logik nur relative objektive Gültigkeit hat.

Hinsichtlich des Konzeptualismus ist zwischen subjektivem und objektivem Konzeptualismus zu unterscheiden. Für den subjektiven Konzeptualismus sind logische Gegenstände Gegenstände *in mente,* weswegen er auch als Mentalismus bezeichnet wird. Wird *mens* als empirisch gegeben aufgefaßt, so entwickelt sich subjektiver Konzeptualismus zum Psychologismus, der unhaltbar erscheint, weil er 1) dem überindividuell objektiven Charakter logischer Gegenstände nicht Rechnung trägt und 2) den Versuch macht, logische Wahrheiten durch Rückgang auf faktische Wahrheit zu begründen. Weitergehende Überlegungen zeigen aber, daß der Psychologismus keineswegs „überwunden“ ist. Der Versuch lingualistischer Begründung endet ja ebenfalls in Relativismus und Skeptizismus. Allgemein ist anzumerken, daß eine Philosophie der Logik, die das Subjekt ganz außer Betracht lassen will, wie der noch zu betrachtende hypothetische Realismus, nicht weniger paradox ist als die Paradoxien des Psychologismus.

Die Gegner des Konzeptualismus bzw. Mentalismus haben sich ihn oft als einfachen Psychologismus zurechtgestellt, und die Kritik, die sie übten, orientierte sich an der Lehre vom Begriff und vom Satz. Der subjektive Konzeptualismus kann aber, wenn ein transzendentales Subjekt angenommen wird, den Vorwurf des Relativismus weitgehend entkräften und hat gerade in der Lehre von der Kategorie seine größte Stärke. Die Kategorie wird hier als Form der Funktion des Denkens, der Synthesis im Denken, also intensional aufgefaßt. Diese Formen kommen sekundär als Formen der Funktionen in Urteilen zum Ausdruck. Konkrete Sprachen bringen sie verschieden und in verschiedenen Graden der Präzision zum Ausdruck. Es ist Aufgabe logischer Reflexion, die überall gleiche zugrunde liegende kategoriale Form und damit eine rein logische Grammatik herauszuarbeiten. In der ersten Philosophie kann sich der subjektive Konzeptualismus auf die Annahme eines transzendentalen Subjektes stützen, wie in der Tradition des Kantianismus (Kant KrV, B 132f.). Die „cartesische" Annahme, daß es kategoriale Tiefenstrukturen gibt, die dem Menschen allgemein „angeboren sind", hat sich im 20. Jahrhundert als eine fruchtbare Forschungshypothese in der Linguistik erwiesen (Chomsky *1957; 1959; 1965; 1966; 1967;* Katz *1966;* Harmann *1970*). Darüber hinaus kann versucht werden, in psychologischer Forschung eine genetische Theorie der Entwicklung kategorialer Form, beginnend mit der frühkindlichen Phase, aufsteigend bis zum mathematischen Denken, zu entwickeln und empirisch zu belegen (Beth/Piaget *1960*). Der zu Beginn des 20. Jahrhunderts als überwunden betrachtete Psychologismus erweist sich als zählebiger als angenommen. Läßt man den ontologisch gegründeten subjektiven Konzeptualismus, auf den zurückzukommen ist, außer Betracht, so ist für den subjektiven Konzeptualismus die Frage nach der objektiven Gültigkeit kategorialer Form zu lösen: Da kategoriale Form Form des Denkens ist, gilt sie a fortiori von allen Gegenständen des Denkens.

Obwohl sich der subjektive Konzeptualismus auch dort, wo ein transzendentales Subjekt angenommen wird, letztlich auf ein Faktum berufen muß – es läßt sich kein weiterer Grund dafür angeben, daß wir genau diese und keine andere kategoriale Struktur haben (Kant KrV, B 145f.) – und damit die Möglichkeit anderer kategorialer Strukturen zugegeben werden muß, ergibt sich hieraus für den subjektiven Konzeptualismus kein wirkliches Problem. Eine solche Möglichkeit ist eine leere Möglichkeit. Sie ist denkbar nur durch Abstraktion von der das Denken bestimmenden kategorialen Struktur. Wie eine andere bestimmt ist, läßt sich nicht denken.

Subjektiver Konzeptualismus kann auch durch einen ontologischen Realismus begründet werden, für den kategoriale Form primär kategoriale Form des Seins ist und *in re* zu finden ist. Sie wird zur Form *in mente* durch Induktion und bestimmt von hier aus die Struktur der Sprache, in der das Sein auf vielfache Weise ausgesagt wird (Aristoteles Met., 1003a; an post., 100a). Eine solche Induktion muß natürlich verschieden von der sein, durch die allgemeine Sätze und allgemeine Begriffe aufgefaßt werden. Wie sie fungiert, ist schwer anzugeben. Man wird eine „intellektuelle Intuition" anzusetzen haben (Rosen *1980*, 124 u. ö.).

Problematisch am subjektiven Konzeptualismus ist: 1) daß er den Charakter reiner kategorialer Form als das subjektives Denken transzendierende Objekt des Denkens verkennt; 2) daß er kategoriale Form letztlich nur durch Rückgriff auf empirische oder „transzendentale“ Fakten begründen kann und schließlich 3), daß er mit ungeklärten mentalistischen Begriffen wie „Tiefenstruktur“ oder „intellektuelle Anschauung“ arbeitet. Insbesondere vom lingualistischen Gesichtspunkt wird darauf hingewiesen (vgl. Montague *1974*, 222ff.), daß sich logische Analyse an die Oberflächenstruktur natürlicher und formalisierter Sprache halten muß.

Der objektive Konzeptualismus übernimmt bestimmte Gesichtspunkte des Realismus. Letzterer ist daher zunächst zu behandeln. Realismus oder Platonismus – eine Bezeichnung, die vermieden werden sollte, denn Platos Lehre von den Ideen, wie immer sie interpretiert werden kann, hat mit dem Realismus als Position in der Philosophie der Logik im 20. Jahrhundert wenig zu tun –, erkennt logische Gegenstände als ideal existierende Gegenstände an. Daß Propositionen bzw. Satzgedanken und Begriffen, also intensionalen Phänomenen auch ideale Existenz zukommt, wurde ursprünglich nicht bestritten (Frege *1964*, 97ff.; *1967*, 342ff.; vgl. Dummet *1973; 1976a; 1976b*). Da die klassische formalisierte Logik eine rein extensional interpretierte Logik ist, blieb eine solche Annahme aber rein „platonisch“. Sie erhält Bedeutung erst mit der Entwicklung der nachklassischen „intensionalen“ Logiken (IV, 3) und ist dort zu behandeln. Für eine rein extensional interpretierte Logik ist die Frage nach der idealen Existenz logischer Gegenstände und die der mathematischen Gegenstände im Grunde identisch (Putnam *1971*). Wird der Bereich solcher idealer Existenz radikal mit dem Ockhamschen Rasiermesser zurückgeschnitten, so kann selbst der konstruktive Nominalismus den Objektivität der Logik verbürgenden Minimalbestand idealer Existenz, der verbleibt, nämlich die ideale Existenz von Mengen, nicht eliminieren (Goodman/Quine *1947;* Quine *1963; 1970; 1975*). Obwohl philosophisch inkonsequent, war ein solcher Eklektizismus bei den Vertretern der klassischen formalisierten Logik vorherrschend. Die Minimalanleihe beim Realismus verschleiert hier die relativistischen Konsequenzen des Lingualismus und wird zum Rettungsanker für das epistemische Programm. Die Frage nach der in der Logik anzusetzenden, in idealer Existenz begründeten kategorialen Struktur ist in diesem Rahmen schnell zu beantworten. Es sind die kategorialen Strukturen, die in der Mengenlehre zulässige Mengenbildungen erlauben. Auf das rein technisch zu behandelnde Problem, das sich mit dem Auftreten von Antinomien in der naiven Mengenlehre hinsichtlich dessen, was zulässig ist und was nicht, ergibt, wird einzugehen sein (I, 3 d; II, 1 b).

Realismus in der Philosophie der Logik im 20. Jahrhundert ist hypothetischer Realismus. Die ideale Existenz logischer Gegenstände wird hypothetisch angesetzt, weil alle anderen Annahmen zu nicht akzeptablen Konsequenzen führen. So ist es 1) wegen der relativistischen Konsequenzen nicht möglich, logische und mathematische Wahrheit und Existenz durch Rückgriff auf gegenständliche, psychologische und transzendentale Fakten zu begründen. Es gilt 2), daß jede Theorie, die dem gegenständlichen Charakter mathematischer und logischer Gegenstände nicht Rechnung trägt, zurückzuweisen ist, und es gilt 3), daß eine philosophische Begründung der Logik nicht mit ungeklärten, nur durch „Introspektion“ zu rechtfertigenden Begriffen arbeiten sollte.

Die Begründung, die so für den hypothetischen Realismus angegeben wird, besteht damit im Grunde in der Aufzählung der Unzulänglichkeiten der verschiedenen Spielarten des Lingualismus und des subjektiven Konzeptualismus, wobei zudem vorausgesetzt wird, daß das epistemische Programm nicht geopfert werden darf. Der hypothetische Realismus weicht der Frage, was ideale Existenz positiv betrachtet ist, mit dem Hinweis darauf aus, daß sie eben nur hypothetisch anzusetzen sei. Es kann hier erwidert werden, daß der Begriff idealer Existenz hier ebenso mythisch bleibt wie die im subjektiven Konzeptualismus angesetzten subjektiven Tatbestände.

Objektiver Konzeptualismus wurde im 20. Jahrhundert von der Phänomenologie entwickelt. Die indirekten Argumente des hypothetischen Realismus für die ideale Existenz logischer Gegenstände werden anerkannt (Husserl LU I; zur Beziehung zwischen Frege und Husserl vgl. Føllesdal *1958;* Mohanty *1974 b; 1977 b;* Tragesser *1977,* Kap. 1). Zusätzlich wird die Frage nach der Gegebenheit solcher Gegenstände für das Subjekt gestellt. Ebenso wie bei realen Gegenständen wird die Subjektunabhängigkeit für die idealen Gegenstände als Unabhängigkeit des Gegenstandes von den ihn auffassenden subjektiven Prozessen verstanden. Charakteristisch für ideale Gegenstände ist, daß ihre Gegebenheit nicht wie bei realen Gegenständen an eine raumzeitlich fixierbare Auffassungsmaterie gebunden ist. Jedem idealen Gegenstand entspricht eine ihm korrelative Struktur intentionaler Aktivität, mit der er nicht identisch ist. Charakteristisch für das Auffassen von idealen Gegenständen ist freie Variation des Gehaltes (Husserl Ideen, §§ 1–8 u. a.; Bachelard *1957;* Bodnar *1979;* Mohanty *1964; 1974 a; 1977 b; 1978;* Sokolowski *1968; 1973; 1976;* Smith/McIntyre *1971; 1975;* Tragesser *1972; 1973; 1977;* Schmit *1981;* Willard *1964; 1972*).

Kategoriale Form wird zum intentionalen Gegenstand,

wenn bei Gegebenheit konkreter Ausdrücke in freier Phantasievariation Sätze bzw. Terme unter Fixierung des kategorialen Rahmens variiert werden. Resultat sind Ausdrücke, in denen neben den logischen Operatoren nur Variablen, die durch beliebig variierbare Sätze bzw. Terme eingesetzt werden können, stehen. Operatoren bzw. kategoriale Formen, die in einer Gattung kategorialer Form stehen, gelangen zur Auffassung, wenn Variablen, z. B. Satzvariablen, fixiert werden und der Operator, z. B. Satzkonnektive, variiert wird. Die Variation bestimmt den Bereich der kategorialen Form „Satzkonnektiv". Kategoriale Form erweist sich als unabhängiger und von der grammatischen Oberflächenstruktur ablösbarer idealer Gegenstand, da sie als dieselbe Kategorie durch verschieden strukturierte Sprachmaterien ausgedrückt werden kann. Ihre Resultate können daher auf gegenständliches Auffassen allgemein übertragen werden, womit zum Aufbau einer formalen Ontologie übergegangen wird, in der dann auch kategoriale Formen, die in den natürlichen Sprachen nicht oder nur unzulänglich zum Ausdruck gebracht werden, aber in der Mathematik eine Rolle spielen, thematisiert werden können (Husserl LU I, 247; Ideen, 26f.; FTL, 77f.; CM, § 29).

Da der objektive Konzeptualismus die Frage nach der subjektiven Gegebenheitsweise idealer Gegenstände nicht außer acht läßt, bleibt für ihn das Problem der präprädikativen Genese kategorialer Form ein legitimes Problem (Husserl APS; EU) ebenso wie im subjektiven Konzeptualismus. Es gilt auch, daß die Klärung der Gegebenheitsweise als Versuch zu werten ist, ein Explikat für die „Induktion" bzw. intellektuelle Anschauung als kategoriale Anschauung zu geben, die in der ontologischen Variante des subjektiven Konzeptualismus eine Rolle spielt. Ein zur ersten Philosophie gehöriges Problem des objektiven Konzeptualismus bleibt, daß er – auch wenn er sich als eidetische Psychologie etabliert – vom Verdacht des Psychologismus behelligt bleibt. Hier wird, über reine Deskription hinausgehend, entweder wie in der objektiven Phänomenologie ideale Existenz ontologisch zu begründen sein oder eine transzendentale Begründung gegeben werden müssen.

b. Begriff und Term

Prädikation ist eine kategoriale Form. Was explizit oder implizit über die Seinsweise kategorialer Form angenommen wird, bestimmt, was über Prädikate angenommen wird und umgekehrt. Der Lingualismus bestimmt sich hier näher zum Nominalismus. Die Allgemeinheit des Begriffes wird als Allgemeinheit des Nomens, der Prädikatterme, gegenüber den Individuen, auf die sie bezogen werden, aufgefaßt. Da unterstellt wird, daß es nicht möglich ist, die Prädikate der Umgangssprache als Begriffe intensional zu desambiguieren, bleibt hier nur der Ausweg einer extensionalen Interpretation der Prädikate und der Beziehungen zwischen ihnen in der Prädikation durch die von ihnen ausgewählten Klassen von Individuen und der möglichen Beziehungen zwischen solchen Klassen. Eine Unterscheidung, die erst mit der Entwicklung der formalisierten Logik entdeckt wurde (II, 2b), kann im Prinzip schon auf deskriptiver Ebene expliziert werden. Es ist einmal möglich, in objektiver Interpretation Individuen und Klassen als Objekte aufzufassen, auf die sich Individuennamen und Prädikate beziehen. Die extensionale Interpretation wird damit zur ontologischen extensionalen Interpretation. Wird explizit unterstellt, daß es sich um ideale, mathematisch-logische Gegenstände handelt, so ergibt sich die Minimalanleihe des Lingualismus am hypothetischen Realismus, von der bereits die Rede war. Eine realistische Variante resultiert in physikalistischer Deutung. Individuen und Klassen von Individuen sind als physikalische Raum-Zeit-Punkte zu deuten, Prädikate beziehen sich auf physikalische Ereignisse, die in ihnen auftreten. Die andere, rein lingualistische Deutung, die versucht, ontologische Annahmen auszuscheiden, nimmt an, daß Individuen, soweit sie logisch von Interesse sind, durch Individuennamen vertreten werden können. Die durch Prädikate ausgewählten Klassen sind Klassen solcher Namen. Ein Ausdruck der Form „Alles ist A" kann deshalb durch die u. U. unendliche Aufzählung „a ist A, b ist A, ..." definiert und substituiert werden. Man hat die substitutive Interpretation.

Eine extensionale Interpretation der Logik, die lingualistisch ist oder die erwähnte Minimalanleihe beim Realismus macht, kann kaum leugnen, daß es so etwas wie Begriffe und intensionale Beziehungen zwischen Begriffen gibt. Es kann sogar zugegeben werden, daß es solche in der Sprache nachzuweisende Beziehungen gibt, die sich nicht extensional explizieren lassen (Frege *1967*, 143 ff., 342 ff.). Der Sachverhalt kann aber verschieden beurteilt werden. Es kann einmal gesagt werden, daß es sich um mentale Phänomene handelt, die nicht präzise in den Griff zu bringen sind und deshalb in der Logik nichts zu suchen haben. Sie können aber in einer wissenschaftlichen Psychologie, deren Aussagen in der Sprache der rein extensionalen Logik explizierbar sein müssen, behandelt werden, d. h. in der auf Sprache bezogenen Verhaltenspsychologie (Quine *1953*, 20 ff.; *1955; 1960; 1973;* Skinner *1957;* vgl. Haack *1977 b*). Auf der anderen Seite braucht der Versuch, solche Phänomene mit komplexeren mengentheoretischen Mitteln zu interpretieren, nicht a priori aufgegeben werden. Zwar wird das von einer ontologischen und objektiven extensionalen Interpretation her nicht möglich sein, aber es mag sein, daß komplexere, der Mengenlehre entlehnte Techniken zum gewünschten Resultat führen (vgl. IV, 3).

Die Schwierigkeiten, die sich für den am epistemischen Programm festhaltenden konstruktiven Nominalismus in bezug auf klassische Logik ergeben, sind insbesondere in der wissenschaftstheoretischen Diskussion der letzten Jahrzehnte zu Tage getreten. Die allgemeinsten Begriffe wissenschaftlicher Theorien und die Sätze, in denen sie vorkommen, sind allgemein im strengen Sinne und nicht von bloß numerischer, extensional zu interpretierender Allgemeinheit (Popper *1935*, Kap. 3, §§ 13–15). Sie können als Meinungspostulate nur begriffsanalytisch determiniert werden (Carnap *1947*).

An dieser Stelle kann die Kritik der formalen Logik der Rhetorik, die die Bedeutung materialer topoi für die wissenschaftliche Argumentation betont, einsetzen und in der Wissenschaftsgeschichte nach Material zu graben beginnen. Die hermeneutische Kritik der Logik (vgl. u. I, 3c) kann auf die Zirkelstruktur wissenschaftlicher Theorien hinweisen. Gegenüber voreiligen Metakritiken der formalen und formalisierten Logik muß aber darauf hingewiesen werden, daß 1) die nachklassische formalisierte Logik insgesamt gesehen der Versuch ist, eine extensionale Interpretation auch intensionaler Phänomene zu geben und daß 2) die gesamte Diskussion der letzten Jahre auf beiden Seiten unter der Voraussetzung von lingualistischen Interpretationen logischer Gegenstände geführt wurde. Der Schluß, der allenfalls zu ziehen ist, ist, daß das epistemische Programm unter dieser Voraussetzung nicht zu retten ist.

Für den subjektiven Konzeptualismus beziehen sich Prädikate primär auf den Begriff. In Mißkredit wurde diese Theorie durch die These gebracht, nach der Begriffe „Ideen“ in der Seele, schwache Nachbilder der Impressionen von Gegenständen sind. Hier verfängt der Einwand, daß Bezug auf nicht faßbare mentale Phänomene genommen wird und daß sich in dieser Theorie das Denken zu den Begriffen verhalte wie ein Museumsbesucher zu dort aufgehängten Bildern (Quine *1953; 1960; 1970*). Eine andere Möglichkeit ist, Begriffe als Schemata aufzufassen, nach denen die Einbildungskraft u. U. recht verschiedene Bilder konstruieren kann bzw. in der Rekognition feststellen kann, ob bestimmte Gegenstände nach einem Schema konstruierbar sind. Empirische Begriffe sind solche, deren Schemata durch die Erfahrung bestimmt werden, mathematische solche, die sich auf reine Anschauung beziehen (Kant KrV, B 176f.). Zur logischen Regimentierung des Begriffes kommt es, wenn die Merkmale der Schemata, die selbst Begriffe sind, durch Anwendung der logischen Prinzipien deutlich gemacht werden. Auf Einzelheiten wird einzugehen sein (Kant Logik, 58f., 91f.; vgl. Seebohm *1974*). Womit es Logik primär zu tun hat, ist die Analyse der Beziehungen zwischen Begriffen. Selbst das Urteil, das Individuen unter Begriffe subsumiert, gehört damit nicht zur Logik im strengen Sinne (Kant Logik, 102; Freytag Löringhoff *1955*). Der subjektive Konzeptualismus verbindet sich mit einer rein intensionalen Interpretation der Logik, für die nicht nur gilt, daß sie intensionale Beziehungen als logisch relevante Beziehungen anerkennt, sondern auch, daß sie alle extensionalen Beziehungen von der Logik ausschließt und der Mathematik zuordnet. Was den subjektiven Konzeptualismus „subjektiv“ macht, ist mithin nicht, daß er Bezug auf psychologische Theorien nimmt, sondern daß er allgemein den Gegenstandsbezug von Begriffen als irrelevant für die reine Logik erklärt.

Der hypothetische Realismus kann sich bei einer extensionalen Interpretation der Logik auf die Annahme der idealen Existenz von Mengen einschränken und die Frage nach der logisch nicht relevanten Existenz von Termen bzw. Prädikaten dem Lingualismus überlassen. Daß der Bedeutung der Prädikate bzw. auch der Ausdrücke, die sich auf Individuen als Individuen beziehen, auch ideale Existenz zugesprochen werden könnte, wird zum Problem nur dann, wenn es als legitimes logisches Problem angesehen wird, daß Terme dieselbe Extension, aber verschiedene Intensionen haben können (Frege *1967*). Diese Frage wird für die Entwicklung der formalisierten Logik erst dann wichtig, wenn sie über die rein extensional orientierte klassische Logik hinausgeht und versucht, intensionalen Phänomenen gerecht zu werden. Hier treten dann viel weitgreifendere Komplikationen auf (vgl. u. IV).

Für den objektiven Konzeptualismus sind Extensionen oder Mengen intentionale Gegenstände, die gegenüber den sie auffassenden subjektiven Prozessen transzendent sind, Gegenstände der formalen Ontologie. Materiale Begriffe sind ebenso in diesem Sinne transzendente Gegenstände. Ihre intensionalen Beziehungen und Gehalte können unabhängig von Erfahrung in eidetischer Analyse geklärt werden. Das eidos gelangt zur Auffassung, wenn von der Gegebenheit eines Gegenstandes im hier und jetzt abgesehen wird und rein auf sein „was" geachtet wird. Durch eine solche eidetische Reduktion ist das eidos jedoch zunächst unanalysiert und in völliger Vagheit gegeben. Die Analyse eidetischer Beziehungen setzt freie Variation voraus, die sich methodisch von Fixierungen leiten läßt, die zunächst formal ontologisch, im Fortgang der Analyse dann aber auch von material ontologischen Gesichtspunkten bestimmt werden. Es ist zu beachten, daß materiale eidē als exakte eidē nur für abstrakte Momente in konkret Ganzen gewonnen werden können, die zur Gattung Extension gehören. Bei qualitativen Beziehungen und vor allem hinsichtlich konkret Ganzer, also hinsichtlich Substanzen im Sinne der älteren Ontologie, sind nur morphologische eidē möglich, d.h. nicht scharf voneinander abgegrenzte Schemata, die verschieden näher bestimmt werden können. Hinsichtlich des Wesens des Begriffes ergibt sich ein Resultat, das dem des subjektiven Konzeptualismus durchaus vergleichbar ist. Der Unterschied besteht darin, daß der objektive Konzeptualismus auch morphologische eidē als Gegenstände ansieht, die den sie auffassenden subjektiven Prozessen gegenüber transzendent sind. Sie sind nicht Bestandteil dieser Prozesse selbst, sondern spezifische ideale Gegenstände sui generis. Darüber hinaus wird auch der Bezug, den sie zu anderen Gegenständen haben, nicht abgeschnitten. Die extensionale Interpretation der Logik ist allgemein als das Resultat einer Idealisierung zweiter Stufe zu verstehen. Das als solches konkret nicht gegebene Ideal eines voll bestimmten Begriffes wird auf den durch die formale Ontologie vorgegebenen präzisen Begriff der durch diesen Begriff ausgewählten Menge bezogen. Auf die komplexeren Strukturen, die sich in auf Sachverhalte bezogenen sachverhaltsvermeinenden Propositionen ergeben, ist im nächsten Abschnitt einzugehen.

c. Urteil und Satz

Die vollständige Antwort auf die Frage, was ein Satz im Sinne der Logik sei, kann nur beantwortet werden, wenn Bezug auf die Formulierungen der logischen Prinzipien genommen wird, die sich auf Sätze beziehen. Sätze im Sinne der Logik sind Sätze, die wahr oder falsch sein können, deklarative Sätze. Dieser Grundsatz gilt für die traditionelle Logik und für die klassische formalisierte Logik überall dort, wo die extensionale Interpretation nicht ausgeschlossen wird. Er gilt auch in der nachklassischen formalisierten Logik, erfährt hier aber Modifikationen (vgl. IV, 1b).

Wird das vorausgesetzt, so ist zunächst zu sagen, daß es die Logik nicht mit konkreten Sätzen, sondern mit Satztypen zu tun hat, d.h. sie betrachtet den Satz „Hans ist Mediziner", der in vielen Situationen geäußert werden kann, als ein und denselben Satz. Da verschiedene Satztypen, z.B. „Der Baum ist belaubt", „Der Baum hat Blätter" unter gleichen Umständen wahr oder falsch werden, gilt weiter, daß Satztypen, die ein und dieselbe Feststellung (statement) machen, ein und derselbe Satz im Sinne der Logik sind. Welche Satztypen dieselbe Feststellung machen, ist umgangssprachlich oft schwer zu entscheiden, ohne Bezug auf den Kontext zu nehmen. Weiter gilt, daß Feststellungen, die verschiedenen intensionalen Sinn haben, auf ein und dasselbe Objekt bezogen werden können, somit gleiche Extension und gleichen Wahrheitswert haben: „Der Sieger von Jena starb auf St. Helena", „Der Unterlegene von Waterloo starb auf St. Helena". Ähnliches gilt schon für Begriffe: „zweibeiniges federloses Lebewesen" und „des Lachens fähiges Lebewesen" haben verschiedenen intensionalen Sinn, aber faktisch oder möglicherweise dieselbe Extension. Für Sätze, die solche Begriffe als Satzsubjekt haben, gilt dann dasselbe. Läßt man intensionalen Sachverhaltssinn als Gegenstand der Logik zu, so sind jenseits der Feststellungen Propositionen anzusetzen und es gilt dann, daß es die Propositionen sind, die wahr oder falsch werden.

Da die rein intensionale Interpretation der Logik im subjektiven Konzeptualismus den Gegenstandsbezug von der Logik ausschließt, hat sie es im Grunde nur mit Propositionen zu tun. Propositionen werden hier als Urteile bezeichnet, und die logische Analyse des Urteils analysiert es ebenso wie Schlüsse als Beziehungen zwischen Begriffen, als Begriffslagen. Urteile werden zu Sätzen, assertorischen Urteilen, wenn sie auf Gegenstände bezogen werden. Deren Behandlung gehört aber nicht mehr in die formale Logik, die es rein mit dem Ur-teilen des Begriffes zu tun hat, sondern in eine transzendentale Logik (Kant Logik, 102; KrV, B 93f.; Freytag Löringhoff *1955,* 58f.). Der hypothetische Realismus kann davon ausgehen, daß Propositionen Sätze an sich sind, die unabhängig vom Denken existieren und „ewig" wahr oder falsch sind (Bolzano WSL I, 77f. u.ö.). Sie sind die eigentlichen Sätze im Sinne der Logik, die umgangssprachlich nur unvollkommen zum Ausdruck gebracht werden. Damit ist aber auch intensionalem Sachverhaltssinn ideale Existenz zugesprochen. Die Konsequenz, Gleiches für Begriffe anzunehmen, wird schwer zu umgehen sein. Der Bereich hypothetisch zu unterstellender idealer Existenz schließt nun auch material bestimmte Gegenstände ein. Für den objektiven Konzeptualismus sind Propositionen Sachverhaltssinne bzw. Sachverhaltsvermeinungen, die intentionale Gegenstände sind, d.h. transzendent gegenüber den sie auffassenden, die Sachverhaltsvermeinung klärenden subjektiven Prozessen. Eine voll geklärte Sachverhaltsvermeinung ist aber lediglich als Idee vorgegeben, d.h. Korrelat des Zieles der Klärung und nicht das, was im Klärungsprozeß jeweils aktuell gegeben ist. Die strikte wahr/falsch-Dichotomie kann sich nur auf solche Ideen beziehen. Formale Logik arbeitet demgemäß mit Idealisierungen, wenn sie diese Dichotomie unterstellt. Es ist weiter zu beachten, daß intendierter Sachverhaltssinn in sprachlicher Prädikation in verschiedenen

Graden der Adäquation zum Ausdruck gebracht werden kann. Eben hierin gründet sich die Differenz von Satztyp und Feststellung einerseits und der Proposition andererseits (Husserl FTL, 115ff., 179ff.; CM, 50f.).

Wird Propositionen in irgendeinem Sinne Existenz zugesprochen, so erledigen sich zwei Fragen von selbst. Satztypen bzw. Feststellungen können in verschiedenen Kontexten den Wahrheitswert wechseln, tun das aber nur, weil sie die Proposition, die in ihnen intendiert ist, nur unvollständig zum Ausdruck bringen. Weiter ist es möglich, auch Sätze über fiktive Gegenstände als Sätze im Sinne der Logik anzuerkennen. Da sie als Propositionen Existenz haben, ist logisch nicht erheblich, daß sie, bezogen auf unsere aktuale Welt, insgesamt „falsch" sind. Sie können, bezogen auf mögliche Welten, als wahr oder falsch gedacht werden und erfüllen damit die Bedingung, unter der sie Gegenstand der Logik sein können.

Für den Lingualismus, der als konstruktiver Nominalismus das epistemische Programm verteidigt, ergeben sich hier und in anderer Hinsicht erhebliche Schwierigkeiten. Ein Satz im Sinne der Logik kann nur ein sprachlich manifest zu machender Ausdruck sein, der „ewig" wahr oder falsch ist. Solche Ausdrücke sind als ein und derselbe Satz zu betrachten, wenn sie salva veritate durcheinander substituierbar sind. Da auch durch Regimentierungen solche Ausdrücke in der Umgangssprache nicht zu formulieren sind, können sie nur in der Sprache der formalisierten Logik konstruiert werden, die demgemäß die Sprache idealer Wissenschaft zu sein hat (Quine *1960; 1970*). Damit ergibt sich wiederum, daß die Durchführung des epistemischen Programmes auf lingualistischer Grundlage eine Kluft zwischen Umgangssprache und deskriptiver Logik einerseits und der formalisierten Logik andererseits, die Logik allein repräsentiert, aufreißt, die kaum zu überbrücken ist. Sie ist so groß, daß es zweifelhaft wird, ob die Wissenschaften, die ursprünglich ihre Probleme in aus der Umgangssprache entwickelten Fachterminologien darstellen, jemals in der Lage sein werden, diese Kluft zu überspringen und die Sprache der formalisierten Logik als Medium ihrer Aussage benutzen können.

3. *Die logischen Prinzipien und ihre Kritik als allgemeine Kritik der Logik*

a. Die Prinzipien

Die logischen Prinzipien sind keineswegs Axiome der Logik. Es handelt sich bei ihnen um Grundsätze, durch die logische Eigenschaften und Relationen definiert und auf logische Gegenstände und Methoden bezogen werden. Eine Darstellung der Prinzipien, des Satzes der Identität, des Nichtwiderspruchs und des ausgeschlossenen Dritten, muß in Betracht ziehen, daß sie, je nachdem, wie sie auf logische Gegenstände und Methoden bezogen werden, verschieden zu formulieren sind. Die allgemeinen Formulierungen: Wenn A, dann A; Nicht: A und nicht-A; A oder nicht A, tertium non datur, lassen offen, was unter „A" zu verstehen ist.

Werden die Prinzipien als Prinzipien formalen Beweisens verstanden, so bezieht sich „A" auf Sätze in formalen Ableitungen. Das Prinzip der Identität „Wenn A dann A" besagt, daß auf Prämissen, Annahmen und Axiome in Ableitungen immer wieder als auf identisch dieselben zurückgegriffen werden kann. In Systemen natürlicher Deduktion wird das Prinzip ausdrücklich als Ableitungsregel, die sogenannte Reiterationsregel, eingeführt (vgl. Anhang I, 1.3). In anderen Systemen wird die Regel stillschweigend unterstellt.

Ein anderes Identitätsprinzip, das oft als ‚logisches' Korrelat des Prinzips der Identität Ununterscheidbarer betrachtet wird, erlaubt es, logisch äquivalente Ausdrücke salva veritate durcheinander in Ableitungen zu substituieren (Leibniz UCAC, 219). Formales Ableiten ist ohne das erste Prinzip überhaupt unmöglich. Auf der Ebene der formalisierten Logik ergibt sich, daß das zweite Prinzip für Systeme natürlicher Deduktion metatheoretisch beweisbar ist, also nicht Prinzip auf derselben Ebene wie das erste ist.

Das Nichtwiderspruchsprinzip verwirft Prämissen bzw. Annahmen der Form „A und nicht-A" und Prämissenmengen, aus denen Sätze dieser Form ableitbar sind. Ohne das Prinzip wird formales Ableiten sinnlos, denn aus „A und nicht-A" ist jeder beliebige Satz nach in der Logik allgemein gültigen Schlußformen ableitbar, also alle Sätze und deren Negationen. Auf Axiomensysteme überträgt sich das Prinzip als Forderung nach Widerspruchsfreiheit der Axiome.

Das Prinzip vom ausgeschlossenen Dritten, bezogen auf formales Beweisen, fordert, daß ein Satz aus gegebenen Prämissen entweder folgt oder nicht folgt, tertium non datur. Bezogen auf Axiomensysteme besagt das Prinzip, daß Axiomensysteme vollständig sein müssen, d.h. für jeden wohlgeformten Satz des Systems muß zu zeigen sein, ob er ein Theorem oder kein Theorem des Systems ist. Es erweist sich aber, daß naive Formulierungen des Prinzips, z.B. „daß so und nicht anders zu schließen sei" (Kant Logik, 53), nicht zureichend sind. Bereits Reflexionen auf der Ebene deskriptiver Logik zeigen, daß dieses Prinzip für formales Beweisen nicht auf derselben Ebene liegt wie die anderen Prinzipien. Es ist ein normatives Ideal, das, bezogen auf materiale Prämissen, nur Sinn hat, wenn diese Prämissen Axiome irgendeines Axiomensystems sind. Ob es erfüllt ist oder nicht, kann nur metatheoretisch festgestellt werden, und es gilt, daß formales Ableiten durchaus möglich bleibt, wenn es nicht erfüllt ist. Bezogen auf formales Beweisen logischer Eigenschaften und Relationen in Systemen der Logik gilt das Gleiche. Das Problem des tertium non datur kann im Grunde auf der Ebene deskriptiver Logik nicht präzise behandelt werden. Auf der Ebene des Formalismus und der Metatheorie des Formalismus hat es weitreichende Konsequenzen.

Die Formulierungen der Prinzipien, die sie auf formales Ableiten beziehen, haben lediglich epistemologische Bedeutung für den Begriff der Deduktion und keine ontologischen Implikationen, da nur Beziehungen zwischen Sätzen zur Sprache kommen und vom Gegenstandsbezug der Sätze ganz abgesehen werden kann. Auch der semantische Bezug zur materialen Wahrheit und Falschheit spielt keine Rolle. Er spielt eine Rolle, wenn die Prinzipien auf einzelne Sätze bezogen werden und Aussagen über deren Wahrheitswerte machen:

1) Der Wahrheitswert eines Satzes bleibt immer identisch derselbe.
2) Ein Satz kann nicht beides sein, wahr und falsch.
3) Ein Satz ist wahr oder falsch, tertium non datur.

„Satz“ ist hier Satz im Sinne der Logik. Die Prinzipien legen fest, welche Bedingungen ein Satz erfüllen muß, um Satz im Sinne der Logik zu sein. Die traditionelle Logik und die klassische formalisierte Logik mit ihrer zweiwertigen Semantik haben die Prinzipien in dieser Form immer vorausgesetzt.

Unter dieser Voraussetzung liegt das dritte Prinzip auf derselben Ebene wie die anderen. Diese Voraussetzung läßt sich jedoch in Zweifel ziehen. Für material interpretierte Axiomensysteme, die nicht vollständig sind, d.h. in denen das tertium non datur, bezogen auf formales Ableiten, nicht gilt, wird es Sätze geben, die „nicht entscheidbar" sind. Demgemäß wäre ein dritter Wert „nicht entscheidbar" einzuführen. Es ist weiter das tertium non datur, das dazu zwingt, im Lingualismus „ewige Sätze" oder hypothetisch-realistisch von Denk- und konkreten Satztypen zu unterscheidende „ewige Propositionen" einzuführen. Weil weder die einen noch die anderen in deskriptiv an der Umgangssprache orientierten logischen Standardisierungen zum Ausdruck gebracht werden können, ergibt sich die Notwendigkeit, eine formale Sprache zu konstruieren. Dieses Motiv entfällt, wenn mehr als zwei Wahrheitswerte zugelassen werden. Die beiden ersten Prinzipien bleiben in Geltung, es gilt aber, daß es nicht nur zwei, sondern zwischen „wahr" und „falsch" andere Wahrheitswerte gibt. Eine solche Annahme kann auch dadurch motiviert werden, daß es in einer zweiwertigen Logik keine Möglichkeit gibt, modale Operatoren anders als durch Bezug auf logische Wahrheit, Falschheit und Kontingenz zu interpretieren, d.h. reale Möglichkeit oder subjektive Grade der Wahrscheinlichkeit haben in der Sprache der zweiwertigen Logik keinen Platz.

Deskriptiv hat die Einführung von mehr als zwei Wahrheitswerten Plausibilität. Wird sie auf formalisierter Ebene durchgeführt, so ergeben sich Zweifel (IV, 1b, S. 189ff.). Von der deskriptiven Logik aus betrachtet ergibt sich für die Formulierung des tertium non datur eine weitere Schwierigkeit. In der Technik der Einsetzung und des Gegenbeispiels war eine doppelte Interpretation möglich. Ein Gegenbeispiel ist wahr bzw. falsch, wenn es entweder auf die aktuale Welt bezogen wird, oder davon ausgegangen wird, daß es möglicherweise denkbar wahr oder falsch ist, d.h. wahr oder falsch in einer „möglichen" Welt. Das tertium non datur in der Form, in der es in den Prinzipien angegeben wurde, unterstellt klar den ersten Fall. Die Technik der Einsetzung läßt den zweiten zu, verlangt aber damit eine traditionell nie explizit gemachte wesentlich komplexere Form der Zuordnung von Wahrheitswerten. Grundsätzlich gilt, daß im tertium non datur, bezogen auf Sätze, ebenfalls eine ideale Norm zum Ausdruck gebracht wird, deren Erfüllbarkeit problematisch ist und Klärung verlangt.

Die Tradition hat die Prinzipien als Prinzipien der Prädikation als grundlegend betrachtet und zunächst primär ontologisch verstanden. Insbesondere die auf Sätze, aber auch die auf Ableitungen bezogenen Formulierungen, soweit letztere erwähnt werden, sind ihre logischen Korrelate. Leugnung der Prinzipien führt dazu, daß sprachliche Ausdrücke sich auf alles und nichts beziehen können, also keinen Gegenstandsbezug haben (Aristoteles Met., Buch Γ). „Dasselbe kann demselben unter demselben Gesichtspunkt nicht zugleich zukommen und nicht zukommen“ ist der Satz des Nichtwiderspruchs. „Jedem kommt A oder nicht A zu und keinem die beiden“ ist der Satz des tertium non datur. Seine Gültigkeit für zukünftige Ereignisse wurde bezweifelt (Aristoteles de int., Kap. 9). Der Satz der Identität in der einfachen Form wird selten ausdrücklich formuliert: „Wenn A einem zukommt, dann kommt es ihm zu“ (Leibniz NE, 343). Ausdrücklich formuliert wird früh das principium identitatis indiscernibilium, nach dem zwei Gegenstände identisch sind, wenn sie in allen Eigenschaften übereinstimmen (Aristoteles so. el., 179a; Leibniz PA, 608; vgl. UCAC, 219). Seine ontologische Gültigkeit ist von Vertretern des intensionalen Programmes bestritten worden (Kant KrV, B 319f.).

In der rein intensionalen Interpretation der Logik werden die Prinzipien als Prinzipien der möglichen Beziehungen zwischen Begriffen aufgefaßt. Für die folgenden Formulierungen gilt, daß ein Begriff als Merkmal bezeichnet wird, wenn er in der Funktion der inhaltlichen Bestimmung eines anderen Begriffes steht.

1) Wenn ein Merkmal einem Begriff zukommt, dann kommt es ihm zu.
2) Ein Merkmal kann in einem Begriff nicht zugleich ein- und ausgeschlossen sein.
3) Jedes Merkmal kommt einem Begriff entweder zu oder nicht zu, tertium non datur.

Ein principium identitatis indiscernibilium gilt für Begriffe, die in allen ihren Merkmalen übereinkommen, sind identisch (Kant Logik, § 22; KrV, B 319, 328; vgl. Seebohm *1974; 1976b*). Das Nichtwiderspruchsprinzip für Begriffe wird mit dem Hinweis darauf verteidigt, daß ein Begriffswiderspruch von allen anderen Begriffen ein- und ausgeschlossen wird und daß aus ihm immer zwei Urteile ableitbar sind, die *beide falsch* sind, da sich ihr Subjektterm auf nichts beziehen läßt (Kant Prol., § 52b).

Für das intensionale Programm gilt, daß sich alle weiteren logischen Grundsätze für die Analysis von Begriffen aus den so formulierten Prinzipien gewinnen lassen müssen, z.B. das dictum de omni et nullo. Was sich nicht aus ihnen gewinnen läßt, gehört nicht zur reinen Logik. Die Aufgabe, die sich demgemäß stellt, wäre, den Begriff formaler Ableitbarkeit ganz auf dieser Grundlage zu klären. Wie gezeigt, setzen die hier verwendeten Formulierungen der Prinzipien ebenfalls weder Gegenstandsbezug voraus, noch nehmen sie Bezug auf einen materialen Begriff der Wahrheit und Falschheit. Solche Versuche sind gemacht worden (Freytag Löringhoff *1955;* vgl. Katz

1966), haben aber wenig Resonanz gefunden. Der Grund dafür wird darin zu suchen sein, daß die Reduktion der Logik, wie sie in der intensionalen Interpretation vorgeschlagen wird, bereits gegenüber dem Themenbereich der traditionellen Logik so radikal ist, daß sie nicht akzeptabel erscheint. Für die deskriptive Logik muß auf die Technik der Einsetzung und des Gegenbeispiels verzichtet werden. Da das Individuum vom Bereich der Logik ausgeschlossen wird, bleibt schwer einzusehen, wie eine Logik der Relation entwickelt werden könnte. Die intensionale Interpretation fand deshalb in der Weiterentwicklung der Disziplin wenig Anklang. Man wandte sich den Möglichkeiten zu, die die extensionale Interpretation bot. Um so mehr Anklang fand sie aber dort, wo man auf eine Kritik der formalen Logik aus war. Auf die Frage, wie eine intensionale Logik bestimmten formalisierten Logiken, z. B. der intuitionistischen Logik als Logik der Prädikatorenregeln angegliedert werden könnte (Kamlah/Lorenzen *1967;* Lorenzen *1968;* Seebohm *1971*), wird später einzugehen sein, ebenso auf die Frage, ob die Grundintention der intensionalen Interpretation in den nachklassischen ‚intensionalen' Logiken tatsächlich zur exakten Explikation kommen kann (IV, 3).

Im extensionalen Programm wird jede Beziehung zwischen Prädikaten als Beziehung zwischen den durch sie ausgewählten Klassen interpretiert werden. Aus der ontologischen Beziehung Substanz-Attribut wird die Beziehung Element-Klasse. Daß die Prinzipien in bestimmter Umformulierung auch hier durchaus Prinizipien bleiben, können folgende, nirgendwo ausdrücklich erwähnte, aber immer unterstellte Formeln zeigen:

1) Wenn ein Element zu einer Klasse gehört, dann gehört es zu ihr.

2) Ein Element kann nicht zugleich zu einer Klasse und zu ihrem Komplement gehören.
3) Ein Element gehört entweder zu einer Klasse oder zu deren Komplement, tertium non datur.

Sie liegen den Definitionen der möglichen Beziehungen zwischen Klassen wie Durchschnitt, Vereinigung usf. zugrunde. Daß sie gelten, ergibt sich auch daraus, daß der Satz „ein Element gehört zu einer Klasse genau dann, wenn es nicht zu ihr gehört“ als Antinomie bezeichnet wird, die, wenn in der Mengenlehre ableitbar, zur Forderung nach einer Revision ihrer Axiome führt. Anzumerken ist, daß diese Formulierungen vom Standpunkt der intensionalen Interpretation aus betrachtet als Übertragung bzw. Anwendung der intensionalen Formulierungen auf ein bestimmtes Sachgebiet, das der Mengen, anzusehen sind. Der in Frage stehende Begriff ist der des „Enthaltenseins in einer Menge“. Ergänzend gilt, daß in der formalisierten Prädikatenlogik die extensionale Interpretation der Leibnizidentität von ununterscheidbaren Gegenständen zum Axiom der Prädikatenlogik mit Identität wird (vgl. Anhang I, 2.5.1 und II, 4).

b. Paradoxien und Antinomien als kritische Probleme der Logik

Die Prinzipien der Logik sind als Prinzipien keines Beweises fähig. Sie sind zu verteidigen nur durch den Hinweis auf die Absurditäten, die sich ergeben, wenn sie explizit geleugnet werden (Aristoteles Met., 1005 b 29 ff.). Aus der Leugnung des Prinzips der Identität und des Nichtwiderspruchs ergibt sich für Ableitungen die Unmöglichkeit abzuleiten, aus der Leugnung anderer Formulierungen ergibt sich die Unmöglichkeit, durch Sätze und Begriffe

Sachbezug zu gewinnen. Es zeigt sich jedoch, daß eine solche Verteidigung für das Prinzip vom ausgeschlossenen Dritten nicht möglich ist. Aus ihm ergeben sich bestimmte Probleme in der Philosophie der Logik und in der formalen Logik selbst: das Problem der Vollständigkeit und Entscheidbarkeit der Logik selbst sowie der Streit zwischen intuitionistischer und klassischer Logik. Präzise faßbar sind diese Probleme nur auf der Ebene der formalisierten Logik. Sie kündigen sich aber, wie gezeigt, bereits auf der Ebene deskriptiver Logik an.

Die Strategie der Verteidigung der ersten beiden Prinzipien und insbesondere des Widerspruchsprinzips gerät jedoch ins Wanken, wenn sich ergibt, daß in allem Anschein nach korrekten, zumindest überzeugenden logischen Schlüssen Widersprüche ableitbar werden, sogenannte Paradoxien oder Antinomien. Sie stellen die Konsistenz der Prämissen in Frage. Ihre Auflösung ist eine conditio sine qua non für eine Logik, die als Organon, aber auch nur als Kanon der Wissenschaften auftreten will. Die Annahme, daß eine Auflösung für sie gefunden werden kann, impliziert immer, daß bei der Anwendung der Schlußregeln ein Fehler gemacht wurde, der den Charakter eines fehlerhaften Zirkels hat, der durch eine entsprechende logisch-grammatische Analyse aufgedeckt werden kann (Russel 1908 in *1956,* 59ff.; Russell/Whitehead *1910–1913,* 37; Bar-Hillel *1957;* Garver *1970*). Das Problem der Paradoxien und Antinomien wurde ein zentrales Problem, nachdem in der Mengenlehre Antinomien auftraten, d.h. in ihr ableitbar wurden.

Die in der Umgangssprache konstruierbaren Antinomien, die Paradoxien, die zuweilen auch semantische oder epistemische Paradoxien genannt werden (vgl. Ramsey *1931;* Kutschera *1964;* Haack *1978,* 137f.), die der Tradition bekannt waren, gewannen damit ebenfalls zentrale

Bedeutung. Für die deskriptive Logik sind zunächst die letzteren wichtig. Sie lassen sich gemäß den verschiedenen Formulierungen für das Widerspruchsprinzip in zwei Klassen einteilen, solche die auf Satzwiderspruch und solche die auf Widerspruch in der Prädikation führen.

Grundtyp der ersteren ist der ‚Lügner' in der einfachsten Form: „Der Satz ‚Dieser Satz ist falsch' ist wahr genau dann, wenn er falsch ist und falsch genau dann, wenn er wahr ist." Komplexere Formen wie der ‚Kreter' „Ein bestimmter Kreter, der sagt ‚Alle Kreter lügen', lügt, wenn er die Wahrheit spricht, lügt er aber, so spricht er die Wahrheit" setzen den Grundtyp voraus und sind auch zuweilen auflösbar, wenn auf die zusätzlich eingeführten Sinnelemente Rücksicht genommen wird (Bocheński *1956,* 150f.; Haack *1978,* 135; Anderson *1970*).

Die folgenden Lösungsversuche sind zurückzuweisen:

1) Es wird vorgeschlagen, einen dritten Wert, z.B. „paradox" für solche Sätze einzuführen (Skyrms *1970;* Haack *1978,* 140). Für jeden so unter Verletzung des tertium non datur eingeführten neuen Wert läßt sich aber eine Verstärkung konstruieren: „‚Dieser Satz ist entweder falsch oder paradox' ist wahr, wenn falsch, wahr, wenn paradox, und falsch oder paradox, wenn wahr."

2) Der Hinweis darauf, daß solche Sätze Selbstbezug enthalten, führt ebenfalls zu nichts, denn die Paradoxie läßt sich a) auch durch Wechselbezug konstruieren: „Der nächste Satz ist wahr. Der voranstehende Satz ist falsch", und b) wird ein Verbot des Selbstbezuges, das wegen a) zum Verbot werden muß auf Wahrheitswerte von Sätzen allgemein Bezug zu nehmen, in der natürlichen Sprache zu untragbaren Konsequenzen führen. Es gibt viele sinnvolle Sätze, die solche Bezüge haben und nicht paradox sind (Popper *1962,* 304ff.; Smullyan *1957;* Frey *1965*).

3) Die Verwendung von Anführungszeichen führt in

der natürlichen Sprache auch nicht zum Ziel. Zwar ist „‚Dieser Satz ist falsch' ist falsch" nicht paradox, da sich das „falsch" in den äußeren Anführungszeichen nicht auf sich selbst bezieht; Selbstbezug und die Paradoxie kann aber wiedergewonnen werden in der Formulierung „‚Dieser Satz ist falsch, wenn prädiziert von der eigenen Zitierung' ist falsch, wenn prädiziert von der eigenen Zitierung".

4) Es wird davon ausgegangen, daß Sätzen Wahrheitswerte nur zugeordnet werden, wenn dafür ein Rechtsgrund angegeben werden kann. Für komplexe Sätze liefert die logische Semantik solche Rechtsgründe. Für atomare Sätze gilt, daß Rechtsgründe, die rechtfertigen, wann ein Prädikat zu bejahen und wann es zu verneinen ist, im Prozeß des Spracherlernens bekannt werden. Nur der, der weiß, wann er versichern kann „Schnee ist weiß", d.h. den Rechtsgrund einer solchen Versicherung kennt, kann auch versichern „‚Schnee ist weiß' ist wahr". Es gibt nun grammatisch wohlgeformte Sätze, die auch Sinn haben, für die es aber keine Rechtsgründe gibt, die die Zuordnung von Wahrheitswerten begründen, z.B. „Dieser Satz ist wahr". Sätze, für die es erlernbare Rechtsgründe gibt, sind gegründete Sätze, solche, für die es keine gibt, sind nicht gegründete Sätze. Die Zuordnung von Wahrheitswerten ist bei nicht gegründeten Sätzen willkürlich. Die semantischen Paradoxien sind eine Untergruppe der nicht gegründeten Sätze. Die Zuordnung von Wahrheitswerten ist hier nicht nur willkürlich, sondern auch inkonsistent. Ob ein Satz diese Eigenschaft hat, kann in komplexen Zusammenhängen nur durch Erfahrung entschieden werden (Kripke *1975*).

Der Lösungsvorschlag setzt voraus, daß Wahrheit und Falschheit in einem auf eine Hierarchie gegründeten Prozeß determiniert werden, und weiter, daß es Sätze gibt, die in diesen Prozeß nicht determiniert werden. In formalisierten Sprachen können solche Hierarchien ohne Schwierigkeit aufgebaut werden und sogar so, daß die jeweils untere Stufe eine reine Objektsprache ist, die Ausdrücke nicht zuläßt, die sich ihrerseits auf Ausdrücke dieser Sprachstufe beziehen (vgl. u. II, 1, S. 105 f.; II, 4). Dieser Art können die Hierarchien, die der Lösungsvorschlag in der natürlichen Sprache voraussetzt, nicht sein. Der Lösungsvorschlag selbst, in und für natürliche Sprache formuliert, verwendet ja die Prädikate „gegründet" und „paradox", die sich auf Sprachausdrücke beziehen. Wie bereits mit Bezug auf den ersten Lösungsvorschlag gezeigt, gilt damit aber, daß Verstärkungen des ‚Lügners' konstruierbar sind, die wiederum auf Paradoxien führen (Haack *1978*, 147 f.).

Paradoxien in der Prädikation ergeben sich daraus, daß es in der Umgangssprache möglich ist, Prädikate von Prädikaten qua sprachlichen Ausdrücken zu bilden, z. B. von „laufen" zu sagen, es sei ein Verb, und von „Pferd", es sei ein Substantiv. Manche dieser Prädikate können nicht von sich selbst prädiziert werden. „Verb" ist kein Verb, also imprädikabel wie die meisten Prädikate erster Stufe, etwa „Elephant". Manche aber sind prädikabel, wie z. B. „Substantiv". „Imprädikabel" ist selbst ein Prädikatenprädikat. Ist „imprädikabel" prädikabel? Es ist prädikabel genau dann, wenn imprädikabel und umgekehrt. Analog läßt sich eine Paradoxie mit dem Prädikatenprädikat „heterologisch", „nicht wahr von sich selbst" konstruieren (Grelling/Nelson *1907/1908*). Andere arbeiten mit Prädikatenprädikaten wie „definierbar", „spezifizierbar", „beweisbar", setzen dafür aber spezielle mathematische und logische Kontexte voraus (Berrys Paradox, Richards Paradox, vgl. Kutschera *1964;* Haack *1978*).

Es liegt auf der Hand, daß das Verbot des Selbstbezuges

hier zu einer völligen Destruktion der Struktur der Umgangssprache und der in ihr angelegten Möglichkeit, grammatische Reflexion zu üben, führt. Sogar in mathematischen Beweisen, z.B. in Goedels Beweis, der die Richardsche Paradoxie benutzt, kommt Selbstbezug vor (Nagel/Newman *1959;* Frey *1965,* 42; Anderson *1970*). Es gilt also, daß Paradoxien in der Umgangssprache weder vermeidbar noch auflösbar sind. Daraus ergibt sich ein weiterer, gegen die deskriptive Logik zu wendender kritischer Gesichtspunkt. Da ihre Grammatik es erlaubt, Sätze zu bilden, aus denen Paradoxien ableitbar sind, kann die Logik nur in einer konstruierten formalen Sprache zur Darstellung gebracht werden. Die Überraschung für die extensionale Interpretation der Logik war nun, daß sich im gewählten Medium der Explikation logischer Fragen, der Mengenlehre und allgemein in der Mathematik auch Paradoxien ergaben, die, da aus den Axiomen der Mengenlehre *ableitbar,* Antinomien zu nennen sind. Da diese Antinomien der Mengenlehre in der Sprache der Prädikatenlogik höherer Stufe, auf der über Prädikate quantifiziert werden kann, dargestellt werden können – wenn die Restriktionen der Typentheorie nicht eingeführt werden (vgl. u. II, 1b, S. 102f.) –, sind auch als logische Antinomien oder logische Paradoxien bezeichnet worden (Ramsey *1931*). Weiter ist zu beachten, daß die – später entwickelte – Semantik der Prädikatenlogik den Begriff der Menge voraussetzt. Sie würde somit von den Antinomien eines naiven Mengenbegriffes unmittelbar mit betroffen werden.

Antinomien werden in der Mengenlehre ableitbar unter Voraussetzung des naiven Komprehensionsaxioms: Unter einer Menge M ist jede beliebige Zusammenfassung M von bestimmten, wohlunterschiedenen Objekten der Anschauung und des Denkens zu einem Ganzen zu verstehen, wenn ein Prädikat P gegeben ist, das diese Zusammenfassung gestattet. Formal ausgedrückt: Es gibt eine Menge M immer dann, wenn für alle x gilt, x ist ein Element der Menge M genau dann, wenn P von x: $(\exists M)(\forall x)(x \in M \equiv P(x))$. Es ist zu beachten, daß das naive Komprehensionsaxiom auch den Grundgedanken der naiven extensionalen Interpretation der Logik zum Ausdruck bringt. Ein Prädikat im Sinne der Logik ist genau das, was eine ihm zuzuordnende Menge zu bilden gestattet (Cantor 1895 in *1964*, Beiträge zur Begründung der transfiniten Mengenlehre, § 1).

Die Russellsche Antinomie der „normalen Menge", d.h. der „Menge, die sich nicht selbst als Element enthält", ergibt sich, weil die durch dieses Prädikat zu bildende Menge aller Mengen, die sich nicht selbst enthalten, sich selbst enthalten muß, wenn angenommen wird, daß sie sich nicht selbst enthalte und sich selbst nicht enthalten kann, wenn angenommen wird, daß sie sich selbst enthalte (Russell *1956;* Russell/Whitehead *1910–1913*). Es ist zu beachten, daß es sich hier um eine Antinomie nur handelt, weil die Bildung einer Menge aller normalen Mengen eine nach dem Komprehensionsaxiom zulässige Mengenbildung ist, sie ist von ihm ableitbar. Umgangssprachliche Einkleidungen dieser Paradoxie, in denen Bezug auf Individuen genommen wird, die in bestimmten Relationen zu anderen stehen, sind keine Antinomien, auch nicht Paradoxien, sondern schlicht logisch falsche Sätze, was mit den Mitteln der Prädikatenlogik *erster Stufe* leicht gezeigt werden kann. Als Beispiel hierfür ist anzusehen: Es soll einen Barbier geben, der in einer Stadt alle rasieren soll, die sich nicht selbst rasieren (man prüfe $(\exists x)(\forall y)(Rxy \equiv -Ryy)$ mit den in Anhang I, 2.2.3. angegebenen Mitteln). Die Paradoxie, die der Russellschen am ehesten auf der Ebene der Umgangssprache entspricht, ist die von Grelling/Nelson. Was dort die sich nicht selbst enthaltende Menge ist, ist hier das auf sich selbst nicht zutreffende Prädikat.

Der Versuch, Antinomien und Paradoxien durch ein Verbot des Selbstbezuges, auf den sich fehlerhafte Zirkel gründen, in der Sprache der formalisierten Logik durch grammatische Restriktionen zu vermeiden – die Mengenlehre geht zum Teil andere Wege – führt einerseits zu einem strengen Begriff des Formalismus, andererseits wird durch sie eine unüberbrückbare Kluft zwischen Umgangssprache und formalisierter Sprache der Logik aufgerissen, die in der Kritik der formalisierten Logik eine Rolle spielt (vgl. u. II, 1b und III, 1).

Weitere Antinomien der Mengenlehre und Mathematik, die nicht unmittelbar von Bedeutung für die Entwicklung der Logik sind, aber als moderne Versionen von Gesichtspunkten, die in der philosophischen Tradition gegen das Nichtwiderspruchsprinzip vorgebracht wurden, gelten können, sind die Cantorsche Antinomie der Menge aller Mengen und die Burali-Forti Antinomie der Folge aller Ordnungszahlen. Von der Menge aller Mengen ist anzunehmen, daß sie die größte sein wird. Es gibt aber für jede Menge eine andere, die größer ist als sie selbst, die Menge aller ihrer Untermengen (Cantor *1964*, 443ff., vgl. 370ff.). Es handelt sich auch hier um eine Antinomie, die aus dem naiven Komprehensionsaxiom abzuleiten ist. Jede Restriktion, die eingeführt wird, um die Russellsche Antinomie zu vermeiden, wird a fortiori auch die Cantorsche ausschließen. Die Antinomie Burali-Forti (Burali-Forti *1897*) gehört bereits zur Zahlenlehre. Die Folge aller Ordnungszahlen sei „Ω“, aber „Ω“ ist selbst eine Ordinalzahl, mithin ist die Folge aller Ordinalzahlen nicht „Ω“, sondern „$\Omega + 1$“ usf.

c. Die Kritik der Prinzipien als Kritik der Logik

In der philosophischen Tradition stehen das Problem des mathematischen und qualitativen bzw. philosophischen Unendlichen und die sich daraus ergebenden Paradoxien im Vordergrund. Bei dem Versuch, sie zu denken, ergibt sich Widerspruch, eine negative Dialektik. Um die Widersprüche zu vermeiden, wird zunächst mit einer Verbotsstrategie gearbeitet: das aktual Unendliche ist kein legitimer Gegenstand des Denkens. Die positive Dialektik durchbricht diese Strategie und erhebt das Denken des Widerspruches zum Prinzip dialektischer philosophischer Begriffsbildung. Wesentlich ist, daß Widerspruch hier als Begriffswiderspruch aufgefaßt wird. Die Kritik der Prinzipien geht von der intensionalen Interpretation der Logik aus und verwirft von vornherein die extensionale Interpretation (Hegel Logik V, 3, 24f., 52f., 147; vgl. Seebohm *1976b;* eine moderne Version bietet Eley *1969*). Alle Versuche, der positiven Dialektik mit dem Hinweis darauf entgegenzutreten (Popper *1962*, 312ff.), daß das Zulassen von Widersprüchen in Ableitungen und in der extensional interpretierten Prädikation erlauben würde, alles zu beweisen, stoßen deshalb ins Leere. Das wird überhaupt nicht bestritten. Extensionales Denken und formales Ableiten sind an die Prinzipien gebunden, eben deshalb ist es mit ihren Mitteln nicht möglich, intensionale Sinnkonstitutionen zu begreifen, und bereits die Formulierungen der Prinzipien, die nach der intensionalen Interpretation den Prozeß der Begriffsbildung regimentieren, führen zu unzulässigen Verfestigungen, die dialektisch – dann aber auch hermeneutisch – aufzulösen sind. Es handelt sich hier um eine grundsätzliche Metakritik der formalen Logik als Instrument des Denkens, und es gilt, daß ihre Unzulänglichkeiten nur potenziert werden, wenn zur extensionalen

Interpretation und zur Formalisierung übergegangen wird. Da sich die klassische formalisierte Logik darauf festgelegt hat, intensionale Phänomene als logisch irrelevant zu betrachten, ergibt sich hier kein Medium mehr, in dem eine Diskussion stattfinden könnte, was bleibt ist Polemik. Ob eine Diskussion durch die nachklassische formalisierte Logik, die ja eine intensionale Logik sein will, möglich wird, ist eine offene Frage.

Die Paradoxien des unendlich Großen und Kleinen gehören in der Tradition zur Philosophie der Mathematik. Sie werden zum speziellen Fall der Kritik der Prinzipien erst in der positiven Dialektik. Zwei Lösungsvorschläge für die seit der Antike bekannten Zenonischen Paradoxien, die beide Verbotsstrategien sind, sind zu erwähnen. Der erste ist ontologisch. Das mathematisch Unendliche ist ein nur potentiell Unendliches, das niemals zum fertigen Ganzen wird und deshalb kein Gegenstand ist (Aristoteles Met., 1048a 25f.). In der transzendental kritischen Auflösung des Problems ist das Unendliche eine regulative Idee, der ebenfalls kein Objekt entspricht. Wird ihr eins beigestellt, so ergeben sich widersprüchliche Begriffe des Raumes und der Zeit (Kant KrV, B 518f.). Für die moderne Mathematik hat das Problem wohl seinen angemessenen Ausdruck in der Antinomie Burali-Forti gefunden. Es ist jedoch zu beachten, daß die Mengenlehre es durchaus gestattet, mit unendlichen Mengen zu rechnen. Die Paradoxie ergibt sich hier wieder mit den aus dem naiven Komprehensionsaxiom abzuleitenden Antinomien (vgl. II, 1b). Die radikalste Lösung ist hier die des Konstruktivismus bzw. Intuitionismus (vgl. II, 1b und III, 4). Sie verbietet, das Unendliche als Gegenstand zu behandeln und überträgt damit in abgewandelter Form die Verbotsstrategien der Tradition auf den Boden der modernen Mengenlehre. Diese selbst hat sich allerdings in ihrer

Entwicklung in der Freiheit ihrer Begriffsbildungen nicht in diesem Maße einschränken lassen (II, 1b).

Eine dialektische Behandlung des Begriffsbildungsprozesses der Mengenlehre analog zur dialektischen Behandlung des unendlich Großen und Kleinen (Hegel Logik IV, 273ff.), ist durchaus denkbar. Das naive Komprehensonsaxiom kennt keine Beschränkung für den Prozeß, in dem Mengen gebildet werden können und entspricht damit dem ursprünglichen Begriff der Menge, der, so wie jeder andere, konsequent zu Ende gedacht, auf Widerspruch führen muß. Die Restriktionen, die eingeführt werden, um Widerspruch zu vermeiden, sind, wie überall Restriktionen des Verstandes, Fixierungen, die es eben unmöglich machen, den Begriff der Menge zu Ende zu denken. Die Tendenz, die Restriktionen selbst soweit wie möglich einzuschränken und damit der Freiheit der Begriffsbildung größtmöglichen Raum zu geben, indiziert, daß der Begriff der Menge wie jede andere Grundkategorie auf Totalität und damit auf Widerspruch hin angelegt ist.

Die Aufgabe, das qualitativ Unendliche als Ideal der reinen Vernunft (Kant KrV, B 599) zu denken, führt in die Antinomie, die für die intensional interpretierte Logik von größter Bedeutung ist. Von ihr her gesehen muß der Begriff des Absoluten, der Idee des Guten, des Einen, der konkreten Totalität – wie er in der Tradition bezeichnet wurde – zunächst als oberste Gattung bedacht werden. Der Begriff einer obersten Gattung führt aber (Aristoteles Met., 998b 16f.) auf Widerspruch. Eine Gattung ist Gattung, sofern sie Spezies hat. Spezies aber müssen zu den Merkmalen, die sie von der Gattung her haben, zusätzliche Merkmale aufweisen, spezifische Differenzen, die im Begriff der Gattung gerade nicht enthalten sind, also selbst unter anderen Gattungen stehen oder andere

Gattungen repräsentieren, die nicht unter der Gattung der Spezies stehen. Mithin führt der Begriff einer obersten Gattung auf einen Widerspruch zum Begriff der Gattung. Die Parallele dieser intensionalen Paradoxie zur extensionalen der Cantorschen Menge aller Mengen fällt ins Auge.

Wird umgekehrt der Versuch gemacht, das Absolute als Inbegriff aller realen Prädikate zu denken, so ergibt sich ebenfalls eine Paradoxie für die intensionale Logik. Gesucht ist ein Begriff (Kant KrV, B 599), der alle realen Merkmale zum Inhalt hat, d.h. als konjunktive Verknüpfung dieser Merkmale zu denken ist. Merkmale sind aber unterscheidbar nur, sofern sie unter Gattungen stehen und spezifische Differenzen haben. Letztere aber schließen sich mit Bezug auf eine Gattung wechselseitig aus. Mithin muß das Aggregat aller realen Merkmale als Aggregat in strikter Disjunktion gedacht werden. Es soll aber, um die Einheit des Begriffes des Absoluten zu denken, als Konjunktion gedacht werden, was ein Widerspruch ist.

An dieser Stelle setzt die Kritik der positiven Dialektik an den Prinzipien ein. Denken ist auf Totalität hin angelegt. Diese Tendenz wird durch die das Denken regimentierenden Prinzipien unterdrückt. Um ihr zu folgen, muß der Widerspruch, der auftritt, selbst gedacht werden, d.h. die Identität von Identität und Nichtidentität ist zu denken. Der deutsche Idealismus hat auf verschiedene Weise versucht, dieser Aufgabe mit Hilfe einer positiven Dialektik gerecht zu werden. Dem kann hier nicht nachgegangen werden. Entscheidend ist die zugrunde liegende Kritik der formalen Logik und ihrer Prinzipien als Hemmschuh philosophischer Begriffsanalyse und Synthese.

Anzumerken ist, daß es Interpretationen einer materialistischen Dialektik gibt, die versuchen, Dialektik nicht im Gegensatz zur formalen und sogar formalisierten Logik zu sehen, sondern letztere als integralen Bestandteil der dialektischen Methode auffassen (Zelený *1980*). Widersprüche werden nicht wie in der „idealistischen“ Dialektik als Begriffswidersprüche aufgefaßt, sondern als bestimmte Relationen zwischen Faktoren in dynamischen Strukturen, die die Entwicklungstendenz der Dynamik bestimmen, und zwar so, daß der voll entfaltete „Widerspruch“ zum Zusammenbruch der Struktur führt. Es kann gesagt werden, daß solche Widersprüche keine Widersprüche im Sinne der formalen Logik sind, ja nicht einmal sein können. Die eigentliche Kritik der formalen Logik, die zugrunde liegt, ist, daß diese Logik es nicht gestattet, die Dynamik von Strukturentwicklungen zu analysieren, auf starre Strukturen eingeschränkt bleibt und deshalb durch die materialistische Dialektik zu überbauen ist. Diese Kritik trifft auf die formalisierte klassische Logik zu. Ob sie auch auf die nachklassische Logik zutrifft, in der Zeitlogiken entwickelt werden können (vgl. u. IV, 2), ist eine offene Frage.

Die Hermeneutik betont ebenso wie die Dialektik das Angelegtsein des Denkprozesses auf das Ganze, lehnt aber eine dialektisch-begriffliche aktuelle Erfaßbarkeit des Ganzen in einem System ab. Leitendes Prinzip des Angelegtseins auf das Ganze ist die sich den Prinzipien nicht fügende metaphorische Allgemeinheit des Begriffes bzw. der Sprache. Begriffe zu durchdenken bedeutet, sie auszulegen, und Auslegung entdeckt metaphorische Allgemeinheit, in der die Fruchtbarkeit des Begriffes gründet. Was hiermit zunächst getroffen ist, ist das Prinzip der Identität und des ausgeschlossenen Dritten. Wird angesetzt, daß metaphorische Allgemeinheit auch logisch sich widersprechende Auslegungen zuläßt, ergibt sich hermeneutische Dialektik (Gadamer *1965*, 404 f.; *1971;* vgl. Lipps *1938*).

Wie hier im Rahmen einer Philosophie der formalen Logik nicht auf eine Explikation der dialektischen „Logik" eingegangen werden kann, so kann auch nicht auf eine „hermeneutische Logik" Bezug genommen werden. Was wichtig ist, ist die Kritik der formalen Logik, die hier zugrunde gelegt wird. Zugrunde liegen folgende Thesen: 1) die extensionale und dann formalisierte Behandlung der Logik ist das äußerste Extrem einer begrifflosen, veräußerlichten Theorie des Begriffes (Eley *1969*, 42 u.ö.). 2) Bereits die Formulierung der Prinzipien als Prinzipien der intensionalen Logik führt zu einer Regimentierung, die der auf das Ganze angelegten und nur in dieser Hinsicht fruchtbaren Tendenz des Denkprozesses unzuträgliche Schranken auferlegt. Die positive Dialektik verabsolutiert dabei die Formen, die ihr im subjektiven Konzeptualismus vorgegeben sind, zu Formen eines absoluten Denkens, das Widersprüche in diesen Formen denkt und auflöst und so zu einer systematischen Auslegung der Totalität gelangen will. Die Hermeneutik beruft sich dagegen auf die im Auslegungsprozeß der Sprache zu entdeckende, grundsätzlich metaphorische Struktur, setzt also Lingualismus voraus und kann sich dementsprechend auch mit der Rhetorik verbinden, für die Metaphorik von jeher ein grundlegendes Instrument war.

Eine besondere Form der Kritik der Prinzipien, die sich aber auf das tertium non datur allein bezieht, ist an dieser Stelle noch zu erwähnen, da sie ursprünglich aus deskriptiven Gesichtspunkten, die durch Beobachtungen über die Natur mathematischen Beweisens gewonnen wurden, entwickelt worden ist. Es gibt hier Fälle, in denen kein Verfahren zur Verfügung steht, mit dem festgestellt werden kann, ob ein bestimmter Satz ein Theorem ist oder nicht. Wird nun für mathematische Existenz nicht vom Realismus ausgegangen, der hier als unhaltbare Metaphysik verworfen wird, so wird das Prinzip „A oder nicht A, tertium non datur" zweifelhaft. Sätze können unentschieden, vielleicht sogar unentscheidbar sein (Brouwer *1919; 1928; 1948;* Lorenzen *1955; 1962*).

Wie bereits hervorgehoben, hat das tertium non datur den Charakter eines Methodenideals und steht nicht auf einer Stufe mit den beiden anderen Prinzipien, die von dieser Kritik auch nicht berührt werden. Wird sie anerkannt, so wird der Anspruch der Logik, ein vollständiges Organon der Mathematik und der Wissenschaft zu sein, zwar eingeschränkt, sie wird aber nicht prinzipiell kritisiert wie von Dialektik und Hermeneutik. Es hat sich zudem gezeigt, daß eine formalisierte Logik, in der das tertium non datur nicht gilt, durchaus entwickelt werden kann. Die Kritik ist also sogar mit dem Formalismus verträglich (vgl. Anhang II, 2.2). Es ist demgemäß nicht zulässig, diese Kritik, ohne entsprechende Einschränkungen zu machen, mit einer allgemeinen Metakritik der Logik zu verbinden. Das gilt gegenwärtig um so mehr, als sogenannte intuitionistische oder konstruktivistische Logiken einen systematischen Platz im Zusammenhang der Systeme der nachklassischen Logik gefunden haben. Anzumerken ist, daß die intuitionistische Logik, da sie den Realismus verwirft, und ein rein subjektiver Konzeptualismus, der die hier auf der Grundlage einer intuitionistischen Mengenlehre vorgenommenen extensionalen Interpretation des Prädikats auch nicht zulassen wird, wohl im Grunde eine objektiv konzeptualisitsche Interpretation des Gegenstandes der Logik voraussetzen. Daß ein objektiver Konzeptualismus, konsequent durchgeführt, in der Philosophie der Mathematik zu konstruktivistischen Deutungen neigt, ist bemerkt worden (Schmit *1981*).

d. Wahrheit

Das Problem der Wahrheit greift weit über das hinaus, was in der Philosophie der Logik relevant ist. Als allgemeines Problem der Epistemologie stellt es einerseits die Frage nach der Wahrheit von Theorien, andererseits kann es berechtigt in der ersten Philosophie aufgeworfen werden. Wird hier davon ausgegangen, daß Logik mit der Frage nach der Wahrheit zusammenfällt (Heidegger *1976*), und andererseits davon, daß sich das Wesen der Wahrheit nicht ergründen lasse, wenn der Leitfaden die Aussage oder das Urteil ist, und daß sich von hier aus die Frage nach der Wahrheit nicht einmal in richtiger Weise stellen läßt (Heidegger *1978,* 158), dann ist hier eine direkte Ablehnung bestimmter Interpretationen der Logik eingeschlossen. Zugrunde gelegt wird hier eine hermeneutische Logik als Frage nach der Wahrheit, der die formale Logik bloß nachhinkt. Die Kritik der Prinzipien ist vorausgesetzt.

Die Philosophie der formalen Logik muß sich jedoch, trotz solcher grundsätzlicher Kritiken, auch in der Frage nach der Wahrheit von der Problemstellung leiten lassen, die die formale Logik als Disziplin vorschreibt. Hier zeigt sich zunächst, daß es Interpretationen der Prinzipien gibt, die auf den Begriff materialer Wahrheit überhaupt nicht Bezug nehmen. Nimmt man an, daß dies die für die Logik grundlegenden Interpretationen sind, so ist das Wahrheitsproblem überhaupt kein Problem für die Philosophie der Logik. Es kann einmal von der rein subjektiv konzeptualistischen und intensionalen Interpretation der Prinzipien ausgegangen werden. Da Gegenstandsbezug für die Logik nicht relevant ist, gilt nicht nur, daß der Logiker die Frage, was Wahrheit sei, nicht beantworten kann, er braucht sie auch gar nicht zu beantworten – sie gehört in die transzendentale Logik, d.h. in die erste Philosophie (Kant KrV, B 82). Daß die eben erwähnte hermeneutische Kritik der formalen Logik in der Bewertung extensionaler Interpretationen von einer intensionalen Interpretation der Logik ausgeht, wurde erwähnt. Sie spricht also nur Konsequenzen aus, die sich bereits von hierher ergeben. Es gilt aber auch, daß die Interpretation der Prinzipien, die sich auf formales Beweisen beziehen, logische Wahrheit und Falschheit durch den Begriff der Ableitbarkeit auf der letzten Zeile eines formalen Beweises definiert und ebenso andere Begriffe logischer Eigenschaften und Relationen. Auch hier wird auf materiale Wahrheit nicht Bezug genommen. Das philosophische Grundproblem wäre das der Ableitbarkeit. Gerade auf der Ebene der formalisierten Logik könnte hier in philosophischen Argumenten darauf verwiesen werden, daß semantische Systeme, die den Gegenstandsbezug in den Mittelpunkt stellen, in ihrer metatheoretischen Begründung formales Ableiten voraussetzen. Daraus ergäbe sich aber, daß das Problem materialer Wahrheit für die Logik ein sekundäres Problem ist. Es wird darauf zurückzukommen sein (II, 4).

Damit ergibt sich auch, wo das Problem der Wahrheit zum Grundproblem wird, nämlich dort, wo der Sachverhaltsbezug von Sätzen und die Extension von Prädikaten als grundlegend betrachtet werden, d.h. in der extensionalen Interpretation der Logik. Hier ist davon auszugehen, daß die formale Logik Wahrheit und Falschheit zusammengesetzter Sätze der Aussagenlogik als Funktion der Wahrheit und Falschheit ihrer atomaren Komponenten definieren kann. Ebenso kann die Wahrheit und Falschheit quantifizierter Sätze durch Angabe von Bedingungen, die sich auf ihre Einsetzungen beziehen, definiert werden: für mindestens eine Einsetzung wahr, für alle Einsetzungen wahr. Werden solche Einsetzungen als singuläre atomare Sätze aufgefaßt, so ergibt sich, daß sich das Problem der Wahrheit als philosophisches Problem für solche Sätze stellt; für alles andere sorgt die formale Logik selbst. Andere Aspekte des Wahrheitsproblems, z.B. das Problem der Wahrheit und Falschheit von Theorien, gehören nur dann zur Philosophie der Logik, wenn auf sie zurückgegriffen wird, um die Grundfrage zu lösen, d.h. in Kohärenztheorien. Anzumerken ist, daß sich das Wahrheitsproblem in formalisierten Sprachen behandeln läßt, ohne auf singuläre Sätze Bezug zu nehmen und ohne „Namen“ in einer solchen Sprache zuzulassen (s.u. II, 4). Ganz gleich, ob sich solche Wahrheitstheorien auf Umwegen wieder auf natürliche Sprache anwenden lassen und damit Bedeutung für die deskriptive Logik gewinnen können (Davidson *1973; 1974*), sie lassen sich nicht aus ihrer Grammatik entwickeln.

Bei den auf Logik bezogenen Wahrheitstheorien ist zunächst zwischen den technischen, rein sprachanalytischen, an der Analyse der Ausdrücke „wahr“, „falsch“ orientierten Theorien und solchen, die epistemologische oder ontologische Gesichtspunkte einbeziehen, den sogenannten philosophischen Wahrheitstheorien, zu unterscheiden. Da die ersteren außersprachliche Kriterien nicht behandeln, kann ihr Erfolgskriterium nur das sprachimmanente Kriterium der Vermeidung von Paradoxien sein. Soweit sie sich dabei nur auf formalisierte Sprachen beziehen (Tarski 1933 in *1956,* 152ff.; vgl. II, 4), ist ihre Behandlung zu verschieben. Werden sie auf Fragmente der natürlichen Sprache angewandt, so ist das nur möglich, wenn die Fragmente so gewählt werden, daß Paradoxien nicht auftreten können (Haack *1978* zu Davidson *1973; 1974,* 120f.), womit aber implizit zugegeben ist, daß eine allgemeine Wahrheitstheorie nur für formalisierte Sprachen gewonnen werden kann. Auf andere solche

Theorien, die sich direkt auf Umgangssprache beziehen, wurde eingegangen (I, 3b). Es ist zumindest zweifelhaft, ob sie die gestellte Aufgabe der Vermeidung von Paradoxien in der Umgangssprache lösen, oder nur Bedeutung wiederum für formalisierte Sprachen haben werden, in denen streng zwischen Objekt- und Metasprache unterschieden werden kann.

Eine Theorie dieser Art, die die denkbar radikalste Lösung auf sprachanalytischer Grundlage vorschlägt, muß hier erwähnt werden, obwohl sie eigentlich keine Wahrheitstheorie ist. Es ist die Redundanztheorie, nach der „wahr“ und „falsch“ Prädikate sind, die überall eliminierbar sind. Somit ist das Wahrheitsproblem kein sachliches Problem für die Logik (Ramsey *1931*). Ob eine solche Eliminierung mit Bezug auf die Umgangssprache möglich ist, ist mehr als fraglich. Wird z. B. „Alles, was er sagt, ist wahr“ analysiert als „Für jedes P, wenn er P behauptet, dann P“, so ist der Nachsatz kein grammatisch vollständiger Satz. Er kann nur gesättigt werden, wenn das Prädikat „wahr“ beigestellt wird – „dann ist P wahr“. Was bleibt, ist die Konstruktion einer Sprache in der es Satzvariable gibt, die in Quantoren stehen: „Für alle P, wenn P, dann P“, (P) (P⊃P). Für sie gibt es eben keine analoga in der Umgangssprache (Haack *1978*, 132, 149f.). Entscheidend sind aber die Konsequenzen für die Logik selbst. Gilt, daß „P ist wahr oder falsch“ auf „P oder nicht P“ zu reduzieren ist, dann entfällt jede sachliche Grundlage für eine Semantik. Die Logik muß im Grunde auf Ableitungstechniken eingeschränkt werden (Haack *1978*, 127f.).

Für alle philosophischen Wahrheitstheorien ist zunächst wichtig, wie zwischen der Angabe einer Definition der Wahrheit und eines Wahrheitskriteriums unterschieden wird (Russell *1910*, 112ff.; Rescher *1973*, Kap. 2; Haack *1978*, Kap. 7). Geht man von der Formulierung der

Prinzipien für Sätze aus, so ist nicht entscheidend, ob ein Kriterium dafür angegeben werden kann, ob ein Satz wahr oder falsch ist, es ist nur gesagt, daß er immer nur einen von beiden Werten und nicht beide zugleich annehmen kann. Eine Definition würde also genügen. Kriterien, wo sie angegeben werden, setzen immer Bezug auf bestimmte Sachgebiete voraus (Russell *1910*). Setzt man die übliche Einteilung der Wahrheitstheorien in Korrespondenz- und Kohärenztheorien voraus, so ergibt sich zumindest für letztere, daß die Angabe einer Wahrheitsdefinition auch immer den Leitfaden zur Gewinnung eines Wahrheitskriteriums abgeben kann (Blanshard *1939;* vgl. Rescher *1973*).

Bei einer Diskussion der Korrespondenztheorie muß zunächst gefragt werden, ob sie im Rahmen des Nominalismus bzw. Lingualismus oder subjektiv konzeptualistisch oder objektiv konzeptualistisch anzusiedeln ist. Es ist die nominalistische Variante, die im 20. Jahrhundert in der Verteidigung des epistemischen Programmes zunächst eine Rolle spielt, wobei sich herausstellte, daß die Korrespondenztheorie unter dieser Voraussetzung nur schwer haltbar ist. Vorausgesetzt wird logischer Atomismus, d. h. die Welt besteht aus einfachen Fakten mit Eigenschaften, dem, was der Fall ist. Den singulären Fakten entsprechen singuläre atomare Sätze. Deren kategoriale Struktur, die eine in regimentierter logischer Grammatik aufzubauende Struktur ist, hat auch die Struktur der Fakten in Faktenkomplexen widerzuspiegeln. Korrespondenz besteht in der strukturellen Isomorphie von Sprache und Faktenkomplexen (Russell 1918 in *1956*, 175ff.; Wittgenstein *1922*). Die Schwierigkeiten, die sich ergeben, sind einmal die, die mit dieser Behauptung unmittelbar verknüpft sind. Worin die Isomorphie zwischen atomaren Sätzen und Gegenständen bestehen soll, läßt sich nur schwer angeben. Besonders bei Aussagen, die sich auf Relationen zwischen Gegenständen beziehen, kann auf nominalistischer Grundlage keine Isomorphie entdeckt werden, weder in der Umgangssprache noch in einer formalisierten Sprache. „a ist rechts von b“ und „a ist links von b“ sind von gleicher Struktur. Die Anordnung der Fakten ist jedoch genau konvers. Die zweite Schwierigkeit, ebenfalls bezogen auf die atomaren singulären Sätze, besteht darin, daß sich wissenschaftstheoretisch der Begriff eines theorieunabhängigen, d.h. aber kontextunabhängigen Protokollsatzes nicht rechtfertigen läßt (Neurath *1932;* Hempel *1930;* Quine *1953;* Scheffler *1967,* Kap. 5). Das Problem ist zweischichtig. Einmal bezieht es sich auf die Möglichkeit, daß zunächst Umgangssprachen, dann aber auch formale Sprachen, im Prinzip unterschiedliche kategoriale Struktur haben können (s.o. I, 2b) und somit nicht ineinander übersetzbar sind. „Wahr“ bzw. „falsch“ können nur relativ auf die kategoriale Grundstruktur bezogen werden. Zum zweiten gilt, daß in Sprachen, einschließlich der Sprachen wissenschaftlicher Theorien, verschiedene Systeme von Grundbegriffen verwendet werden können. Es hängt davon ab, welches System gewählt wird, wie die Frage, was „der Fall ist“, zu beantworten sein wird. Auch hier ergibt sich das Problem der Übersetzbarkeit auf höherer Stufe und damit die Gebundenheit von Wahrheit und Falschheit an Sprachkontexte. Auch der Versuch, wissenschaftstheoretisch den Begriff der Falsifizierbarkeit (Popper *1935;* vgl. *1962,* 3f.) als grundlegend zu betrachten, führt nicht aus dem Dilemma. Anzusetzen ist, daß Basissätze wahr oder falsch sind. Die Berufung auf einen für formalisierte Sprache zu definierenden Wahrheitsbegriff führt zu nichts, da ein solcher Wahrheitsbegriff (s.u. II, 4) immer nur relativ auf eine Objektsprache O, die offen ist, bezogen werden kann. Was angenommen werden muß, ist, daß zumindest wissenschaftliche Theorien insgesamt zu einem Sprachzusammenhang gehören, in dem Grundbegriffe ineinander transformierbar sind, und somit auch die Mengen ihrer Basissätze zu einer Gesamtmenge zusammengefaßt werden können.

Eine Korrespondenztheorie läßt sich im Rahmen des Nominalismus für das epistemische Programm nicht halten. Der Übergang zur Kohärenztheorie scheint unvermeidlich. Es muß aber gegenüber der Diskussion dieser Frage im 20. Jahrhundert, die weitgehend im Rahmen der lingualistischen Position geführt wurde, daran erinnert werden, daß die Korrespondenztheorie in der Tradition nicht lingua und res gegenübergestellt hat, sondern von der adaequatio rei et intellectus spricht. Bereits die klassische Formulierung „Wenn es wahr ist zu sagen, daß etwas weiß oder nicht weiß ist, so muß es weiß oder nicht weiß sein; und wenn es weiß oder nicht weiß ist, so war es wahr, es zu behaupten oder zu bestreiten; und wenn es nicht ist, sagt man die Unwahrheit; und wenn man die Unwahrheit sagt, ist es nicht" (Aristoteles de. int., 18a 40), setzt voraus, daß der sprachliche Ausdruck eben Ausdruck eines Bildes in der Seele ist und dann die Funktion hat, sich auf einen Sachverhalt zu beziehen (Aristoteles de int., 15b, 16a). Es braucht aber nicht subjektiver Konzeptualismus zu sein, von dem auszugehen ist. Daß sich ein Satz auf eine Sachvershaltsmeinung, noema, und über sie auf den Sachverhalt bezieht, kann objektiv konzeptualistisch, aber auch hypothetisch-realistisch interpretiert werden. Aus den oben (I, 2a) erläuterten Gründen wird die objektiv konzeptualistische Position, daß sie das „Wie der Gegebenheit" thematisiert, hier mehr zu sagen haben (Husserl FTL, 162f.; vgl. CM, §§ 4–6; Mohanty *1964; 1974a; 1977a; 1977b*). Was in Übereinstimmung zu bringen ist, ist vermeinter Sachverhalt und Sachverhalt.

Da beide in Stufen der Adäquation der Evidenz gegeben sind, sind Wahrheit und Falschheit im absoluten Sinn, d.h. in dem Sinn, in dem sie in den Prinzipien vorausgesetzt werden, ideale Grenzen. Die semantische Formulierung der Prinzipien impliziert also eine Idealisierung, die konkret meist nicht erfüllte Deckung zwischen zur adäquaten Evidenz gebrachten Sachverhaltsmeinung und dem ebenso zur adäquaten Evidenz gebrachten Sachverhalt. Das Problem der Wahrheit und Falschheit außerhalb der für die Philosophie der Logik in semantischer Hinsicht wichtigen Form – Wahrheit und Falschheit singulärer atomarer Sätze – stellt sich für eine objektiv konzeptualistische Position anders. Für ideale Gegenstände ist Wahrheit Wesensnotwendigkeit, Falschheit Wesensunmöglichkeit. Logische Wahrheit und Falschheit im engeren Sinne ist formalontologische Wesensnotwendigkeit bzw. Unmöglichkeit. Das Prinzip der Konsequenz, d.h. formale Ableitbarkeit, definiert diese Form der Wahrheit und Falschheit (Husserl FTL, 46f.).

Während im Nominalismus, wie die erfolgreiche Kritik des logischen Atomismus gezeigt hat, der Versuch, eine Korrespondenztheorie zu formulieren – und das war wohl eine zunächst nicht vorhergesehene Konsequenz –, dem Ockhamschen Rasiermesser zum Opfer fällt, bleibt sie im Rahmen des Konzeptualismus eine akzeptable Möglichkeit. Das bedeutet nicht, daß sie problemlos ist. Was hier als Voraussetzung aller semantischen logischen Analyse eingeführt werden muß, ist irgendeine Form „intellektueller Anschauung“ (Rosen *1980*, 52f.) oder „Wesensschau“, in der die Sachverhaltsmeinung für sich zur Auffassung gelangt. Das impliziert auch „kategoriale Anschauung“ bezüglich kategorialer Sachverhaltsmeinung.

Umgekehrt gilt, daß Kohärenztheorien auch unter konzeptualistischen Voraussetzungen entwickelt werden können. Das beste Einteilungsprinzip für Kohärenztheorien ist die Frage, ob sie auf dem Boden eines reinen Nominalismus entwickelt werden, oder konzeptualistische Elemente zulassen. Charakteristisch für die rein nominalistische Variante ist, daß Kohärenzdefinitionen rein mit Bezug auf die Sprache angegeben werden müssen. Die Gefahr, die sich ergibt, wenn keine zureichende Definition gegeben werden kann, ist Relativismus. Die Definition ist nicht zureichend, wenn es denkbar ist, daß es zwei oder mehrere Theorien gibt, die ihr entsprechen, und demgemäß hinsichtlich ihrer Wahrheit und Falschheit, damit aber auch der singulären Sätze, die in ihnen wahr sind, nicht vergleichbar sind. Sie erfüllen die von der Definition angegebenen Bedingungen alle in gleicher Weise, sagen aber nicht dasselbe. Es ist von Kritikern des konstruktiven Nominalismus immer wieder hervorgehoben worden (Lorenz *1970* u.a.), daß alle diese Versuche im Relativismus enden, d.h. daß sich das epistemische Programm im Rahmen des konstruktiven Nominalismus selbst ad absurdum führt. Folgende Stufen sind zu unterscheiden: Zunächst gilt, daß Sprachen, die abweichende kategoriale Systeme haben, eo ipso in ihren Aussagen nicht vergleichbar sind. Man hat sich daher auf eine logische Grammatik zu einigen, die das Resultat von Regimentierung und Formalisierung ist. Weiter gilt, wie Kritiker immer hervorgehoben haben, daß bloße logische Konsistenz kein zureichendes Kohärenzkriterium ist (Russell 1908 in *1910,* 112ff.).

Zusätzliche Kriterien wie Einfachheit und Eleganz der Theorien sind zum ersten schwer definierbar und lassen zum zweiten immer noch genügend Spielraum, verschiedene Theorien zu denken, die sie in gleicher Weise erfüllen (Popper *1935*). Damit wird, was wahr bzw. falsch ist, von den Konventionen abhängen, die hinsichtlich zugelassener allgemeinster Prädikate und Regeln, die ihren Gebrauch bestimmen, eingeführt wurden. Das gilt auch für den Versuch, den Begriff maximaler Komprehension zu benutzen. Hier (Rescher *1973*) wird von einer Menge M von Sätzen ausgegangen, die inkoherent und inkonsistent zueinander sein können, und es wird eine maximal konsistente Menge M' definiert, die Untermenge von M ist und von der gefordert wird, daß sie konsistent ist und durch jede Hinzufügung eines weiteren Elements aus M unkonsistent würde. Wieder erhebt sich die Frage, die zweifellos zu bejahen ist, ob es denkbar ist, daß es mehrere Mengen M' gibt. Auch die Annahme, daß es zusätzlich so etwas wie einen Plausibilitätsfilter gäbe, der auf einzelne Sätze angewandt werden könnte, löst das Problem im Prinzip nicht. Es kann weiter gefragt werden, ob bei der Angabe der Eigenschaften, durch die Sätze „plausibel" werden, nicht doch Anleihen bei der Korrespondenztheorie gemacht werden müssen, wenn nicht auf Konventionen zurückgegriffen wird.

Das Problem der Kohärenztheorie ist nicht nur, daß sie nicht auf einen absoluten Wahrheitsbegriff führt. Schwerwiegender für die Philosophie der Logik ist, daß eine Wahrheitstheorie, in der kein Gesichtspunkt dafür angegeben werden kann, warum der singuläre atomare Satz Vorrang hat, im Grunde unzureichend bleibt. Theorien, maximal konsistente Satzmengen nivellieren diesen Vorrang. Er kann nur dann wiedergegeben werden, wenn solche kohärenten Zusammenhänge mit der Erfahrung konfrontiert werden, d.h. Verifizierung und Falsifizierung ins Spiel gebracht wird, denn sie beziehen sich primär auf singuläre atomare Sätze.

Auf die Schwierigkeiten, die sich für eine Falsifikationstheorie ergibt, wurde hingewiesen. Ein absoluter Wahrheitsbegriff ist nicht zu gewinnen, da die Formulierung von Basissätzen theorieabhängig bleibt. Die Erklärung, die für die Falsifizierbarkeit von allgemeinen Sätzen und Theorien gegeben wird, setzt voraus, daß singuläre Sätze wahr/falsch, wenn auch nicht absolut, so doch mit Bezug auf die Theorie, objektiv entscheidbar sind. Gerade die Tatsache, daß hier auf einen Wahrheitsbegriff, wie er für formalisierte Sprachen entwickelt wurde, zurückgegriffen wird, zeigt an, daß in einer Wissenschaftstheorie, die Falsifikationstheorie ist, das Problem der Wahrheit, wie es sich in der Logik stellt, nicht beantwortbar ist, sondern als gelöst vorausgesetzt werden muß. Sogenannten pragmatischen Theorien ergeht es nicht besser. Es wird hier davon ausgegangen, daß Glaube eine Disposition zum Handeln ist, Zweifel eine Störung dieser Disposition und daß wissenschaftliche Untersuchung, die auf Wahrheit führt, d. h. auf nicht zu erschütternden Glauben, eben methodische Konfrontation des geglaubten Gehaltes mit der Realität ist (Peirce 1877 in *1930–1958,* 5.223–243). Wird dabei von einer nominalistischen Position ausgegangen, dann ist das Verhältnis von Theorie und Erfahrung auf Kohärenz zurückzuführen. Beide bilden eine Einheit. Wahrheit ist, was gemacht wird. Im Grunde liegt ein Konventionalismus vor (James *1907; 1909*), in dem Pragmatismus zum Idealismus wird (Schiller *1912; 1930*). Wird andererseits darauf bestanden, daß eine echte „Konfrontation“ mit der Realität im Handeln vorliegt, und deshalb von Korrespondenz zwischen durch Untersuchung gewonnenen Glaubenszusammenhängen und Wirklichkeit die Rede sein kann (Peirce 1907 in *1930–1958,* 5.358ff.; Dewey *1901; 1925;* Dummet *1959*), so ist darauf hinzuweisen, daß die Konfrontation selbst immer durch singuläre Sätze, die in ihr wahr oder falsch werden, markiert ist. Daß die Praxis hier ein Kriterium abgibt, erklärt die hier auf den Einzelfall bezogene spezifische Korrespondenz nicht, d.h. sie gibt nicht an, was mit was korrespondiert, es sei denn, man identifiziert für diesen Fall Glaubensgehalt mit vermeintem Sachverhalt und vertritt damit eine konzeptualistische Position.

Es sind epistemologische, auf Theorien, ganze Zusammenhänge von Sätzen und ihrer Wahrheit bzw. Falschheit mit abgestellte Erwägungen, die zu Kohärenztheorien führen. Aus ihnen ergibt sich, daß ein absoluter Wahrheitsbegriff für die Logik nicht zu retten ist. Es ist aber die Frage, ob ein solcher Wahrheitsbegriff für die Logik notwendig ist. Für sie ist maßgeblich, ob es einen objektiven Wahrheitsbegriff gibt, und zwar primär für singuläre Sätze. Unter welchen Voraussetzungen die hier zum Ausdruck gelangende Sachverhaltsmeinung gebildet wird, ist eine zweitrangige epistemologische Frage. Die Gesichtspunkte, die die Kohärenztheorie hier auf epistemologischer Ebene anführt, sind wichtig, aber eben zweitrangig für die Philosophie der Logik. Ob solche Sätze und unter welchen Voraussetzungen sie wahr oder falsch werden können, ist die entscheidende Frage. In Kohärenztheorien wird von ihr abstrahiert, dort, wo sie unter hermeneutischen Gesichtspunkten entwickelt wird, wird sie geradezu als sinnlos verworfen. Eben das ist der Grund, warum die meisten philosophischen Wahrheitstheorien so wenig für die Logik oder die Philosophie der Logik ergeben. Die Frage taucht erst wieder auf, wenn in irgendeiner Weise Theorien mit theorieunabhängiger Realität konfrontiert werden. Aber auch hier wird sie dann nicht beantwortet, sondern bleibt weiter nicht befragter Ausgangspunkt, der bestenfalls ausdrücklich in die rein sprachanalytische Untersuchung des Gebrauchs von „wahr" und „falsch" abgeschoben, damit aber philosophisch nicht beantwortet wird. Zu sagen, die Praxis sei das Kriterium der Wahrheit, löst die Frage nicht. „Was ist

Wahrheit?“ ist die Frage nach der Korrespondenz, der adäquatio, auch dann, wenn der durch Kohärenztheorie widerlegte Anspruch einer absoluten Wahrheit fallengelassen wird. Sie kann überhaupt nur gestellt werden, wenn konzeptualistisch zwischen Sachverhaltsmeinung und Sachverhalt unterschieden wird. Die Angabe des Kriteriums der Praxis, ob nun in pragmatistischen oder marxistischen Theorien, wird zu einem sinnvollen Bestandteil einer philosophischen Theorie der Wahrheit nur dort, wo sie sich mit Konzeptualismus oder hypothetischem Realismus verbindet. Im Lingualismus bzw. konstruktiven Nominalismus führt sie, wenn gestellt, auf skeptizistische Konsequenzen. Ein Nominalismus, der das epistemische Programm der Logik zunächst verteidigt, schlägt, wenn mit dem Wahrheitsproblem konfrontiert, um in Positionen, in denen das epistemische Programm grundsätzlich kritisiert wird, d.h. in hermeneutische Positionen, in denen nur noch der Sprachprozeß selbst übrigbleibt (Wittgenstein *1953*).

II. Klassische formalisierte Logik

1. Von der extensionalen Interpretation zum klassischen Formalismus

a. Extensionale Interpretation

Extensionale Interpretation der Logik und Formalisierung der Logik sind nicht dasselbe. Es gibt formalisierte Logiken, die zumindest nicht im Sinne der klassischen Logik extensional sind und Raum für die Interpretation intensionaler Phänomene lassen (vgl. u. IV, 3). Strenge Formalisierung wird zwar immer auf der Ebene der logischen Grammatik, der Metatheorie und der Semantik mit dem technischen Apparat der Mengenlehre arbeiten. Diese „technische" Extensionalität ist aber nicht an die extensionale Interpretation der Logik gebunden, die davon ausgeht, daß jede logische Beziehung, jede logische Operation durch unmittelbare Zuordnung extensionaler Beziehungen und extensionaler Operationen zu definieren ist, und daß alles, was so nicht zu definieren ist, nicht zugelassen werden soll. Wie sich die technisch extensionale Interpretation intensionaler Phänomene zum eigentlich intensionalen Programm der Interpretation der Logik verhält, wird zu fragen sein. Weiter ist zu beachten, daß ein rein ableitungssyntaktischer Formalismus, für sich genommen, neutral gegenüber jeder Interpretation ist, auch gegenüber einer extensionalen, die sich erst mit der Semantik ergibt (vgl. o. I, 3, S. 60f.). Historisch gesehen sind es ableitungssyntaktische Systeme, die zuerst voll formalisiert wurden. Die volle Formalisierung der Semantik ergibt sich sekundär.

Die extensionale Interpretation der Logik tritt zunächst als extensionale Interpretation der Prädikation auf. Sie benutzt zuerst Diagramme, dann aber die Klassenalgebra zur Darstellung logischer Beziehungen. Auf die verschiedenen Formen, in denen das seit dem 18. Jahrhundert versucht wurde, kann hier nicht eingegangen werden (Ploucquet *1766;* Mill *1843;* De Morgan *1847;* Boole *1847;* Jevons *1870;* Peirce *1930–1958,* 5.223 ff., 3.104 ff.; vgl. Bocheński *1956,* §§ 36–38). Der Grundgedanke kann noch an der Sprache der Prädikatenlogik abgelesen werden. Jeder hier auftretende Satz hat eine direkte Interpretation in Ausdrücken der Klassenalgebra. Charakteristisch für beide ist, daß Individuenvariablen verwendet werden, was in den zuzuordnenden Ausdrücken der deskriptiven Logik eben nicht der Fall ist.

Beispiele für solche interpretierenden Zuordnungen sind:

Deskriptive Logik	Klassenalgebra	Klassische Prädikatenlogik
a ist A	$a \in A$	Aa
Alles ist A	$A = U$	$(\forall x)\ Ax$
Einiges ist A	$A \neq \emptyset$	$(\exists x)\ Ax$
Alle A sind B	$A \subset B$ $(=\text{df.}\ \overline{A} \cup B = U)$	$(\forall x)\ (Ax \supset Bx)$
Einige A sind B	$A \cap B \neq \emptyset$	$(\exists x)\ (Ax\ \&\ Bx)$

Aus der Subjekt-Prädikat-Beziehung der natürlichen Sprache, der Kopula, wird die Element-Klasse Relation „∈". An der „Subjekt"-Stelle können in den Ausdrücken rechts nur Individuenkonstanten a,b,c,... oder Individuenvariablen x,y,z,... stehen. Die Prädikate A,B,... stehen für die durch die Prädikate ausgewählten Klassen. Die Prädikatverknüpfungen – in der Sprache der Prädikatenlogik „&", „v", „⊃", „≡", „-" – haben die Bedeutung von Klassendurchschnitt, Vereinigung, Inklusion, Gleichheit und Komplement. Der Allquantor (∀*x*) legt fest, daß das durch ihn quantifizierte Prädikat eine Klasse auswählt, die gleich der Allklasse, dem Universum „U" ist. Der Existenzquantor (∃*x*) legt fest, daß die durch das von ihm quantifizierte Prädikat ausgewählte Klasse nicht gleich der leeren Klasse „∅" ist.

Obwohl es in Lehrbüchern üblich ist, die Aussagenlogik der Prädikatenlogik voranzuschicken, da sie technisch einfacher ist, ist für die Philosophie der Logik die genetische Ordnung ausschlaggebend, die zugleich auch eine sachliche ist. Es ist eine sachliche Ordnung, denn eine extensionale Interpretation des Wahrheitsbegriffes für die Aussagenlogik ergibt sich erst spät und setzt die Sprache der Prädikatenlogik oder die eines entsprechenden Ausschnittes aus der Mengenlehre voraus (Tarski 1933 in *1956,* 152ff.; vgl. u. II, 4). Erst mit diesem Schritt kann die Rede davon sein, daß die formalisierte klassische Logik eine universale Sprache ist und nicht bloß ein Kalkül, obwohl die Absicht, sie als universale Sprache in Form einer Begriffsschrift aufzubauen, von vorneherein bestand (Frege 1879 in *1964,* 9ff.). Technisch betrachtet ist die Aussagenlogik als Kalkül eine Teilalgebra der Klassenalgebra. Die Operatoren Komplement, Durchschnitt, Vereinigung bezogen auf Klassen und Klassenbeziehungen rein für sich betrachtet, ergeben einen Kalkül, der sich als Satzlogik interpretieren läßt. Aus Komplement, Durchschnitt und Vereinigung wird Negation, Disjunktion und Konjunktion. Daß die Disjunktion in der klassischen Logik primär als schwache oder inklusive Disjunktion verstanden wurde und die starke Disjunktion mit Hilfe anderer Operatoren definiert wird, erklärt sich historisch aus ihrer Herkunft aus der Klassenalgebra. Der Klassendurchschnitt ist hier die Operation, die sich als grundlegende anbot. Ebenso ist das Konditional eben auf dieser Grundlage als ein durch die anderen Operatoren definierter Operator einzuführen. Was dieser Operation entspricht, ist die Inklusion, aber eben nicht in der Form, die sie in einem allquantifizierten Satz hat, sondern als eine durch Komplement und Durchschnitt bzw. Vereinigung und Komplement definierbare Operation. Der, wie sich zeigen wird (vgl. u. III, 2, S. 152f.), so schwer zu verteidigende Anspruch, daß ein solcher Operator das umgangssprachliche Konditional vertreten kann, ergibt sich auf dieser Grundlage: Ein anderer Kandidat steht überhaupt nicht zur Verfügung. Ein durch die Operatoren gebildeter zusammengesetzter Satz wird logisch wahr, wenn dieselbe Formel, interpretiert als zur Klassenalgebra gehörig, rein auf Grund ihrer Form gleich der Allklasse ist. Er ist logisch falsch, wenn sie gleich der leeren Klasse ist. Andere logische Eigenschaften und Relationen sind entsprechend zu definieren.

Ausgehend von einem ableitungssyntaktischen Formalismus, der Kalküle und axiomatische Systeme als uninterpretierte Zeichensysteme betrachtet, die rein darauf hin zu untersuchen sind, ob sie widerspruchsfrei und vollständig sind (Hilbert *1904;* 1918 in *1935*, III, 146ff.), kann gesagt werden, daß hier ein und derselbe Kalkül einmal als Boolesche Algebra bezogen auf Klassen, zum anderen aber auch als Satzlogik interpretierbar ist – andere Interpretationen können gefunden werden, z.B. als Schaltalgebra. Für den Versuch, die extensional interpretierte Logik als characteristica *universalis* aufzubauen, ist das nicht zureichend. Die Sprache der Logik soll eine universale Sprache sein, in der alles, was Sachbezug hat, zum Ausdruck zu bringen ist, d.h. es ist eine bestimmte Interpretation verlangt. Die Aussagenlogik für sich ist ein Kalkül. Ihre Variablen sind nicht eigentlich Sätze, sondern Satzschemata (Quine *1950; 1953*). Was in ihre Variablen einzusetzen ist, sind Sätze der Prädikatenlogik; sie sind es, die, wenn alle Variablen gebunden sind (vgl. Anhang I, 2), wahr oder falsch sein können.

In zunächst naiver und wie sich zeigen wird (vgl. u. II, 2b) problematischer Interpretation, die Individuenkonstante als Namen für Individuen behandelt, kann zunächst davon ausgegangen werden, daß Ausdrücke der Form φt (vgl. Anhang I, 2.1) wahr sind gdw, wenn t zu der durch φ ausgewählten Klasse gehört, wobei φ natürlich ein komplexes Prädikat sein kann; wenn nicht, dann ist φt falsch.

Wird die Klassenalgebra zugrunde gelegt, so ergibt sich keine andere als eben diese zweiwertige, unter den Prinzipien extensionaler Interpretation stehende Interpretation von Wahrheit und Falschheit solcher Sätze. Sie ergibt sich ebenso für all- und existenzquantifizierte Sätze $(\forall x)\ \varphi x$ $(\exists x)\ \varphi x$, da φ unter angegebenen Bedingungen eben entweder gleich der Allklasse ist oder nicht, tertium non datur, und entweder eine nicht leere Klasse auswählt oder nicht, tertium non datur. Zeitbedingungen spielen in der Sprache der Prädikatenlogik keine Rolle, ebensowenig wie in der Mengenlehre und anderen mathematischen Theorien. Es handelt sich hier um „ewige Sätze". „wahr" und „falsch" sind hier extensional interpretiert, sofern die Bedingungen der Wahrheit und Falschheit mit Bezug auf Extensionen festgelegt werden.

Weiter führt die Interpretation, die in Begriffen bzw. Prädikaten zunächst Funktionen sieht, die Argumente annehmen. Das Grundmodell ist der Mathematik entnommen. Unterscheidet man in einem Funktionsausdruck „$2 \cdot x^3 + x$" Funktion und Argument, d.h.

„2 · ^{3} + “ und „x“, so ist die Funktion ergänzungsbedürftig und ungesättigt. Sie wird gesättigt, wenn x durch verschiedene Argumente 1,4,5 eingesetzt wird. Nimmt man „=“ hinzu, so ergibt sich, daß der Wert einer gesättigten Funktion immer ein Wahrheitswert ist; so ist z. B. $x^2 = 1$ für den gesättigten Ausdruck $1^2 = 1$ wahr, für $2^2 = 1$ falsch. Weiter gilt, daß zwei oder mehr ungesättigte Funktionen dieselben Wertverläufe, d. h. dieselbe Extension haben können; z. B. $x^2 = 1$ und $(x + 1)^2 = 2\,(x + 1)$ für dieselben Argumente dieselben Wahrheitswerte. Sie sind wahr für -1 und $+1$ und falsch für alle anderen. Die Funktionen haben verschiedenen Sinn, aber dieselbe Bedeutung, denselben Wertverlauf, denselben Umfang (Frege 1896 in *1967,* 125 f.).

Behauptungssätze lassen sich analog zerlegen. Gx ist der ungesättigte Funktionsausdruck zu Gc „Cäsar eroberte Gallien“. Gesättigt durch c, Cäsar, ergibt sich ein wahrer, gesättigt durch a, Alexander, ergibt sich ein falscher Satz. Die Bedeutung des Begriffes G ist die Extension all derer, für die diese Funktion wahr wird. Daß eine Aussagefunktion φx ein Satz wird, Bedeutung erlangt, sich auf einen Gegenstand bezieht, ist also gleichbedeutend damit, daß sie einen Wahrheitswert annimmt. Was man über Aussagefunktionen sagen kann, ist extensional, d. h., daß sie, wenn gesättigt, wahr oder falsch werden. Nur so werden sie für die Logik relevant. Demgemäß ist ihr Sinn und alle Aussagen über ihn, logisch nicht von Interesse (Frege *1964,* 9 ff.; *1967,* 125 ff., 143 ff., 273 ff., 342 ff.). Die Extensionalitätsthese kann verschärft werden mit der Behauptung, daß es keine intensionalen Aussagen über Aussagefunktionen und überhaupt keine intensionalen Aussagen gibt (Wittgenstein *1922,* 243 ff.; Carnap *1928 a,* 43–45). Daß intensionalen Phänomenen logisch Sinn zukommen könnte (so noch Russell *1910,* der aber später davon abrückt), und daß sich dieser Sinn nicht immer extensional repräsentieren läßt, wird erst in der nachklassischen formalisierten Logik wieder zur Debatte gestellt (vgl. u. IV, 3).

Für die klassische Logik verliert damit aber die Annahme einer vom Satz zu unterscheidenden Proposition, des Gedankens (Frege *1967*), subjektiv konzeptualistisch, objektiv konzeptualistisch oder realistisch interpretiert, jede Verwendungsmöglichkeit und damit auch das Analytische im Sinne des Begriffsanalytischen. Es genügen extensional interpretierbare „ewige Sätze". Wo sie gefunden werden können, wenn es sie umgangssprachlich nicht gibt, kann angegeben werden: In der Sprache der Prädikatenlogik, sofern diese weiter gereinigt wird, d. h. sofern Individuenkonstante, die als Namen interpretiert werden können, eliminiert werden (Quine *1960; 1970*). Mit Bezug auf diese Sprache ist die extensionale Interpretation wie folgt festzulegen:

1) Die Extension der Individuenvariablen sind alle Individuen in U.
2) Die Extension der Terme bzw. Individuenkonstanten, Namen – sofern sie noch zugelassen sind – sind Individuen in U.
3) Die Extension der Prädikate bzw. Aussagefunktionen sind Klassen in U.
4) Die Extension der Sätze ist der Wahrheitswert.

Letzteres kann ontologisch gewendet werden: die Extension von allem, was in der aktualen Welt der Fall ist, ist das Wahre; die Extension von allem, was in ihr nicht der Fall ist, ist das Falsche (Wittgenstein *1922*).

b. Die Antinomien und die Entwicklung des Formalismus

In der Sprache der Prädikatenlogik lassen sich Relationen, Funktionen und Identität einführen. Wird in der Prädikatenlogik zweiter Stufe die Möglichkeit eingeführt, über Prädikate selbst zu quantifizieren, so können Zahlbegriffe definiert werden. Damit ergibt sich das logizistische Grundlegungsprogramm (Frege 1884 in *1961; 1967*, 103ff., 125ff.). Es handelt sich hier um die Idee der Entwicklung der gesamten Mathematik auf der Grundlage einer extensional interpretierten Logik, eine Idee, die auf die vollständige Verwirklichung des epistemischen Programmes abzielt (vgl. Carnap *1931b;* zur weiteren Entwicklung vgl. Beth *1959;* Putnam/Benacerraf *1964;* Thiel *1972*). Das logizistische Grundlegungsprogramm scheitert zunächst *faktisch* an dem Auftreten der Antinomien. Die unten näher zu betrachtenden Restriktionen, die eingeführt werden müssen, um sie zu vermeiden, zwingen dazu, beim Übergang von der Logik zur Arithmetik ad hoc eingeführte zusätzliche Axiome zu benutzen. Daß es prinzipiell unmöglich ist, das Programm durchzuführen, wurde klar, nachdem ein Beweis für die notwendig sich ergebende Unvollständigkeit „der Principia Mathematica und verwandter Systeme", d.h. eben solcher Systeme, in denen das Grundlegungsprogramm zur Durchführung gelangen kann, vorgelegt wurde (Gödel *1931*).

Es handelt sich hier um mit mathematischen Mitteln erzielte Ergebnisse, die von der Philosophie der Logik aufzunehmen sind. Hervorzuheben ist aber, daß bei den Antinomien und beim Unvollständigkeitsbeweis ein und dieselbe „Schlußfigur", das Cantorsche Diagonalverfahren, eine entscheidende Rolle spielt, die allerdings je nach Kontext zu ganz verschieden interpretierten Resultaten führt. Dort, wo es in der Mathematik zur Anwendung kommt, zeigt das Verfahren in einem indirekten Beweis, daß es keine Möglichkeit gibt, Irrationalzahlen auf die Menge der abzählbar unendlichen Zahlen abzubilden. Für diesen Zweck wird Abbildbarkeit angenommen, aus dieser Annahme ein Widerspruch abgeleitet und demgemäß Abbildbarkeit verworfen.

Das Verfahren läßt sich verallgemeinern. Hierfür ist eine Menge A von Objekten und eine Menge B von einstelligen Begriffen anzunehmen. Abbildbarkeit wird durch die Relation Rxf, definiert auf $A \times B$, repräsentiert, die folgende Eigenschaften hat:

$$(\forall x)\ (\forall f)\ (\forall g)\ ((Rxf\ \&\ Rxg) \supset (fx \equiv gx))$$

d.h. R ist nacheindeutig, und

$$(\forall f)\ (\exists x)\ Rxf.$$

Dann kann für B ein Begriff C definiert werden:

$$Cx =_{df}: (\exists f)\ (Rxf\ \&\ -fx)$$

Da nach der zweiten Annahme ein Objekt a in A existieren muß, also Ca, ergibt sich aus der ersten Annahme und der Definition der Widerspruch $Ca \equiv -Ca$. Aus der Verwendung der Schlußfigur in der Mathematik ergibt sich nichts anderes als die Verwerfung einer Annahme im schlichten indirekten Beweis. Es kann nun gezeigt werden, daß die Antinomie der Mengen aller Mengen, die sich nicht selbst enthalten, aber auch der Antinomien der Prädikation (vgl. o. I, 3b), dieselbe Schlußfigur zur Anwendung gelangt. Der Unterschied ist aber, daß sich die Annahme durch das Mengenbildungsaxiom einerseits und als Annahme, beliebig Prädikatenprädikate bilden zu dürfen, andererseits ergibt. Da sie so selbst ableitbar ist, liegt eine Antinomie vor, ein Widerspruch, der nicht einfach durch Verwerfung der Annahme, sondern nur durch Restriktionen beseitigt werden kann, die für die entsprechenden Axiome eingeführt werden (Grelling/Nelson *1907/1908;* für eine technisch ins Einzelne gehende Darstellung vgl. Kutschera *1964,* Kap. 1). Im Unvollständigkeitsbeweis spielt dieselbe Schlußfigur und damit eben auch eine Antinomie eine entscheidende Rolle. Der Ausweg, der hier eingeschlagen wird, ist ein anderer (s. u. II, 3, S. 128f.). Damit erhält auch die Schlußfigur eine andere Funktion. Zwischen der philosophischen Frage nach der Natur der Antinomien und der technischen Frage, wie sie in der Sprache der Mengenlehre und der formalisierten Logik zu vermeiden sind, muß unterschieden werden. Die letztere hat aber ihrerseits philosophische Voraussetzungen und Konsequenzen. Die Wege, die die Mengenlehre und die formalisierte Logik hier einschlagen, trennen sich. Die Mengenlehre hat sich nur um die Sprache zu kümmern, in der über Mengen gesprochen wird. Es handelt sich für sie darum, das Mengenbildungsaxiom so einzurichten, daß Widersprüche nicht ableitbar werden. Sie ist also eine Spezialsprache und somit eine Kalkülsprache. Die Sprache der formalisierten Logik hingegen soll eine Universalsprache, eine characteristica universalis sein. In ihr spielen Ausdrücke wie „wahr" und „falsch", also die semantische Dimension, eine Rolle, die für die Mengenlehre ohne Bedeutung ist. Die historisch früheste Lösung der mengentheoretischen Antinomien, die einfache Typentheorie, erwies sich daher für die Mengenlehre als zu restriktiv, für die formalisierte Logik aber als nicht weitgreifend genug.

In der einfachen Typentheorie wird ausgegangen von einem Typ O, den Individuenvariablen. Über diesem Typ wird eine geordnete Hierarchie gebildet, in der dem Typ 1 die Prädikate bzw. Mengen zugeordnet werden, die sich auf Individuen beziehen. Zum Typ 2 gehören Prädikate von Prädikaten bzw. Mengen von Mengen, zum Typ 3 Prädikate dieser Prädikate und Mengen von Mengen von Mengen usf. Die Antinomie wird vermieden, wenn festgelegt wird, daß Ausdrücke der Form $x^m \in y^n$ nur dann wohlgeformt sind, wenn $m = n - 1$. m und n sind Indexzahlen für Hierarchien. Das Mengenbildungsaxiom hat dann die Form:

$$(\exists y^n)\ (\forall x^{n-1})\ ((x^{n-1} \in y^n) \equiv (P(x^{n-1})))$$

Obwohl durch diese Restriktion die Bildung von Mengen, die auf Antinomien führen, ausgeschlossen wird, ist sie für die Mengenlehre nicht akzeptabel, da sie durch sie in der Freiheit ihrer Begriffsbildung unnötig eingeschränkt wird. Zum ersten enthält sie einen Begriff, auf den die Mengenlehre verzichten kann, nämlich die Annahme von „Urobjekten", Individuen. Der Begriff, der für die Mengenlehre wesentlich ist, nämlich „enthält keine Elemente", kann durch die leere Klasse definiert werden. Die *klassische* Logik zumindest kann auf sie so lange nicht verzichten, als die extensionale Interpretation der Logik auch ontologisch und objektivisch verstanden werden soll. Eben von dieser ontologischen Bindung abstrahiert die Mengenlehre.

Zum zweiten kann die Mengenlehre für sich den Mengenbegriff so bestimmen, daß Antinomien vermieden werden können, ohne Typen einzuführen. Das Komprehensionsaxiom – das jetzt als das Zermelo-Fränkelsche Aussonderungsaxiom auftritt – muß auf den Bereich einer bereits als gebildet gedachten Universalmenge U eingeschränkt werden:

$$(\forall U)\ (\exists M)\ (\forall x)\ ((x \in M) \equiv ((x \in U) \,\&\, Px)))$$

Sogar darüber kann hinausgegangen werden – im Neumann-Bernaysschen Klassenbildungsaxiom –, ohne in das

Antinomienproblem zu geraten. Klassen, die nach dem Komprehensionsaxiom zu bilden sind, müssen dann in Mengen und Unmengen eingeteilt werden. Antinomien sind bereits zu vermeiden unter der Voraussetzung des Ausschlusses von Zusammenfassungen von Mengen und Unmengen. Damit sind Begriffsbildungen, die sich auf Unmengen beziehen, die auch Kategorien genannt werden, zulässig, d.h. der Begriff „aller Gruppen" kann ebenso im Rahmen der Mengenlehre zugelassen werden wie der „aller normalen Mengen".

Wie die angeführte Formel zeigt, setzt die Mengenlehre logische Operatoren voraus – sie bestimmt aber einen widerspruchsfreien Mengenbegriff aus sich, und damit das, was für sie als „einschlägige Aussage" gilt, nämlich alle Aussagen, die sich auf einfache Aussagen der Form $x \in y$ zurückführen lassen, wobei auf die Annahme von Urobjekten verzichtet werden kann.

Für die formalisierte klassische Logik ist eine solche einfache Reduktion des Aussagenbegriffes nicht möglich. Sie muß über die einfache Typentheorie hinausgehen und eine verzweigte Typentheorie bilden, da die Prädikatenlogik offene und geschlossene Sätze, d.h. Aussagenfunktionen und Aussagen zuläßt (vgl. o. II, 1a, S. 97f.). Auch hier sind Hierarchien zu bilden. Grundprinzip ist – auf technische Einzelheiten kann hier nicht eingegangen werden –, daß geschlossene, aber auch offene Sätze keinen Quantor enthalten dürfen, der in seinem Bereich geschlossene oder offene Sätze hat, die zum selben oder höheren Ordnungstyp gehören, wie der geschlossene oder offene Satz, der diesen Quantor enthält. Hier lassen sich die semantischen Begriffe „wahr" und „falsch" einordnen. „Wahr" und „falsch" gehören immer mit Bezug auf einen Satz, der zum Typ n gehört, zum Typ n+1 (Russell 1908 in *1956,* 59ff.; Russell/Whitehead *1910–1913;* Fitch *1938;* Church *1940;*

Henkin *1950;* Schütte *1960a; 1960b;* Copi *1971;* Chihara *1972; 1973*).

Antinomien können auch vermieden werden, wenn man nicht Hierarchien von Aussagetypen, sondern Hierarchien von Sprachen bildet. Ausgangspunkt ist hier eine Betrachtung von Sprachen, die, wie gerade die der Mengenlehre, Sprachen über einen bestimmten Bereich von Objekten sind. Paradoxien ergeben sich immer unter zwei Voraussetzungen: 1) Es liegt eine semantisch geschlossene Sprache vor, d.h. eine Sprache, in der Ausdrücke zulässig sind, die sich auf Ausdrücke der Sprache beziehen, u.a. durch Prädikate wie „wahr“ und „falsch“. 2) Es wird unterstellt, daß die Gesetze der klassischen Logik gelten. Soll an 2) festgehalten werden, so kann das nur geschehen, wenn zwischen Objektsprache und Metasprache unterschieden wird. Eine reine Objektsprache ist eine offene Sprache, d.h. kein Ausdruck, der sich nicht entweder nur auf Objekte oder auch nur auf Ausdrücke der Objektsprache beziehen läßt, ist zugelassen. Alle solchen Ausdrücke gehören zur Metasprache, die selbst keine Ausdrücke enthalten darf, die sich auf sie selbst beziehen. Über sie kann nur in einer Metametasprache gesprochen werden usf. Während in der verzweigten Typentheorie semantische Paradoxien grammatisch sinnlos werden, werden sie, wenn Sprachhierarchien eingeführt werden, geradezu falsch. Unter den Objekten der Objektsprache gibt es kein Objekt, auf das sie sich beziehen könnten. Anzumerken ist, daß die Definition eines extensionalen Wahrheitsbegriffes für formalisierte Sprachen nur unter der Voraussetzung reiner offener Objektsprachen möglich ist (Tarski *1944*, 8f.; vgl. u. II, 4).

Bereits die typentheoretische Lösung führt zu schwerwiegenden philosophischen Konsequenzen. Die der Sprache der klassischen Logik hier auferlegten Restriktionen öffnen eine Kluft zwischen der Sprache der Logik und der der Umgangssprache, die nicht zu schließen ist. Viele Sätze, die umgangssprachlich sinnvoll, sogar wahr sind, wie z. B. „Dieser Satz ist ein deutscher Satz", werden in der Sprache der klassischen Logik grammatisch sinnlos. Die These, daß die extensional interpretierte Logik es gestattet, den in der Umgangssprache deponierten logischen Sinn zu explizieren, wird zweifelhaft. Damit aber ergibt sich umgekehrt das Motiv, sie von der Umgangssprache her prinzipiell zu kritisieren (III).

Es ergeben sich aber auch faktische Schwierigkeiten für die Durchführung des logizistischen Grundlegungsprogrammes. Das Gebäude der Mathematik kann nicht bruchlos aus der formalisierten Logik entwickelt werden. Die Peano-Postulate der Arithmetik können nur durch ad hoc eingeführte Axiome abgeleitet werden. Das aber bringt Schwierigkeiten für das Ideal der Vollständigkeit mit sich. Ein axiomatisches System ist vollständig, wenn jedes Axiom als zu den ursprünglich angesetzten Axiomen gestelltes sich entweder als aus letzteren ableitbar erweist, also kein Axiom ist, oder es erlaubt, Widersprüche abzuleiten (vgl. II, 3). Da die ad hoc eingeführten Axiome offensichtlich nicht ableitbar sind, liegt es nahe, den Beweis zu versuchen, daß Systeme, in denen das logizistische Grundlegungsprogramm zur Durchführung gelangen soll, notwendigerweise unvollständig sind (Gödel *1931*). Das ist nötig, wenn gerettet werden soll, was zu retten ist.

Das logizistische Grundlegungsprogramm hat das Verhältnis von Logik und Mathematik als das einer bruchlosen Einheit aufgefaßt, in dem die logisch interpretierbaren Teile die Basis abgeben, aus denen die mathematischen Schritt für Schritt zu entwickeln sind. Sind letztere aber nur durch ad hoc eingeführte Axiome abzuleiten, so stellt sich die Frage nach dem Verhältnis von Logik und Mathematik und darüber hinaus die nach dem Verhältnis von Logik und Mengenlehre erneut. Dabei spielt auch eine Rolle, daß die Mengenlehre selbst Antinomien vermeiden kann, ohne Typen einzuführen.

Ausgehend von der Lösung des Antinomienproblems, das die strikte Trennung von Objektsprache und Metasprache verlangt, bietet sich hier eine radikale Lösung an. Die Sprache der Logik ist als reine Objektsprache auf die Sprache der Prädikatenlogik erster Stufe einzuschränken. Prädikatenprädikate sind nur zuzulassen, wenn sie sich, wie z.B. Eigenschaften von Relationen, in der Sprache der Prädikatenlogik, d.h. bezogen auf Individuen, definieren lassen (Goodman/Quine *1947;* Quine *1953; 1963; 1970,* Kap. 3). Wissenschaftliche Theorien unterscheiden sich nach den Prinzipien eines solchen konstruktiven Nominalismus von der Logik dadurch, daß sie sich zwar der Sprache der Prädikatenlogik bedienen müssen, um wissenschaftlich zu sein, darüber hinaus aber immer Annahmen über die Existenz bestimmter Entitäten machen. Sie legen fest, daß es Individuen gibt, denen bestimmte Prädikate zukommen. Zu sein bedeutet als Wert einer Variablen zu sein. So beginnt die Mengenlehre mit dem Satz „Es gibt eine Menge genau dann, wenn ...“, d.h. mit einer Feststellung darüber, was für sie eine „einschlägige Aussage“ ist.

Diese Abgrenzung des Gebietes der Logik hat zunächst große Vorzüge, wie im Fortgang noch näher zu erörtern sein wird. Antinomien werden ausgeschlossen. Es ist auch möglich, auf dieser Grundlage einen extensionalen Begriff der Wahrheit für formalisierte Sprachen zu entwickeln (II, 4); auch das Problem der Unvollständigkeit hört auf, ein Problem der Logik zu sein, da Prädikatenlogik erster Stufe zumindest schwach vollständig ist (vgl. II, 3). Die Typentheorie enthält immer noch Versuchungen, über eine extensionale Interpretation der Logik, die auch ontologisch extensional ist, hinauszugehen. Zum ersten gibt es in ihr noch zumindest Analoga zu logischen Beziehungen, die rein intensional sind. Prädikatenprädikate, die sich nicht mit Bezug auf Ausdrücke der Prädikatenlogik erster Stufe, d.h. auf Klassen von Individuen, definieren lassen, sind nicht per se unzulässig. Es gilt weiter, daß in ihr viele Ausdrücke im grammatischen Sinne sinnlos werden. Die Versuchung, hier über die klassische Logik hinauszugehen und dritte Werte in die Aussagenlogik einzuführen, liegt nahe, d.h. Werte für Sätze wie „sinnlos“, „paradox“, „unentscheidbar“ (vgl. o. I, 3b). Für den konstruktiven Nominalismus ist das ausgeschlossen. Aussagen über Aussagen jeder Form sind nicht nur grammatisch unzulässig, ihnen ist auch unmittelbar der Wahrheitswert „falsch“ zuzuordnen. In der Menge der Objekte, auf die sich eine offene Objektsprache bezieht, gibt es die Objekte, auf die sich solche Ausdrücke beziehen, nicht. Es gilt also $-(\exists x)Px$ und damit ist $(\exists x)Px$ eben falsch.

Ein konstruktiver Nominalismus ist demnach die Form, in dem das Programm der extensionalen Interpretation der Logik am reinsten zum Ausdruck kommt und auch, wie sich in der Folge zeigen wird, am einfachsten zu verteidigen ist. Es handelt sich hier aber um mehr als eine bloß technisch extensionale Interpretation, die sich der Mittel der Mengenlehre bedient. Die Interpretation ist ontologisch. Wovon – geradezu im Gegensatz zur Mengenlehre, die sich auf Ontologie nicht einlassen will – ausgegangen wird, ist ein Bereich von Urobjekten, Individuen, und zugelassen sind nur solche Individuen und Klassen solcher Individuen.

Die Schwierigkeit, die sich ergibt, ist, daß die Trennung zwischen Umgangssprache und Sprache der Logik nun noch radikaler ausfällt als bei der Typentheorie. Es ist geradezu charakteristisch für die Umgangssprache, daß sie eine geschlossene Sprache ist. Die Konsequenz, die zu ziehen ist, liegt auf der Hand. Die Umgangssprache ist für die Logik sozusagen ein hoffnungsloser Fall, um den sie sich im Grunde nicht zu kümmern braucht. Die Sprache der Logik ist die Sprache idealer Wissenschaftlichkeit, in der nur ewige Sätze vorkommen, die sich auf Individuen beziehen, die als Raum-Zeitpunkte eines vierdimensionalen Kontinuums zu interpretieren sind und deren Prädikate die in ihnen vorkommenden Ereignisse sind.

2. *Ableitungssyntaktischer und semantischer Formalismus, objektive und substitutive Interpretation*

a. Grundbegriffe

Die Idee des Formalismus hat die extensional interpretierte Logik ursprünglich von der Mathematik, genauer von der Geometrie übernommen. Negativ gekennzeichnet, ist Formalismus eine Technik, in der in Axiomen und abgeleiteten Theoremen nur uninterpretierte Zeichen vorkommen. Auf diese Weise sind zunächst uninterpretierte nichteuklidische „Geometrien“ entwickelt worden, für die erst anschließend eine Interpretation, oder, wie auch gesagt wird, ein Modell, z.B. die Geometrie der Kugeloberfläche oder anderer gekrümmter Ebenen, gesucht wird. Daß logische Kalküle formalistisch in diesem Sinne sind, läßt sich direkt an der Aussagenlogik zeigen. Der formalistische Kalkül kann hier auf verschiedene Weise interpretiert werden, als Boolesche Algebra, als Aussagealgebra oder als Algebra für elektrische Schaltungen.

Diese negative Charakterisierung muß aber durch eine positive ergänzt werden. In *unzureichender* Vereinfachung kann zunächst gesagt werden, daß ein formalistischer Kalkül eine Herstellung von Figuren aus Grundfiguren nach Regeln ist. Ein Kalkül wäre demnach z. B. ein System, das aus den Grundfiguren „+" und „0" und den Grundregeln 1) wenn x, dann x0, und 2) wenn x, dann +x+ besteht, in denen „x" eine Variable für „+" und „0" ist (Eley *1969,* 52f. nach Lorenzen). Diese Beschreibung gestattet noch nicht einmal zwischen einer formalistischen Grammatik und einem eigentlichen Kalkül zu unterscheiden, genauer gesagt: was in dem Beispiel vorgeführt wird, ist kein formalistischer Kalkül im engeren Sinne, sondern es handelt sich um eine formalistische Grammatik. Es ist mit Bezug auf diesen Kalkül falsch zu sagen, daß Ableitbarkeit bestimmter Figuren hier Wahrheit und Falschheit Nichtableitbarkeit bedeutet. Letzteres ist, wie näher zu erörtern sein wird, gänzlich unberechtigt. Dieser Kalkül gestattet festzustellen, ob eine gewisse Folge von „+" und „0" entsprechend den Regeln wohlgeformt ist oder nicht.

Ein Formalismus im eigentlichen Sinne liegt vor, wenn 1) eine formalisierte und desambiguierte Grammatik bezogen auf ein Grundvokabular feststellt, ob eine Folge der Grundzeichen grammatisch wohlgeformt ist oder nicht, tertium non datur; 2) muß ein ebenso formalistisches Verfahren – es gibt deren mehrere, worauf gleich zurückzukommen ist –, vorliegen, das es gestattet festzustellen, ob bestimmten wohlgeformten Formeln bestimmte Eigenschaften zukommen oder nicht. Diese Eigenschaften müssen selbst rein formalistisch bestimmbar und offen für u. U. verschiedene Interpretationen sein. Im einfachsten Falle handelt es sich um Verfahren, die feststellen, ob eine Eigenschaft vorliegt oder nicht. Es gibt aber komplexere Fälle, in denen wohlgeformte Formeln drei verschiedene

Eigenschaften annehmen können, z. B. in der Aussagenlogik die Eigenschaft, die als „logisch wahr“ interpretierbar ist, oder die, die als „logisch falsch“ interpretierbar ist, oder die, die als „logisch kontingent“ interpretierbar ist.

Ein formalistisches Verfahren hat formalistisch Wert, wenn zwei Grundforderungen erfüllt sind. Es muß erstens „widerspruchsfrei“ sein, d. h. es muß ausgeschlossen sein, daß das Verfahren es gestattet, zugleich zu zeigen, daß einer wohlgeformten Formel eine Eigenschaft zukommt und daß sie ihr nicht zukommt. Die zweite Forderung, die nicht unbedingt erfüllt sein muß, ist, daß das Verfahren für jede vorgelegte wohlgeformte Formel feststellen kann, ob ihr eine bestimmte Eigenschaft zukommt oder nicht zukommt, tertium non datur. Es handelt sich hier um das Ideal der Vollständigkeit für formalistische Systeme. Es ist aber durchaus zureichend, wenn das Verfahren für jede Formel, die die Eigenschaft hat, auch feststellen kann, daß sie sie hat, ohne andererseits zu zeigen, daß eine Formel, die die Eigenschaft nicht hat, sie in der Tat nicht hat. In diesem Falle liegt schwache Vollständigkeit vor. Ein Verfahren hat aber durchaus auch dann noch Wert, wenn es nicht für jede wohlgeformte Formel, die die Eigenschaft hat, feststellen kann, ob sie sie hat. Das Verfahren ist dann unvollständig. Ob ein Verfahren diese Forderungen erfüllt und in welchem Grade es sie mit Bezug auf Vollständigkeit erfüllt, muß durch metatheoretische Analyse festgestellt werden (II, 3).

Bei den Verfahren, die allgemein in formalistischen Systemen zur Anwendung kommen, um festzustellen, ob eine Formel eine Eigenschaft hat, durch die sie dann zum Theorem des Systems wird oder nicht, kann allgemein zwischen Entscheidungsverfahren und formalen Beweisen unterschieden werden. Liegt ein reines Entscheidungsverfahren vor, so kann in einer endlichen Reihe von

Schritten, die in ihrer Aufeinanderfolge selbst durch Regeln vorgeschrieben sind, festgestellt werden, ob die Formel die Eigenschaft hat oder nicht. Charakteristisch ist, daß es hier Regeln für die Anwendung der Regeln gibt, deren Anwendung eben deshalb „mechanisch" ist. Als Beispiel sei auf das Verzweigungsverfahren (Anhang I, 1.2.2) verwiesen. In dem Augenblick, in dem dieses Verfahren, sei es aus praktischen Gründen, weil zu langwierig, sei es aus prinzipiellen Gründen, nicht mehr dazu führt, die gewünschte Antwort bezüglich der Eigenschaft zu gewinnen, muß es durch Gesichtspunkte ergänzt werden, die dem Verfahren formalen Beweisens entnommen sind.

Formales Beweisen unterscheidet sich von Entscheidungsverfahren dadurch, daß es zwar Regeln hat, die festlegen, welche Schritte für den Nachweis, daß eine Formel eine Eigenschaft hat, legitim sind und welche nicht, aber keine Regeln, die die Anwendung dieser Regeln regeln. Es gibt zwar Strategien – als Beispiel kann das Verfahren natürlicher Deduktion dienen (Anhang I, 1.3) –, aber selbst die rigorose Anwendung der Strategien läßt die Frage offen, ob, wenn ein formaler Beweis dafür, daß eine Formel eine bestimmte Eigenschaft hat, nicht gefunden wurde, nicht doch einer gefunden werden kann. Formale Beweise werden „erfunden". Ist ein Beweis gefunden, dann steht fest, sofern er regelrecht geführt wurde, daß die Formel die in Frage stehende Eigenschaft hat. Wird keiner gefunden, so ist offen, ob sie sie hat oder nicht.

Beide Verfahren verhalten sich somit verschieden zum Ideal der Vollständigkeit. Liegt ein Entscheidungsverfahren vor, so ist Vollständigkeit eo ipso gesichert. Geht man davon aus, daß die einzige Eigenschaft, auf die es ankommt, die ist, die die Formel als Theorem des Systems auszeichnet, so gilt für Ableitungen im Entscheidungsverfahren, daß Ableitbarkeit „Wahrheit" bedeutet, Nichtableitbarkeit „Falschheit". Dabei wird „Wahrheit" aber eben nicht als semantischer Begriff gebraucht, und auch der Begriff der Ableitbarkeit wird uneigentlich verwandt, da er meist auf formales Beweisen bezogen wird. Geht man dagegen von formalen Beweisen aus, so wird eine solche Redeweise direkt falsch (Eley *1969*, 52f.). Nicht abgeleitete Sätze können durchaus wahre Sätze des Systems sein. Selbst nicht ableitbare Sätze können wahr sein, wenn das Regelsystem unvollständig ist.

Insbesondere für die Logik ist ein weiterer Unterschied im Verfahren wesentlich, der sich mit dem ersten durchaus nicht deckt. Es ist der Unterschied zwischen semantischen und ableitungssyntaktischen Verfahren. In ableitungssyntaktischen Verfahren beziehen sich die Regeln auf die syntaktische Struktur von Formeln und legen fest, welche anderen Formeln aus bereits vorliegenden Formeln gewonnen werden können. Ableitungssyntaktische Systeme in der Logik sind primär Systeme formalen Beweisens. Es wird entweder von Axiomen ausgegangen und einige wenige Ableitungsregeln werden angegeben, oder es wird, wie in Systemen natürlicher Deduktion, nur mit Ableitungsregeln gearbeitet. In beiden Fällen gilt, daß die Eigenschaft, die angibt, ob es sich um ein Theorem der Logik handelt, formalistisch als „ableitbar nach Regeln auf der letzten Zeile eines formalen Beweises" definiert wird. Es ist aber durchaus möglich, aufgrund metatheoretischer Erwägungen ableitungssyntaktische Techniken auch als Entscheidungsverfahren zu entwickeln (Anhang I, 1.3.5; Gentzen *1934;* Blanché *1962;* Prawitz *1965*).

In semantischen Verfahren werden die Eigenschaften, auf die es ankommt, durch Wertverläufe für Formeln bestimmt, die sich aus der Zuordnung von allen möglichen

Wertkombinationen für ihre grammatisch atomaren Komponenten als deren Funktion ergeben. Im Falle der klassischen Logik handelt es sich natürlich um die Werte, 1, 0, die als „wahr", „falsch" interpretierbar sind (Anhang I, 1.2). Eine Semantik, in der die Wertverläufe komplexer Formeln rein Funktionen der Werte für ihre atomaren Komponenten sind, ist wertfunktional, ganz gleich, wie viele Werte angenommen werden (Post *1921;* Wittgenstein *1922*). Gibt es Operatoren, die Werte nach anderen Gesichtspunkten zuordnen (vgl. u. IV, 1b), so ist die Semantik nicht mehr rein wertfunktional.

Semantische Kalküle sind in der Logik, d.h. in der Aussagenlogik und Teilen der Prädikatenlogik, zunächst Entscheidungsverfahren. In Stufen höherer Komplexion zeigt sich aber, daß diese Verfahren zu langwierig werden und sogar, wie metatheoretisch zu beweisen, unmöglich werden. Sie müssen durch Verfahren, die den Charakter formalen Beweisens haben, ergänzt werden, weil sie nur noch Strategien zulassen (Anhang I, 2.2.3). Daraus ergibt sich eine gewisse technische Priorität der semantischen vor den ableitungssyntaktischen Verfahren in der Logik. Ob ein ableitungssyntaktischer Formalismus die Eigenschaften der starken, der schwachen Vollständigkeit oder der Unvollständigkeit hat, läßt sich u.a. auch zeigen, indem ihm ein semantischer Kalkül als Modell beigestellt werden kann. Es handelt sich um ein Modell, wenn alle und nur die Formeln, die semantisch l-wahr sind, die sind, die im ableitungssyntaktischen beweisbar sind. Was über das Modell gesagt werden kann, überträgt sich auf den ableitungssyntaktischen Kalkül. Diese technische Priorität semantischer Verfahren, die allein darin gegründet ist, daß sie als Entscheidungsverfahren beginnen können, begründet keineswegs absolute Priorität in jeder Hinsicht. Zwar gilt, wenn die Formalismen als Logiken interpretiert werden, zusätzlich auch noch, daß sie eben den philosophisch wichtigen semantischen Aspekt exakt explizieren, damit den Anspruch der kategorialen Form der Sprache auf objektive Gültigkeit explizit machen und auf das Wahrheitsproblem führen. Sie haben aber epistemologisch in mancher Hinsicht keine Priorität. Formales Ableiten in deskriptiver Logik entspricht dem Verfahren ableitungssyntaktischer Formalismen, insbesondere dem der „natürlichen Deduktion". Die Einsetzungsverfahren der deskriptiven Logik entsprechen zumindest nicht den rein wertfunktionalen Semantiken. Wenn sie Analoga haben, dann in der Semantik möglicher Welten, die nicht rein wertfunktional ist. Umgekehrt gilt, daß auch in semantischen Kalkülen, dort, wo Entscheidungsverfahren nicht mehr zur Verfügung stehen (vgl. II, 3), formal bewiesen werden muß bzw. Elemente formalen Beweisens verwendet werden müssen. Die Regeln formalen Beweisens aber sind ableitungssyntaktische Regeln. Schließlich verwendet auch die Metatheorie semantischer Kalküle formale Beweise.

Auf eine gemeinsame Grundlage aller Verfahren muß hingewiesen werden. Voraussetzung ist immer, daß die formalisierte Sprache, die verwendet wird, eine Grammatik hat, die 1) über Verfahren verfügt, in denen entscheidbar ist, ob eine Formel grammatisch korrekt ist oder nicht, und 2) desambiguiert ist, d.h. in der jede Formel aus atomaren Formeln durch schrittweises Hinzufügen eines und nur eines Operators erzeugt und entsprechend wieder in ihre Bestandteile zerlegt werden kann (vgl. Anhang I, 1.1.4). Die Theorie, die diese Probleme allgemein behandelt ist Metatheorie als Metagrammatik, die sich ihrerseits wieder des Instrumentariums der Logik und Mengenlehre bedient.

Man könnte in der Tatsache, daß sich Metatheorie

allgemein nur unter der Voraussetzung von Logik und Mengenlehre etablieren kann, einen verdächtigen Zirkel sehen. Wird davon ausgegangen, daß sich Metatheorie auf den uninterpretierten Formalismus bezieht, so liegt, technisch gesehen, kein Zirkel vor. Es gilt aber andererseits, daß Metatheorie in ihrer Zielsetzung von der Intention, einen Formalismus als Formalismus einer Logik zu interpretieren, nicht ganz abstrahieren kann. Bereits die Forderung, nachzuweisen, daß die Sprache desambiguiert sei, daß Widerspruchsfreiheit, gegebenenfalls Entscheidbarkeit und Vollständigkeit (vgl. II, 3) gegeben seien, ist eine Forderung, die von der Absicht geleitet ist, den Formalismus als logischen Formalismus interpretierbar zu machen. Setzt man diesen Rahmen voraus, so ergibt sich, daß in ihm eine Fülle voneinander in verschiedener Hinsicht abweichender Formalismen konstruierbar sind, die alle in technischer Hinsicht die genannten Forderungen ebenso erfüllen, wie der Formalismus der klassischen Logik. Damit ergibt sich aber die Möglichkeit, die Frage der Interpretation eines Formalismus als Formalismus der Logik von rein formalistischen Kriterien abgelöst zu betrachten. Der Formalismus als solcher gibt kein Kriterium an, das entscheiden könnte, welcher der möglichen Formalismen der der Logik sei. Es ist somit der voll entwickelte Formalismus selbst, der die philosophisch-logische Dimension der Logik in ihrer Eigenständigkeit hervortreten läßt.

Die klassische Logik war die erste, die voll formalisiert vorgelegt wurde. Die Annahme aber, daß „formalisierte Sprache“, „exakte Sprache der Logik“ und „Sprache der klassischen Logik“ umfangsgleiche Begriffe sind, erwies sich als falsch. Aufgabe der Entwicklung einer formalisierten Sprache für die klassische Logik war es, für sie eine Sprache zu entwickeln, die grammatisch desambiguiert ist und in der es auch nicht möglich ist, Antinomien und Paradoxien zum Ausdruck zu bringen. Die für den Formalismus maßgeblichen methodischen Gesichtspunkte strenger Formalisierung haben jedoch einen Bereich möglicher Anwendung, der über ihre bloße Anwendung auf die Sprache der klassischen Logik hinausgreift. Sie können auf interpretierte und uninterpretierte Sprachen allgemein angewendet werden. Damit aber wird es möglich, Formalismen zu entwerfen, die, als Logik interpretiert, zu Konkurrenten der klassischen Logik werden. Zunächst sind es die Modallogiken und die intuitionistische Logik.

Das ableitungssyntaktische Verfahren, sei es axiomatisch, sei es in natürlicher Deduktion, ist das Verfahren, das sich zunächst anbietet. Man kann hier abweichende Systeme entwickeln entweder durch Modifikation der auf die Operatoren bezogenen Ableitungsregeln und/oder durch Einführung neuer Operatoren mit speziell auf sie bezogenen Regeln. Den so zu gewinnenden modallogischen und intuitionistischen Logiken ist zunächst entgegengehalten worden, daß ihnen, im Unterschied zur klassischen Logik, kein semantisches Modell entspricht, und eben deshalb können solche Systeme nicht als logische Systeme interpretiert werden (Quine *1943; 1947b; 1953*). Auch wurde darauf hingewiesen, daß man beliebig völlig sinnlose Operatoren, etwa den Operator „tonk“, einführen kann und somit einen Freifahrtschein für alles und jedes hat (Prior *1960; 1964*). Nachdem nun aber in der Semantik möglicher Welten formalistisch einwandfreie semantische Modelle für modale und intuitionistische Logiken entwickelt wurden (vgl. Anhang II, 1.), ist der erste Einwand hinfällig geworden, aber auch der zweite insofern, als es auch in der Semantik Freifahrtscheine für die Entwicklung einer Vielfalt von korrekt gebauten formalistischen Systemen gibt.

Das bedeutet aber allgemein, daß der Begriff eines formalistisch korrekten Systems, der sich mit der Perfektionierung der klassischen Logik ergibt, es erlaubt, formalistisch korrekte Systeme zu konstruieren, die teils sinnlos, uninterpretierbar sind, teils von der klassischen Logik abweichende Logiken repräsentieren. Korrekte Formalisierung gibt demgemäß keinen vollständigen Aufschluß darüber, ob ein vorgelegtes System überhaupt ein logisches System ist, und wenn es eines ist, ob es die Logik als Ganzes oder nur einen Teilaspekt und welchen repräsentiert. Solche Fragen können nur durch eine Interpretation der formalistischen Systeme beantwortet werden, und bei solchen Interpretationen spielen, wie sich zeigen wird (IV), philosophische Gesichtspunkte keine geringe Rolle. Auf die Frage, in welcher Hinsicht formalistische Systeme als gleich bzw. als verschieden zu bezeichnen sind, kann schon hier eingegangen werden. Sie spielt in der Auseinandersetzung über die substitutive und objektive Interpretation der Sprache der klassischen Logik eine gewisse Rolle, auf die anschließend einzugehen sein wird.

Zwei formale Sprachen, die verschiedene Formationsregeln und auch graphisch verschiedene Grundzeichen haben, können als gleich auf grammatischer Ebene gelten, wenn die Menge der wohlgeformten Formeln dieselbe ist, und jeder Formel der einen genau eine der anderen zugeordnet werden kann. So bestimmte Gleichheit auf grammatischer Ebene garantiert keineswegs die Gleichheit des formalisierten Systems. Gleichheit in diesem Sinne liegt nur vor, wenn die Menge der Theoreme dieselbe ist, i. a. W., wenn einander zugeordnete Formeln gleiche logische Eigenschaften haben und in gleichen logischen Relationen stehen. Ist die Menge der logischen Operatoren dieselbe, so liegt Gleichheit im engsten Sinne vor. Es handelt sich um dasselbe System in verschiedener

Notation, z. B. das System der klassischen Aussagenlogik in polnischer und in Hilbertscher Notation. Gleichheit liegt aber auch dann vor, wenn die Menge der Operatoren der einen Sprache von der der anderen abweicht – d. h., Gleichheit auf grammatischer Ebene liegt nicht vor –, die jeweils fehlenden aber mit Hilfe der jeweils vorhandenen definiert werden können. Ist das der Fall, dann können jedem Ausdruck der einen Sprache logisch äquivalente der anderen zugeordnet werden und umgekehrt. In diesem Sinne sind Systeme der klassischen Aussagenlogik, die entweder nur die Operatoren „–" und „&" oder „–" und „v" oder andere Kombinationen haben, gleich, wenn die genannte Bedingung erfüllt ist.

Zwei Sprachen, die auf der grammatischen Ebene gleich sind, aber auch ein und dieselbe Sprache, können verschiedene Systeme dann repräsentieren, wenn aufgrund abweichender ableitungssyntaktischer oder semantischer Regeln die Menge der gültigen Formeln, der Theoreme, verschieden ist. Das ist der Fall z. B. für die klassische und die intuitionistische Aussagenlogik. Da der logische Sinn der Operatoren durch die Regeln fixiert ist, sind die Formeln sogar dann, wenn sie grammatisch nicht nur gleich, sondern dieselben sind, nicht ineinander übersetzbar. Obwohl sie dieselbe grammatische Gestalt haben, haben sie verschiedenen logischen Sinn. Anzumerken ist, daß die klassische Logik gegenüber allen in genannter Weise abweichenden Formalismen – soweit sie überhaupt als Logiken interpretierbar sind – eine Sonderstellung einnimmt. Die Menge der gültigen Formeln der letzteren ist immer eine Teilmenge der Menge der gültigen Formeln der klassischen Logik.

Zwei Sprachen sind auf grammatischer Ebene verschieden, wenn die eine einen oder mehrere Operatoren hat, die nicht durch eine in der anderen Sprache auszudrückenden Definition gewonnen werden können und auch grammatisch durch eine besondere grammatische Operation eingeführt werden müssen. Die Systeme sind dann a fortiori verschieden, wenn – was immer der Fall ist, wenn sie überhaupt logischen Sinn haben – sich in der Sprache, die den Operator hat, gültige Formeln ergeben, die diesen Operator enthalten. Hier wird man aber zwischen einer bloßen Erweiterung eines vorliegenden Systems und der Konstruktion eines abweichenden Systems unterscheiden müssen. Eine bloße Erweiterung liegt z.B. vor, wenn in einer Sprache, die nur über Ausdrücke der Form $\varphi x_1 \ldots x_n$ verfügt, wobei um Satzvariablen zu erhalten $x_1 \ldots x_n$ leer sein kann, und als Operatoren die Satzkonnektive der klassischen Logik hat, die grammatische Operation eingeführt wird, die es erlaubt, Quantoren einzuführen, d.h. aus jedem Ausdruck $\varphi \ldots x_i \ldots$ die Ausdrücke $(\exists x_i)\ \varphi \ldots x_i \ldots$ oder $(\forall x_i)\ \varphi \ldots x_i \ldots$ zu gewinnen. Quantoren gehören zu einer von der der Satzkonnektive verschiedenen grammatischen Kategorie, und ihre Einführung tangiert die semantische Technik, mit der der Sinn von Satzkonnektiven bestimmt wird, nicht. Man erhält ein echt verschiedenes System, das keine bloße Erweiterung ist, dann, wenn der neue Operator auf derselben grammatischen Ebene eingeführt wird wie die bereits vorhandenen, d.h. auf der Ebene der Satzkonnektive, und wenn festgelegt wird, daß es keine Interdefinierbarkeit zwischen den alten und den neuen Konnektiven geben soll. Das bedeutet eo ipso, daß der neue Operator semantisch nicht auf dieselbe Weise definiert werden kann wie die alten. Der Unterschied zwischen Systemen, die verschieden sind insofern, als daß eine eine Erweiterung des anderen ist, und solchen, die tatsächlich alternativ sind, ist ableitungssyntaktisch leicht zu übersehen. Semantisch wird er aber sofort greifbar. Für die neuen Operatoren, die modalen

Operatoren im allgemeinsten formalen Sinn, läßt sich in der klassischen Semantik keine Interpretation angeben. Gleiches gilt auch für den Versuch, abweichende Systeme durch Modifikation der Regeln für bereits vorliegende Operatoren zu konstruieren. Anzumerken ist, daß die beiden genannten Möglichkeiten, Systeme zu konstruieren, die verschieden vom System des klassischen Formalismus sind, aber dennoch korrekte Formalismen darstellen, auch kombiniert werden können.

b. Abweichende Formalismen der klassischen Logik: Substitutive und objektive Interpretation

Die klassische Logik kann in zwei verschiedenen Sprachen vorgetragen werden. Die Differenz bezieht sich nicht auf die Operatoren, sondern primär auf die nicht-logischen Grundzeichen. Die Frage ist, ob Individuenkonstanten bzw. Terme zuzulassen sind oder nicht. Obwohl die Logiken sonst gleich im angegebenen Sinne sind, hat die Entscheidung erhebliche technische und philosophische Konsequenzen. Läßt man Terme zu, so überträgt sich erstens das Problem der Eigennamen auf die formalisierte Logik. Vorausgesetzt ist, daß Terme sich auf ein und nur ein Individuum beziehen – eine Forderung, die für Namen in natürlicher Sprache nicht erfüllt ist, für desambiguierte Sprachen aber erfüllt sein muß. Zuzulassen ist, daß sich verschiedene Terme auf dasselbe Individuum beziehen können. Die philosophische Frage ist, ob und wie diese Voraussetzung überhaupt erfüllt werden kann. Es wird auf sie bei der Kritik der klassischen Logik zurückzukommen sein (III, 3).

Es ergibt sich zweitens, daß Wahrheit und Falschheit quantifizierter Aussagen rein sprachimmanent definiert werden können: $(\forall x)\ \varphi x$ ist wahr gdw. alle Einsetzungen φt wahr sind usf. (vgl. Anhang I, 2.1.). Diese substitutive Interpretation verschiebt das Problem der Wahrheit als philosophisches Problem auf singuläre Sätze, d.h. eben die, in denen Terme vorkommen. Ebenso wird das ontologische Problem der Individualität abgeschoben. Für die klassische Logik werden die hier technisch zu fordernden Voraussetzungen angesetzt. Die Möglichkeit, eine Wahrheitsdefinition mit den Mitteln der extensional interpretierten Logik zu gewinnen, entfällt. Es zeigt sich aber eben deshalb, daß die substitutive Interpretation die Möglichkeit offen läßt, auch andere Voraussetzungen zu machen. Sie erleichtert den Übergang zum nachklassischen Formalismus (Belnap/Dunn *1968;* Harmann *1971;* Marcus *1975;* Kripke *1976*). Technisch gesehen lassen sich in der substitutiven Interpretation eine Reihe von Schwierigkeiten vermeiden, die sich in der objektiven Interpretation für modallogische Systeme ergeben (vgl. u. IV, 2b, S. 210). Aber auch für die klassische Logik entfallen eine Reihe von Schwierigkeiten, da die substitutive Interpretation ontologisch neutral ist. So steht nichts im Wege, auch solche Namen zuzulassen, die sich auf fiktive Objekte beziehen. Es ist auch möglich, über syntaktische Kategorien zu quantifizieren und die angegebene Wahrheitsdefinition auf solche Quantifizierungen anzuwenden. So kann gesagt werden, daß die Quantifikation über Sätze $(\exists p)(p \supset -p)$ wahr ist gdw. es irgendeine Einsetzungsinstanz „... ⊃ − ...“ gibt, die wahr ist. Gleiches gilt für Quantifizierung über Prädikate. Da allgemein das, was „wahr“ heißt, nicht durch Bezug auf Existenz von Objekten definiert wird, wird mit solchen Ausdrücken in substitutiver Interpretation auch ontologisch keine Annahme über die Existenz entsprechender Gegenstände gemacht, und es braucht auch nichts über die Existenz der durch solche Quantifizierungen geschaffenen Abstrakta gesagt werden. Läßt man solche Ausdrücke in objektiver Interpretation zu, dann ist damit die Ansetzung der Existenz solcher abstrakter Entitäten gegeben. Sie müssen entweder aus philosophischen Gründen akzeptiert werden (Church *1951*), d.h., es muß mit Bezug auf sie ein hypothetischer Realismus verteidigt werden, oder sie sind im Namen des konstruktiven Nominalismus zu verwerfen, eben weil sie zur Annahme solcher Entitäten führen.

Die objektive Interpretation dagegen versucht den Aspekt auszumerzen, durch den die substitutive Interpretation philosophisch fragwürdig wird, nämlich die Zulassung von Individuenkonstanten, von Namen. Wahrheit und Falschheit quantifizierter Ausdrücke werden objektiv definiert: $(\forall x)\varphi x$ ist wahr gdw. für alle *Objekte* x im Universum U: φx; $(\exists x)\varphi x$ ist wahr gdw. für mindestens ein *Objekt* in U: φx. Weiter sind Individuenkonstanten auszumerzen. Sie sind zunächst durch definite Deskriptionen zu ersetzen, die mit Hilfe eines speziellen Operators, des Jotaoperators, zum Ausdruck bringen, daß das Prädikat auf ein und nur ein Individuum zu beziehen ist. Dieser Operator kann definitorisch durch kontextuelle Definition eingeführt werden (Russell 1905 in *1956,* 41 ff.; vgl. Anhang I, 2.5.3). Solche kontextuellen Definitionen haben als leitenden logischen Operator den Existenzquantor und arbeiten mit Identität. Namen sind demgemäß auf zwei Weisen zu eliminieren: Handelt es sich um Namen, die keine definite Deskriptionen implizieren, z.B. Herbert ist zu Hause, dann ist der Name als Prädikat zu behandeln, d.h. $(\exists x)$ (Hx & Zx). Handelt es sich um Namen, die definite Deskriptionen liefern, so sind sie durch kontextuelle Definitionen darzustellen. Auf die Problematik dieses Eliminierungsversuches ist bei der Kritik der klassischen Logik einzugehen (III, 3). An dieser Stelle sind die philosophischen Konsequenzen zu erwähnen, die sich aus dieser Gestalt des logischen Formalismus der klassischen Logik und der zugeordneten Interpretation selbst ergeben. Zunächst ist hervorzuheben, daß die unten zu behandelnde (II, 4) Wahrheitsdefinition für extensionale Sprachen auf der Grundlage der objektiven Interpretation und für Sprachen ohne Namen entwickelt wurde. Weiter gilt, daß wegen der Rolle, die der Existenzquantor bei der Eliminierung von Namen spielt, alle Ausdrücke, die sich auf fiktive Objekte beziehen, eo ipso als falsch zu klassifizieren sind. Es ist die Existenzquantifikation, die angibt, was ist; „zu existieren" bedeutet „als Wert einer Variablen zu existieren". Die weitere ontologische Implikation „Es gibt kein Objekt ohne Identität" steckt ebenfalls in der Struktur der kontextuellen Definition. Weiter gilt, wie bereits angemerkt, daß die objektive Interpretation dazu zwingt, in dem Augenblick, wo über Prädikate quantifiziert wird, die Existenz abstrakter Entitäten objektiv anzuerkennen. Soll dies vermieden werden, so sind sie nur dort zuzulassen, wo sie in der Prädikatenlogik erster Stufe, die sich auf Urobjekte direkt bezieht, definiert werden können. Für eine Position, die darauf angelegt ist, den Bereich anzuerkennender Entitäten jenseits physikalischer so klein wie möglich zu halten, wird Logik in objektiver Interpretation auf Prädikatenlogik erster Stufe einzuschränken sein (Quine *1953,* 139ff.; *1966;* vgl. Church *1951*).

Anzumerken ist, daß sich der Unterschied der substitutiven und der objektiven Interpretation der Quantoren in eine allgemeinere Unterscheidung einbauen läßt, nämlich in die der Interpretation der Logik als formale Apophantik und als formale Ontologie (Husserl FTL, Kap. 2). In einer formalen Apophantik, d. h. einer rein an Urteilsformen als grammatischen Grundkategorien orientierten Logik, wird die Zuordnung von Wahrheitswerten für quantifizierte Sätze rein durch Rückführung auf andere Urteile herzustellen sein, d. h. auf singuläre Urteile mit Individuenkonstanten. Daß die objektive Interpretation ontologisch ist, liegt auf der Hand. Es zeigt sich aber gerade daran, daß die substitutive Interpretation flexibler ist und den Übergang zur Modallogik erleichtert, daß die Ontologie, die der klassischen Logik entspricht, möglicherweise zu restriktiv ist. Geht man von der Annahme aus, daß sich formale Apophantik und formale Ontologie zueinander komplementär verhalten sollten, dann müßten sich den Weiterungen, die die substitutive Interpretation erlaubt, formal-ontologische Weiterungen zur Seite stellen lassen. Es wird sich zeigen, daß genau das in der nachklassischen Logik der Fall sein wird (vgl. IV, 2b).

3. Widerspruchsfreiheit, Vollständigkeit, Entscheidbarkeit. Metalogik und Logik

Beweise für solche und andere Eigenschaften formalisierter Systeme zu finden, ist Aufgabe der Metatheorie. Es handelt sich hier um eine rein mathematische Aufgabe, die im Grunde auch unabhängig von der Interpretation des Formalismus ist, d. h. auch unabhängig von der Frage, ob das System Logik repräsentiert. Das gilt auch, wenn berücksichtigt wird, daß solche Beweise inhaltliches Interesse nur unter Annahme einer Interpretation erregen, d. h., ob ein universales System, das das logizistische Grundlegungsprogramm repräsentiert, vollständig ist, ob die Prädikatenlogik erster Stufe vollständig ist, ob die Prädikatenlogik zweiter Stufe vollständig ist usf. Da aber die Beweise, die hier gegeben werden, rein mathematische Beweise sind, sind ihre Resultate von der Philosophie der

Logik hinzunehmen, ebenso, wie die Naturphilosophie Gesetze der Physik hinzunehmen hat. Für die Philosophie der Logik ist von Interesse, was sich 1) aus ihren Resultaten für die Interpretation des Systems als System der Logik ergibt, so z.B. die Frage, ob nur Systeme, die vollständig sind, als Systeme der Logik anzuerkennen sind oder nicht. Höherstufige Erwägungen beziehen sich 2) auf die in solchen Beweisen verwendeten Methoden. Obwohl das Problem des Zirkels, das sich daraus ergibt, daß diese Beweise selbst Logik und Mengenlehre, einschließlich mathematischer Induktion, verwenden, verschwindet, wenn klar gesehen wird, daß sie sich auf formalisierte Systeme beziehen unabhängig davon, wie sie interpretiert werden, so bleibt doch Anlaß für ein philosophisches Staunen. Logik springt gleichsam in der kritischen Untersuchung formalistischer Systeme, die als Repräsentationen der Logik fungieren, hinter sich selbst zurück. Es ergibt sich das Problem des Verhältnisses von Logik und Reflexion (Frey *1965*).

Ableitungssyntaktische Systeme sind in der Gestalt axiomatischer Systeme historisch früher entwickelt worden als semantische Systeme. Die Frage der Widerspruchsfreiheit und Vollständigkeit wurde daher zunächst an sie gerichtet. Ursprünglich wurde sie insbesondere in der Geometrie als im positiven Sinne beantwortet angesehen, wenn ein Modell in Form einer inhaltlichen Interpretation gefunden werden konnte. Es ist aber das Ziel des auf die Ebene der Metatheorie übertragenen Formalismus, diese Frage zu beantworten, ohne auf inhaltliche Interpretationen Bezug zu nehmen. Es muß rein auf Grund der uninterpretierten Sprache, Grammatik und Ableitungsregeln eines Kalküls bewiesen werden, daß dieser Kalkül widerspruchsfrei und gegebenenfalls vollständig ist (Hilbert *1904*). Dabei kann zunächst von dem Ideal starker

Vollständigkeit ausgegangen werden. Ein ableitungssyntaktisches axiomatisches System ist vollständig, wenn bewiesen werden kann, daß sich keine Formel des Systems angeben läßt, die den Axiomen als weiteres unabhängiges, d.h. von ihnen nicht ableitbares Axiom hinzugefügt werden könnte, ohne auf Widersprüche zu führen. Das besagt nichts anderes, als daß alle Formeln, die Theoreme sind, ableitbar sein müssen und daß nur die Negationen der Formeln, die es nicht sind, konsistent zu den Axiomen und Theoremen sind. Auf mathematische Systeme angewandt, besagt das Ideal, daß auch dort, wo der Bereich, über den das System spricht, transfinit ist, z.B. im Bereich der irrationalen Zahlen, das System selbst finitistisch sein muß. Das bedeutet, daß formalistisch betrachtet die Frage, ob eine Formel ein Theorem ist, in abzählbaren Operationsschritten, also im abzählbar unendlichen Bereich, beantwortbar sein muß (Hilbert *1904; 1931; 1935*, 137ff.; Hilbert/Ackermann *1928;* Bernays *1930;* Kreisel *1964*).

Philosophisch gesehen ist zweierlei wichtig: Es wird 1) davon ausgegangen, daß das tertium non datur in der metatheoretischen Beurteilung von Formalismen ein immer zu erfüllendes Prinzip ist. Es ist 2) zu beachten, daß das Programm des Finitismus nicht mit dem logizistischen Grundlegungsprogramm identisch ist, aber gewisse kritische Gesichtspunkte für eine Beurteilung dieses Programmes liefert. Es ist nicht die Forderung des Finitismus, daß das gesamte Gebäude der Mathematik aus der Logik aufgebaut werden muß. Die universale Funktion der Logik ergibt sich erst auf metatheoretisch-formalistischer Ebene in der Beurteilung von Systemen. Auf der anderen Seite gilt aber, daß Systeme, die das logizistische Grundlegungsprogramm durchführen wollen, an keiner Stelle ad hoc eingeführte Axiome verwenden dürfen, die selbst nicht ableitbar sind, wenn sie formalistisch korrekt sein sollen (s. o. II, 1 b, S. 100).

Wird nun metatheoretisch bewiesen, daß das Ideal des Finitismus mit Bezug auf Systeme, die einerseits komplexer sind als die Prädikatenlogik erster Stufe, aber andererseits auch nicht komplexer als die Arithmetik, nicht durchführbar ist, da es hier wahre Formeln geben kann, die nicht beweisbar sind (Gödel *1931*), so fallen beide Ideale. Es gilt jedoch, daß die technischen Errungenschaften des Finitismus weiterhin von großem Nutzen bleiben. Auf die mathematischen Techniken des Unvollständigkeitsbeweises für die „Principia Mathematica und verwandter Systeme“ braucht hier nicht eingegangen werden (vgl. dazu Rosser *1930;* Nagel/Newman *1959;* Stegmüller *1959*). Philosophisch wichtig sind das Resultat des Beweises, aber auch gewisse Voraussetzungen, die er macht, die für die Philosophie der Logik andere Verfahren, die zu demselben Ziel führen, zumindest auch interessant machen. Der Beweis setzt voraus, daß gewisse metamathematische Begriffe, wie „Beweisfigur“, „beweisbare Formel“, „Formel“, im System selbst ausdrückbar sind, konkret, daß ihnen gewisse Zahlen zugeordnet werden können. Damit wird ein Satz, der seine eigene Unbeweisbarkeit behauptet, im System ausdrückbar – was, wenn seine Beweisbarkeit angenommen wird, auf einen Widerspruch führen würde, wenn nicht gesagt werden könnte, daß er eben deswegen unbeweisbar oder unentscheidbar sei. Es wird hier wieder 1) mit dem Cantorschen Diagonalverfahren und 2) mit einer Antinomie, nämlich der von Richards gearbeitet (Gödel *1931*, 173 f.).

Der Beweis setzt die Zulässigkeit von Sätzen mit Selbstbezug voraus. Die Zulässigkeit solcher Sätze für die Logik hat sich aber als philosophisches Problem erster Ordnung erwiesen. Die Frage, ob die Logik solche Sätze enthalten könne und überhaupt dürfe, ist offen. Eine Behandlung des Problems von Entscheidbarkeit und Vollständigkeit, auch wenn sie ableitungssyntaktisch weniger rigoros ist, ist also zumindest interessant. Speziell für die Logik gilt, daß in ihr der semantische Aspekt und semantische Kalküle in dreifacher Hinsicht von größerem Interesse sind als ableitungssyntaktische. Zum ersten können ableitungssyntaktischen Systemen selbst rein formalistisch zu betrachtende semantische Systeme zugeordnet werden, die ihre Modelle sind. (Zur mathematischen Technik, die einen erheblichen Apparat voraussetzt, vgl. u. a. Robinson *1965; 1968;* Addison *1965*.) Zum zweiten gilt, daß semantische Systeme als Entscheidungsverfahren beginnen und diesen Charakter erst verlieren, wenn zu logischen Problemen übergegangen wird, die sich auf Ausdrücke komplexerer grammatischer Form beziehen. Zum dritten ist es immer der semantische Aspekt, der, wenn interpretiert, die ontologischen Implikationen logischer Sprachen determiniert.

Es liegen mittlerweile semantische Formalismen für die Logik vor, die, zunächst auf sie selbst bezogen, das Problem der Vollständigkeit, so wie es sich für die Logik selbst ergibt, klar hervortreten lassen. Von ihnen ausgehend können Verallgemeinerungen, die generell etwas zu diesen Fragen sagen, gewonnen werden. Das Verzweigungsverfahren beantwortet die Frage, ob, bezogen auf die Aussagenlogik, ein Satz logisch wahr ist oder nicht – entsprechend auch für andere logische Eigenschaften und Relationen (vgl. Anhang I, 1.2) – nach einer endlichen Reihe von Schritten immer mit „ja“ oder „nein“. Es handelt sich hier also um ein perfektes Entscheidungsverfahren, das zugleich starke Vollständigkeit garantiert. Für die allgemeine Prädikatenlogik erster Stufe gilt, daß eine Antwort „ja“, wenn sie zutrifft, immer in einer endlichen

Reihe von Schritten erreicht werden kann. Das gilt nicht in allen Fällen für die Antwort „nein". Es gibt Fälle, in denen das Verfahren keine Antwort gibt, weil es nicht zum Halten kommt, ad infinitum weiterläuft. Nie gibt es eine falsche Antwort! Daß die Antwort auch in diesem Falle „nein" sein sollte, kann nur durch Überlegungen gezeigt werden, die über das Verfahren hinausgreifen. Es muß formal bewiesen werden. Das Verfahren ist hier schwach vollständig. Es kann gezeigt werden, daß es für bestimmte Teilbereiche der Prädikatenlogik erster Stufe auch stark vollständig ist. Das gilt zunächst für die monadische Prädikatenlogik, dann aber auch für andere Bereiche, in denen der Gebrauch gewisser Kombinationen von Operatoren und nicht-logischen Zeichen, d.h. Quantoren und Identität einerseits, Relationen und Funktionen andererseits, eingeschränkt wird. Wird das Verfahren auf die Prädikatenlogik zweiter Stufe und allgemein höherer Stufe angewendet, so zeigt sich, daß es nun Fälle gibt, in denen das Verfahren auch hinsichtlich der Antwort „ja" nicht zum Halten kommt und somit keine Antwort angibt. Es ist unvollständig. Auch hier können gewisse eingeschränkte Teilgebiete bestimmt werden, in denen zumindest schwache Vollständigkeit gewährleistet ist.

Daß es sich mit dem Verzweigungsverfahren so verhält, wie angegeben, ist natürlich eine These, die metatheoretisch beweisbedürftig ist. Ebenso beweisbedürftig ist die weitere These, daß es kein Verfahren gibt, das in der Lage ist, Besseres zu leisten, d.h. die Bereiche starker und schwacher Vollständigkeit erweitern kann. Der Beweis für die erste These kann in üblicher Weise metatheoretisch gewonnen werden. Für den Beweis der zweiten muß von einer Annahme ausgegangen werden, die selbst nicht beweisbar ist, daß nämlich Entscheidbarkeit äquivalent zur Repräsentierbarkeit in einer auf das Universum natürlicher Zahlen 1, 2, 3,... bezogenen Robinson-Arithmetik ist. Hier ist noch eine Ersetzung aller logischen Zeichen und Operatoren durch Zahlkombinationen notwendig. Die These von Church kann aber auch anders formuliert werden, nämlich als die These, nach der alle Funktionen, die überhaupt berechenbar sind, in einem Abakusautomaten berechenbar sind (Church *1936;* Boolos/Jeffrey *1974*). Beide Thesen sind, wie gesagt, nicht beweisbar, und das Verfahren kann aus diesem und anderen Gründen gegenüber dem auf ableitungssyntaktische Systeme unmittelbar bezogenen Unvollständigkeitsbeweis als im mathematischen Sinne unbefriedigend bezeichnet werden. Die Thesen haben aber andererseits den Vorzug, daß sie die beste Beschreibung des Begriffes „mechanisches Verfahren" abgeben, mit dem Entscheidungsverfahren oft charakterisiert werden. In der Philosophie und auch in der Philosophie der Logik kommt man ohne mehr oder weniger evidente Annahmen ohnehin nicht aus. Für sie wird der Nachteil in der Präzision im mathematischen Sinne durch die oben erwähnten Nachteile des präzisen Beweises, aber auch durch die bessere Erfassung der Sachlage durch die Logik selbst, wettgemacht.

Philosophisch gesehen ist die Forderung nach Widerspruchsfreiheit und Vollständigkeit für uninterpretierte formalisierte Systeme eine Reformulierung der logischen Prinzipien des Nichtwiderspruchs und des ausgeschlossenen Dritten für solche Systeme in der selbst formalistischen Metatheorie solcher Systeme. Es zeigt sich, daß das Ideal der Vollständigkeit und damit das Prinzip vom ausgeschlossenen Dritten in diesem Zusammenhang nicht nur angezweifelt werden kann, sondern daß es nicht haltbar ist. Auf der anderen Seite zeigt sich aber auch, daß eines seiner Analoga, nämlich schwache Vollständigkeit in bestimmten Teilbereichen formalistischer Systeme, die gerade in ihrer semantischen Darstellungsform als Logik interpretierbar sind, durchaus haltbar ist. Diese positive Seite der Unvollständigkeitsbeweise ist nicht so auffällig, weil nicht so sensationell gegenüber den Erwartungen, die ursprünglich mit der Entwicklung der klassischen formalisierten Logik verbunden waren. Da die klassische Prädikatenlogik erster Stufe schwach vollständig ist, gilt für sie ein tertium non datur mit Bezug auf die Sätze, die in ihr Theoreme sind, d.h. auf ihre logischen Wahrheiten. Es kann gesagt werden, daß ein Satz logisch wahr oder nicht logisch wahr ist, tertium non datur, weil es hier, wie metatheoretisch am repräsentierenden Formalismus zu beweisen ist, Verfahren gibt, die überall dort, wo eine positive Antwort möglich ist, diese Antwort auch geben. Eine solche Rettung des tertium non datur auf dieser Ebene muß natürlich scharf von der Annahme des tertium non datur unterschieden werden, die mit einer zweiwertigen Semantik in der klassischen Logik auf objektsprachlicher Ebene gegeben ist.

Wie oben angemerkt (II, 1b, S. 105f.), hat man im konstruktiven Nominalismus vorgeschlagen, das Antinomienproblem als ein Problem für die formalisierte Logik zu eliminieren, indem man von einer scharfen Trennung von Objektsprache und Metasprache ausgeht, nach der Prädikatenprädikate in der Objektsprache nur dann zulässig sind, wenn sie auf der Ebene der Prädikatenlogik erster Stufe definiert werden können. Im Grunde wird damit das Gebiet der formalen Logik auf die Prädikatenlogik erster Stufe eingeschränkt. Aus den eben angeführten Erwägungen ergibt sich ein zweites Motiv für einen solchen Schritt. Charakteristisch für mathematische Systeme allgemein ist, daß man hier die Forderung nach auch nur schwacher Vollständigkeit nicht stellen kann, weil sie oft unvollständig bleiben müssen. Es gibt Formeln, die unbeweisbar bleiben. Das gilt aber auch bereits für die Mengenlehre. Die Konsequenz, die gezogen wird, ist, daß alle Fragen, die in der klassischen Prädikatenlogik höherer Stufe auftreten, keine im engeren Sinne logischen Fragen sind, wenn sie die Prädikatenlogik erster Stufe prinzipiell überschreiten und ihre Beantwortung das Prinzip verletzt, daß formale Logik auf den Bereich eingeschränkt werden sollte, in dem zumindest schwache Vollständigkeit erzielt werden kann. Alle anderen Fragen sollten mit rein mengentheoretischen Mitteln behandelt werden (Quine *1970;* vgl. *1963*). Ein drittes Motiv ergibt sich in Verbindung mit dem ersten (Quine *1970,* Kap. 3) daraus, daß der Versuch, einen rein extensionalen Wahrheitsbegriff zu entwickeln – auf den gleich einzugehen sein wird –, genau den Rahmen voraussetzt, den das erste Motiv für die Lösung des Antinomienproblems vorschlägt (Tarski *1944;* vgl. oben S. 105 und Quine *1970*). Die enge Eingrenzung der Logik, die hier im Interesse einer rein extensionalen und objektiven Interpretation der Logik vorgenommen wird, beruht aber auf so rigorosen Gesichtspunkten, daß sie auf allgemeine Zustimmung nur schwer rechnen kann. Es gilt für sie, was lange vorher für die rein intensionale Interpretation der Logik galt. Eine Fülle von Fragen, die in der Tradition als logische Fragen betrachtet wurden, sind von der Provinz der Logik ausgeschlossen.

4. Wahrheit in extensionalen Sprachen

Die extensionale Interpretation von Sätzen, die deren Extension als die des Wahren dessen, was der Fall ist, als die des Falschen dessen, was nicht der Fall ist, angibt, ist selbst keine extensionale Definition des Wahrheitsbegriffes. Sie kann sich mit verschiedenen Wahrheitstheorien verbinden, am natürlichsten zunächst mit der Korrespondenztheorie, die oben diskutiert wurde. Eine extensionale Definition des Wahrheitsbegriffes hat zunächst eine materiale Bedingung zu erfüllen, die Bedingung (T). (T) besagt, daß eine annehmbare Definition der Wahrheit alle Einsetzungen in das Schema „S ist wahr gdw. P" implizieren sollte bzw. mit ihnen verträglich sein sollte. „P" soll dabei durch jeden Satz der Sprache, für die Wahrheit definiert ist, eingesetzt werden können und „S" durch den Namen für eben diesen Satz. In der Umgangssprache wird ein Name für einen Satz am besten durch den Gebrauch von Anführungszeichen gebildet. „‚Schnee ist weiß' ist wahr gdw. Schnee weiß ist" ist eine Einsetzung in das Schema. Weder das Schema noch die auf es bezogene Bedingung ist eine Wahrheitsdefinition. Beide erlauben es aber, die Extension des Wahrheitsbegriffes zu bestimmen, zumindest in einer Sprache, in der sie möglich sind, ohne auf dessen Intension und Bedeutung Rücksicht zu nehmen. Zu beachten ist, daß eine Wahrheitsdefinition über das Schema hinausgehen muß, d.h., sie muß das „wahr" im Schema spezifizieren, um eine – sicherlich unzureichende – Spezifizierung anzugeben: „wahr" kann spezifiziert werden als „steht in der Zeitung" (Tarski *1944*).

Daß sich eine solche Definition für natürliche Sprachen angeben läßt, steht allein deshalb nicht zu erwarten, weil hier Paradoxa auftreten. Für formalisierte Sprachen besteht bessere Aussicht dann, wenn (Tarski 1933 in *1956*, 152ff.) streng zwischen Objektsprache und Metasprache unterschieden wird und festgelegt wird, daß die Objektsprache eine offene Sprache sein muß (vgl. oben S. 105f.).

Die Definition muß darüber hinaus formal korrekt sein, d.h., es muß ausgeschlossen werden, daß Widersprüche auftreten, weil das Definiens freie Variablen enthält, die im Definiendum nicht auftreten. Weiter muß ausgeschlossen werden, daß das Definiendum nicht eliminierbar ist, was der Fall ist, wenn dieselbe Variable im Definiens zweimal auftritt.

Eine Möglichkeit, eine Definition der Wahrheit für die Sprache der formalisierten Logik anzugeben, kann – unter gegebenen Raumverhältnissen in stark vereinfachter Form – wie folgt skizziert werden. Sätze der Satzlogik sind bloße Satzschemata. Wenn Wahrheit definiert werden soll, dann für Sätze und nicht für Satzschemata. Sätze aber sind quantifizierte Sätze, in denen alle Variablen gebunden sind. Universalquantifizierte Sätze können definiert werden, wenn Definitionen für Negation und Existenzquantifikation zur Verfügung stehen. Ist Wahrheit für existenzquantifizierte Sätze definiert, so auch für universal quantifizierte. Auszugehen ist von einer Sprache, in der es keine Individuenkonstanten, „Namen“, gibt. Mithin ergibt sich das Problem der Wahrheit nur für existenzquantifizierte Sätze.

In einer solchen Sprache ist zwischen offenen Sätzen, die freie Variablen enthalten, und geschlossenen Sätzen, in denen alle Variablen gebunden sind, zu unterscheiden. Offene Sätze sind weder wahr noch falsch. Offene Sätze enthalten eine geordnete Folge von beliebig vielen Variablen – wie viele, hängt bei den atomaren, d.h. selbst keine weiteren Operatoren enthaltenden Sätzen davon ab, wie viele Stellen das Prädikat hat. Ist es eine vierstellige Relation, so sind es vier. Offene Sätze können nun durch unendliche Folgen von Objekten erfüllt oder nicht erfüllt werden. $Px_1 \dots x_n$ wird erfüllt durch die unendliche Folge von Objekten, deren Anfangssegment O_1 bis O_n P erfüllt. Alle folgenden Elemente der Folge können vernachlässigt werden. Die Negation eines offenen Satzes wird dann erfüllt durch alle Folgen, die den offenen Satz nicht erfüllen. Die Konjunktion zweier offener Sätze wird erfüllt durch alle Folgen, die beide erfüllen. Definitionen der Erfüllbarkeit anderer Konnektive ergeben sich analog.

Für die Definition der Erfüllbarkeit offener existenzquantifizierter Sätze wird von unendlichen Objektfolgen X,Y ausgegangen. Sie sind hinsichtlich aller Objekte j, j $\neq$ i, so geordnet, daß $X_j = Y_j$. $(\exists x_i)$ $(Px_1 \ldots x_n)$ wird von X erfüllt genau dann, wenn Y durch $Px, \ldots x_n$ erfüllt wird. Y unterscheidet sich von X demgemäß nur an einer Stelle i. i ist die Stelle in Y, durch die die Folge Y den offenen Satz erfüllen würde, der sich ergibt, wenn die Existenzquantifikation fallen gelassen wird: *Gxyz* wird durch <Peter, Hans, die Pfeife> erfüllt, die Folge Y. ($\exists x$) *Gxyz* wird durch jede Folge X erfüllt, die anstelle von „Peter" irgendein anderes Objekt, z. B. „Paul", hat, sich sonst aber nicht von Y unterscheidet.

Die Definition von „wahr" und „falsch" für geschlossene existenzquantifizierte Sätze durch den Begriff der Erfüllbarkeit ergibt sich wie folgt: Ein geschlossener, existenzquantifizierter Satz ist wahr gdw. er durch jede Folge von Objekten erfüllt wird, er ist falsch gdw. er durch keine Folge von Objekten erfüllt wird. Man betrachte den einfachsten Fall einer monadischen Prädikation P*x*. Jede auf ihrer Basis gebildete Quantifikation ($\exists x$) P*x* wird durch alle oder durch keine Folge von Objekten erfüllbar sein. Sie ist nur durch beliebige Folge erfüllbar, wenn es eine andere Folge gibt, die sich von der ersten nur an einer Stelle i, und das ist in diesem Falle die erste Stelle, unterscheidet und P*x* erfüllt. Wenn es daher der Fall ist, daß ($\exists x$) P*x* durch eine beliebige Folge erfüllt wird, so wird es auch durch alle Folgen erfüllt. Umgekehrt betrachtet: X sei eine beliebig geordnete Folge von Objekten. X erfüllt ($\exists x$) P*x* nur, wenn es eine andere Folge Y gibt, die sich von der ersten an der Stelle i, im angenommenen Falle der ersten Stelle, unterscheidet. Y wird das

Objekt, das $(\exists x)$ Px erfüllt, wenn es in X an der ersten Stelle steht, dann an irgendeiner anderen Stelle haben, d.h., es gibt die Folge Y dann und nur dann, wenn es irgendein Objekt gibt, das P ist – aber dann ist $(\exists x)$ Px eben auch wahr.

Die Definition erfüllt alle erwähnten materialen und formalen Bedingungen (Quine *1970*, Kap. 3; Tugendhat *1960;* Haack *1978*), kann aber nur auf einen bestimmten Typ von Sprachen angewandt werden. Die Sprache muß erstens rein extensional und zweitens eine offene Objektsprache sein, in der Prädikatenprädikate nur zuzulassen sind, wenn sie durch Ausdrücke der Prädikatenlogik erster Stufe definierbar sind. Die Definition kann daher nur auf Sprachen Anwendung finden, die im oben angegebenen Sinne gleich der Sprache der Prädikatenlogik erster Stufe sind, d.h., es muß Entsprechungen für alle und nur die wohlgeformten Ausdrücke der Prädikatenlogik geben, und die Menge der logischen Wahrheiten muß gleich sein.

Es gilt weiter, daß die Definition nutzlos und zirkulär wird, wenn von der substitutiven Interpretation der Quantoren ausgegangen wird. Die Objektreihen müßten dann durch Reihen von Sätzen mit Individuenkonstanten repräsentiert werden. Die Frage, ob $(\exists x)$ Px wahr ist, wird hier mit dem Hinweis darauf beantwortet, daß es einen Satz aus der Reihe der Sätze mit Individuenkonstanten, Pn, gibt, der wahr ist und der somit $(\exists x)$ Px wahr macht. Dieser Sachverhalt kann natürlich gegen die substitutive Interpretation selbst gewendet werden. Sie befrachtet sich nicht nur mit dem Problem der Namen und der singulären Sätze, sie schließt auch die Möglichkeit aus, Wahrheit rein mit den Mitteln der extensionalen Logik selbst zu definieren.

Ein weiteres Problem ergibt sich, wenn nach einer Interpretation der Universalmenge aller Objekte O gefragt wird, aus der die Objektfolgen zu bilden sind. Es liegt für die klassische Logik nahe, anzusetzen, daß diese Menge die Menge aller Objekte der aktualen Welt ist. Es gibt dann eine Reihe von Ausdrücken in der Sprache, die offene Sätze enthalten, für die aber hinsichtlich der Erfüllbarkeit das gleiche gilt wie für existenzquantifizierte Sätze: Sie werden von allen möglichen Objektfolgen erfüllt. Es handelt sich dabei um alle Sätze, die offene Sätze sind und die grammatische Form aussagenlogisch-logischer Wahrheiten haben, z. B. „*Fx* v – *Fx*. Man kann den Begriff logischer Wahrheit natürlich für Ausdrücke, die nur geschlossene Sätze enthalten, reduzieren. Damit aber ist das Problem nicht beseitigt. Man wird solche Ausdrücke mit offenen Sätzen auf der anderen Seite kaum nach der Analogie in den Erfüllbarkeitsbedingungen, die sie zu den existenzquantifizierten Sätzen haben, als „material" wahr bezeichnen. Sie sind in irgendeinem Sinne wahr, der sich aber der traditionellen Unterscheidung von logischer und materialer Wahrheit nur schwer einfügen läßt.

Um das Problem zu lösen, ist vorgeschlagen worden (Haack *1978*, 108), den Begriff der Erfüllbarkeit nicht absolut, sondern modelltheoretisch mit Bezug auf „mögliche Welten" zu verstehen. Es gibt nicht eine Objektmenge, sondern mehrere voneinander getrennte. „Logische Wahrheit" offener Sätze ergibt sich dann als Wahrheit in allen möglichen Welten und ihnen zugeordneten Objektmengen, während die Wahrheit existenzquantifizierter Sätze abhängig ist von der jeweiligen Objektmenge. Sie werden wahr nur, wenn das Objekt, auf das sie sich beziehen, in einer solchen Menge enthalten ist. Damit ist aber der Rahmen der Semantik der klassischen Logik verlassen. Auf die Probleme, die eine Semantik möglicher Welten mit sich führt, wird einzugehen sein (IV, 2). Es gilt auch, daß die allgemeine Bedingung für Wahrheitsdefinitionen (T) modifiziert werden müßte, wenn man nicht mehr von einer absoluten Objektmenge, sondern von mehreren ausgeht.

Die Möglichkeit, eine Definition der Wahrheit ausgehend von (T) mit rein mengentheoretischen Mitteln zu geben, kann als die Erfüllung des extensionalen Programmes gewertet werden, das hier zugleich objektiv und ontologisch ist. Wahrheit wird auf Grund eines Begriffes der Erfüllbarkeit definiert, der selbst ausschließlich durch mengentheoretisch definierbare Eigenschaften und Relationen zwischen Folgen von Objekten bestimmt wird. Dieser Sieg ist aber in gewisser Hinsicht ein Pyrrhussieg. Es wird üblicherweise (Tarski *1956;* Quine *1970*) angenommen, daß die Definition nicht auf natürliche Sprachen übertragbar ist, weil es sich hier um geschlossene Sprachen handelt. Der Bruch zwischen der Sprache der Logik und der Umgangssprache ist nun endgültig geworden. Für die Position (vgl. oben II, 1b, S. 107), die das bejaht und Logik als eine von der Umgangssprache verschiedene Sprache idealer Wissenschaftlichkeit betrachtet, ist das natürlich kein Einwand.

Wird daran festgehalten – unter Ausschluß eines Rückgriffes auf die Semantik möglicher Welten –, daß die klassische Logik auf die Umgangssprache anwendbar bleiben soll, muß ein Umweg eingeschlagen werden. An der Konvention (T) ist festzuhalten, d.h. es ist eine Bedingung der Wahrheit für umgangssprachliche Ausdrücke anzugeben. Es geht darum, Regeln für die Wahrheitsbedingungen von Sätzen der natürlichen Sprache aufzustellen. Solche Regeln werden aber immer auch als eine Explikation des Sinnes umgangssprachlicher Ausdrücke, der aus dem jeweiligen Kontext zu bestimmen ist, zu interpretieren sein (vgl. III, 3, S. 162 und IV, 3, S. 235f.). Weiter ist nötig, die grammatischen Formen der Umgangssprache, vor allem die kontextueller Ausdrücke, aber dann auch die adverbialen Prädizierens usf., von der Prädikatenlogik her zu explizieren, was ohne Rückgriff auf Tiefenstrukturen der Grammatik natürlicher Sprache, die an ihrer Oberflächenstruktur nicht ablesbar sind, kaum möglich ist. Die unbewältigten Restbestände sind hier so groß, daß nicht mehr als von einem Programm die Rede sein kann. Philosophisch gesehen ist von Bedeutung, daß der Versuch, Wahrheitsbedingungen zu finden, die der Konvention (T) genügen, auf intensionalen Sinn Bezug nehmen muß, in dem die Einheit der Interpretation des Ganzen einer Sprache eine Rolle spielt. Ist das aber der Fall, dann ist das Programm einer rein extensionalen Interpretation der Logik im Grunde verlassen (Davidson *1967c; 1973; 1974*).

Bei der Frage, wie sich die angegebene Wahrheitstheorie zu philosophischen Theorien verhält, ist zwischen der Angabe der Bedingung (T) für Wahrheitsdefinitionen und der gegebenen extensionalen, die Bedingung (T) erfüllenden Definition zu unterscheiden. (T) schließt alle Theorien aus, die (T) nicht erfüllen, d.h. keine Bedingung für Wahrheit angeben. Es kann gesagt werden, daß das bei Theorien, die Kohärenz auf bloß logische Konsistenz zurückführen, der Fall ist. Daß solche Theorien unhaltbar sind, wird aber unabhängig davon evident sein. Die Bedingung (T) ist formal mit allen Theorien vereinbar, die eine Wahrheitsdefinition mit einer explizit gemachten Wahrheitsbedingung angeben, aber kein Wahrheitskriterium, wie z.B. die Aristotelische, nach der es wahr ist, das von dem auszusagen, was es ist, und von ihm zu verneinen, was es nicht ist, und falsch, das von dem auszusagen, was es nicht ist, und zu verneinen, was es ist (Aristoteles de int., 16b 19f.). Auch das zweite Postulat der Modalität bei Kant (Kant KrV, B 266) kann als eine solche Definition gelesen werden, wenn „wirklich“ durch „wahr“ ersetzt wird. Dies ist zulässig, da es sich hier um die Wahrheit assertorischer Urteile handelt: Ein assertorisches Urteil ist wahr, wenn das, was es sagt, mit den materialen Bedingungen der Erfahrung, d. h. der Empfindung, zusammenhängt. Auf der anderen Seite gilt, daß für philosophische Reflexionen über Wahrheit, die Wahrheit als transzendentalen Begriff auffassen und in denen demzufolge Wahrheit und Sein konvertibel sind, jede Angabe von Bedingungen, die die Konvention (T) fordert, zu eng sein wird. Hier wird die Frage nach der Wahrheit so gestellt, daß (T) selbst und alle nach (T) anzugebenden Bedingungen in die Frage eingeschlossen sind, d. h. ihre eigene „Wahrheit“ steht mit in Frage.

Auf die Frage, wie sich die extensionale Wahrheitsdefinition zu philosophischen Wahrheitstheorien verhalte, kann zunächst geantwortet werden, daß sie als rein formalistische und extensionale Theorie ihnen gegenüber neutral ist, weil sie selbst keine inhaltlichen Bedingungen angibt. Es ist zwar behauptet worden, daß sie der Korrespondenztheorie entspricht (Popper *1962*, 3 f.); dem kann aber entgegengehalten werden, daß der Wahrheitsbegriff hier zwar objektiv, aber mit Bezug auf das Ganze *einer* offenen Objektsprache definiert wird. Daraus ergäbe sich aber, daß zwei verschiedene offene Objektsprachen nicht mit Bezug auf Wahrheit und Falschheit ihrer Sätze miteinander verglichen werden können.

Das Problem hat aber einen tieferen Aspekt. Es kann gesagt werden (Field *1972*), daß die Korrespondenztheorie in ihrer physikalischen und empiristischen Variante auf Sätze, die sich auf individuelle Objekte beziehen, nicht verzichten kann. Die Wahrheitsdefinition bezieht sich aber auf existenzquantifizierte Sätze. Wie angemerkt, wird sie zirkulär, wenn Sätze mit Namen – Individuenkonstanten – zugelassen werden. Während nun der Wahrheitsbegriff, das definiendum, auf individuelle Objekte keinen Bezug nimmt, nimmt der im definiens vorkommende Begriff der Erfüllbarkeit für offene Sätze hingegen Bezug auf Objekte. Es fragt sich also, ob der gesamte Bestand philosophischer Problematik, der sich gemeinhin mit dem Begriff der Wahrheit verknüpft, nicht auf den Begriff der Erfüllbarkeit des offenen Satzes P*x* als Anfangssegment der Folge $Px_1 \ldots Px_n$ durch das Objekt O_1 in der Folge $O_1 \ldots O_n$ zu beziehen ist. Es erscheint durchaus sinnvoll an dieser Stelle, wie vorgeschlagen (Popper *1962*) auf die Korrespondenztheorie zurückzugreifen. Korrespondenz wäre dann Korrespondenz zwischen dem Anfangssegment eines offenen Satzes und einer Folge von Objekten. Folgt man nun einer rein extensionalen Interpretation der Logik, die prinzipiell als Prädikatenlogik erster Stufe aufzufassen ist, dann bleibt hinsichtlich der Erfüllbarkeit von P*x* nichts anderes übrig, als anzusetzen, daß sie, wenn ein Prädikat P gegeben ist, feststellbar sein muß, auch ohne Bezug auf andere Prädikate zu nehmen. Es liegt also reine Korrespondenztheorie vor, da P entweder in einer unterstellten Sprache vorkommt oder nicht vorkommt. Kommt es nicht vor, dann kann auch „Px“ kein offener Satz sein. Nimmt man umgekehrt an, daß die Erfüllbarkeit von P*x* mit Bezug auf eine Objektreihe nur zu ermitteln ist, wenn P durch den Gesamtzusammenhang der Sprache, in der es vorkommt – also auch der anderen Prädikate –, bestimmt ist, dann wird eine Kohärenztheorie anzusetzen sein. Es wird aber wohl gleichzeitig auch gesagt werden müssen, daß der Begriff der Erfüllbarkeit den Begriff intensionalen Sinnes und intensionaler Beziehungen voraussetzt. Als vorläufiges Fazit gilt, daß die formalistische Definition eines rein extensional definierten Wahrheitsbegriffes 1) erfolgreich und 2) in gewissen

Grenzen neutral gegenüber philosophischen Wahrheitstheorien ist, weil deren Problem vom Begriff des definiendum, der Wahrheit, auf den Grundbegriff des Definiens verschoben ist, der die Wahrheitsbedingung, nämlich Erfüllbarkeit, angibt.

III. Kritik der klassischen Logik

1. Die verschiedenen Motive der Kritik und die Identität ihres Gegenstandes

Die klassische formalisierte Logik stellt ursprünglich den Anspruch, daß sie in der Lage sei, jeden in der Umgangssprache deponierten logischen Sinn exakt und vollständig explizieren zu können. Sie ist damit das Instrument einer Kritik der Umgangssprache, aber auch der Sprache der Wissenschaften und der Philosophie, die sinnlose von sinnvollen Ausdrücken und eigentliche wissenschaftliche Probleme von Scheinproblemen unterscheiden kann. Sie ist Organon aller Erkenntnis und insbesondere das Organon einer wissenschaftlich-kritischen Philosophie, d.h. in ihr ist das epistemische Programm verwirklicht (Russell 1919 in *1956*, 283ff. 365ff.; Wittgenstein *1922;* Carnap *1928a; 1928b; 1931a; 1931b; 1935; 1939;* Ayer *1936; 1947; 1956; 1957*).

Dieser Anspruch kann nicht mit dem Hinweis auf das Scheitern des logizistischen Grundlegungsprogrammes und die Unerfüllbarkeit des Ideals der Vollständigkeit erschüttert werden. Es handelt sich hier um kritische Korrekturen von zu weit gespannten Erwartungen, die mit den Mitteln des klassischen Formalismus selbst vorgenommen wurden. Es gilt sogar, daß die sich hier stellenden Probleme ohne ihn noch nicht einmal präzise formuliert werden können. Die kritischen Korrekturen zeigen also nur, daß der klassische Formalismus in der Lage ist, auch sich selbst zu kritisieren und einer außerhalb seiner selbst zu gründenden Kritik nicht bedarf. Sie selbst zeigen, daß der Anspruch gerechtfertigt ist.

Gesichtspunkte, unter denen der Anspruch kritisiert werden kann, können sich nicht aus dem Formalismus selbst, sondern nur aus einer deskriptiven Analyse logischen Sinnes, wie er in der Umgangssprache, aber auch der Sprache der Wissenschaften einschließlich der Mathematik zu finden ist, ergeben. Ein Gesichtspunkt für mögliche Kritik liegt immer dann vor, wenn auf einen logischen Sachverhalt verwiesen werden kann, der deskriptiv legitim erscheint, aber im klassischen Formalismus nur unzureichend oder überhaupt nicht dargestellt werden kann. Solche Gesichtspunkte ergeben sich zunächst auf der Ebene logischer Grammatik, dann aber auch mit Bezug auf logische Eigenschaften und Relationen, insbesondere der Relation schlüssigen Folgerns. Die Restriktionen, die der Sprache des klassischen Formalismus auferlegt werden müssen, um Antinomien und Paradoxien zu vermeiden, spielen dabei eine erhebliche Rolle. Sie sind es, die maßgeblich dazu beitragen, daß die Grammatik der Umgangssprache und die Sprache des klassischen Formalismus inkommensurabel werden.

Kritische Gesichtspunkte müssen von den Motiven der Kritik unterschieden werden. Ein und derselbe kritische Gesichtspunkt kann von Kritiken behandelt werden, die Lösungen in ganz verschiedenen Richtungen anstreben. Das Motiv kann sogar sein, den Anspruch des klassischen Formalismus in modifizierter Form zu verteidigen. Die Motive können wie folgt klassifiziert werden:

a) Der klassische Formalismus wird mit dem Hinweis darauf angegriffen, daß er den logischen Sinn, der in der Umgangssprache deponiert ist, nur unzureichend zum Ausdruck bringt und sogar im Ganzen für die Analyse dieses logischen Sinnes irrelevant ist. Diese von der „Philosophie der natürlichen Sprache" bezogene Position (Wittgenstein *1953;* Ryle *1938; 1949; 1950;* Austin *1950; 1961; 1962;* Strawson *1949; 1952; 1959; 1964; 1971; 1975*) kann in doppelter Hinsicht radikalisiert werden. Da die Verteidiger der klassischen formalisierten Logik die Umgangssprache als hoffnungslosen Fall behandeln können und sich rein auf die Sprache der Wissenschaft zurückziehen, kann im Gegenzug der Nachweis versucht werden, daß die klassische formalisierte Logik auch für wissenschaftliches Argumentieren irrelevant ist. Hier spielt eine an der Wissenschaftsgeschichte orientierte Wissenschaftstheorie eine erhebliche Rolle (Toulmin *1953; 1972;* Kuhn *1962;* Feyerabend *1970*). Eine zweite Radikalisierung der Kritik, die sich mit der ersten verbinden kann, ergibt sich, wenn formale Logik allgemein, also auch deskriptive formale Logik, vom rhetorischen Gesichtspunkt her angegriffen wird (Toulmin *1953;* vgl. oben I, 1e).

b) Am klassischen Formalismus wird festgehalten. Dabei kann 1) davon ausgegangen werden, daß die Kritik der Philosophie der natürlichen Sprache an der klassischen formalisierten Logik berechtigt ist. Der Schluß, der gezogen wird, ist aber, daß diese Sprache kein Medium ist, in dem wissenschaftliche Rationalität zum Ausdruck gebracht werden kann, was gelegentliche heuristische Anwendungen auf die Umgangssprache nicht auszuschließen braucht. Solche Analysen müssen aber grundsätzlich davon absehen, umgangssprachliche Strukturen als solche behandeln zu wollen. Für die Wissenschaften und insbesondere für die Physik gilt aber, daß für alle ihre Sätze Explikate in der formalisierten klassischen Logik gefunden werden müssen. Wissenschaftlich ist nur, was in der Sprache des klassischen Formalismus zum Ausdruck zu bringen ist (Quine *1966; 1970; 1976,* 137ff. zu Strawson).

Es kann 2) aber auch die These vertreten werden, daß

die klassische formalisierte Logik zwar nicht unmittelbar, aber auf dem Umweg über eine theoretische Linguistik auf die Umgangssprache anwendbar bleibt. Es gilt, u.U. unter Rückgriff auf Tiefenstrukturen, Explikate für die grammatischen Strukturen der Umgangssprache zu entwickeln (Davidson *1964; 1967 a–c; 1973; 1974;* vgl. Haack *1978,* 118f.). Ein solcher Versuch hat den Nachteil, daß dieselbe Aufgabe von der unter c2) zu erwähnenden Position mit einem technisch weit reichhaltigeren Arsenal in Angriff genommen werden kann.

c) Der klassische Formalismus wird nicht angegriffen, sofern er ein Formalismus, sondern sofern er *klassischer* Formalismus ist. Es wird nach alternativen Formalismen gesucht, die es erlauben, bestimmte Probleme zu vermeiden und andere, die im klassischen Formalismus nicht behandelt werden können, in den Griff zu bekommen. Hier ist zu unterscheiden zwischen 1) der intuitionistischen Logik, die zunächst den Charakter einer gewissen Restriktion des klassischen Formalismus hat und zumindest grundsätzlich seine grammatische Struktur übernimmt, und 2) der modalen Logik, die sich zum universalen nachklassischen Formalismus erweitert. Auf letzteren wird in Teil IV gesondert einzugehen sein. Hervorgehoben werden muß nur, daß der Anspruch, den der klassische Formalismus stellt, hier auf höherer Ebene für den nachklassischen Formalismus wieder erhoben wird. Das schließt die These ein, daß der klassische Formalismus, aber auch die intuitionistische Logik als Spezialfälle des universalen Formalismus aufzufassen sind.

Wie bereits erörtert, ergibt sich die intuitionistische Logik aus einer deskriptiven Analyse der Struktur mathematischen Beweisens. Sie unterscheidet sich von der klassischen dadurch, daß in ihrem Formalismus nur eine Teilklasse der klassischen logischen Wahrheiten als Wahrheiten ableitbar sind. Zugleich wird der Anspruch der formalen Logik, Organon wissenschaftlichen Denkens zu sein, schon mit Bezug auf die Mathematik eingeschränkt (Brouwer *1919; 1928; 1948; 1967;* Heyting *1930a; 1930b; 1931; 1934; 1956;* Johannson *1936;* Lorenzen *1955; 1962*). Aus dieser Einschränkung ergibt sich die Möglichkeit, logischen Problemen, die sich mit der Struktur der Umgangssprache ergeben und sich auf der Ebene des Formalismus nicht behandeln lassen, einschließlich intensionaler Beziehungen, eigenständige Bedeutung zuzumessen (Kamlah/Lorenzen *1967;* Lorenzen *1968*).

Die kritischen Gesichtspunkte, auf die von allen genannten Positionen in verschiedener Weise eingegangen wird, lassen sich, ausgehend von der Logik, wie folgt einteilen:

1) Sie ergeben sich aus der Kritik der Interpretation der Konnektive, die von der klassischen Logik verlangt wird. Hierher gehören auch Probleme, die sich daraus ergeben, daß in der klassischen Logik bestimmte Konnektive, insbesondere Modaloperatoren, objektsprachlich nicht interpretiert werden können.

2) Sie ergeben sich aus der Weise, in der in der klassischen Logik Sätze analysiert werden. Drei Aspekte sind wichtig:

a) Die Behandlung begriffsanalytischer Beziehungen zwischen Subjektterm und Prädikatterm und allgemein der Frage, inwiefern der Unterschied von Subjektterm und Prädikatterm in der klassischen formalisierten Logik zum Ausdruck bzw. *nicht* zum Ausdruck gebracht wird.

b) Es kann Kritik an der Weise geübt werden, in der das Problem des Sachbezuges, insbesondere des Sachbezuges definiter Deskriptionen, in der Sprache der klassischen formalisierten Logik behandelt wird. In der Umgangssprache wird dieses Problem lösbar, indem auf Pragmatik und Kontext des Gebrauches Bezug genommen wird. Der klassische Formalismus ist nicht in der Lage, diese für jede Anwendung der Logik wesentliche Dimension (Morris *1938; 1946*) zu behandeln.

c) Mit der geforderten Einbeziehung dieser Dimension werden umgangssprachliche Sätze wichtig, in denen die Stellung des Subjektes zu Aussagen zum Ausdruck gebracht wird. Es scheint schwierig, wenn nicht unmöglich zu sein, solchen propositionalen Stellungnahmen der Form „... daß P" ein klassisches Explikat beiseite zu stellen.

3) Die klassische formalisierte Logik erlaubt es, alle logischen Wahrheiten und gültigen Schlußformen abzuleiten, die deskriptiv evident sind. Ein Problem ergibt sich aber daraus, daß es klassischgültige logische Wahrheiten und Schlußformen gibt, an deren Evidenz sich zweifeln läßt, z. B. die, die das tertium non datur voraussetzen und von der intuitionistischen Kritik verworfen werden, darüber hinaus aber auch solche, die deskriptiv geradezu negativ evident sind. Sie können evidenzparadoxe klassische logische Wahrheiten genannt werden. Hieran anknüpfend kann prinzipiell die Verbindlichkeit der Definition logischen Folgerns, wie sie von der klassischen Logik angeboten wird, in Zweifel gezogen werden, d. h., es kann gefragt werden, ob sie überhaupt Bedeutung für umgangssprachliches und wissenschaftliches Folgern hat.

2. *Kritik der Konnektive und das Problem der Modalität*

Bei einer Kritik der Interpretation der Konnektive der klassischen Logik auf der Ebene der Satzlogik kann von folgenden allgemeinen Gesichtspunkten ausgegangen werden, die sich auf das Verhältnis von Umgangssprache und logischer Sprache beziehen. Es sind Gesichtspunkte zu unterscheiden, die auf prinzipiell lösbare Schwierigkeiten hinweisen und solche, die im eigentlichen Sinne kritisch sind. Nicht kritisch sind folgende Fälle:

1) Ein und dieselbe Partikel in der Umgangssprache kann verschiedenen wahrheitswertfunktionalen Sinn haben, wie z.B. das „oder" im inklusiven und exklusiven Gebrauch.
2) Zwei verschiedene Partikel können denselben wahrheitswertfunktionalen Sinn haben, wie z.B. „und" und „auch".
3) Partikel können Sinnüberschüsse haben, die in ihrer wahrheitswertfunktionalen Definition nicht abgedeckt, aber klar logisch irrelevant sind. So hat „obwohl" denselben wahrheitswertfunktionalen Sinn wie „und", drückt darüber hinaus aber eine bestimmte subjektive enttäuschte Erwartung des Sprechers aus.
4) Der umgangssprachliche Gebrauch der Partikel kann inkonsistent zu ihrer wahrheitswertfunktionalen Definition sein, ist aber in der Sprache der klassischen Logik auf anderer Ebene repräsentierbar. Bezüglich satzverknüpfender Partikel sind zwei Fälle zu berücksichtigen:
   a) Der Sinn kann auf der Ebene logischer Eigenschaften und Relationen ausgedrückt werden. So drückt das „wenn – dann", bezogen auf Prämissen und Konklusion, keinen wahrheitswertfunktional zu interpretierenden Satz aus, sondern den Anspruch, daß das Antezedens die Konsequenz logisch impliziert.
   b) Der Sinn kann zwar nicht auf der Ebene der Satzlogik, wohl aber auf der Ebene der Prädikatenlogik exakt interpretiert werden. Das ist der Fall z.B. hinsichtlich

des historischen „und“: „Cäsar ging über den Rubikon und wurde Diktator von Rom“ bringt implizit eine Zeitfolge zum Ausdruck. Es handelt sich nicht um zwei wahrheitswertfunktional verknüpfte Sätze, sondern um einen Satz, in dem eben diese Folge zum Ausdruck gebracht werden muß: (∃x) (∃y) (Zeitpunkt x & Zeitpunkt y & folgt auf yx & Cäsar überschreitet den Rubikon in x & Cäsar wird Diktator in Rom in y). Ein eigentlich kritischer Gesichtspunkt ergibt sich nur, wenn alle diese Möglichkeiten ausgeschöpft sind. Insbesondere die letztere hat ein erhebliches Potential (Quine *1960*, § 36).

Es wird auch von den schärfsten Kritikern (Strawson *1952*) zugegeben, daß die wahrheitswertfunktionale Interpretation von „und“ und „nicht“ (vgl. Anhang I) keine Schwierigkeiten bietet. Schwierigkeiten mit Bezug auf „oder“ lassen sich vermeiden, wenn berücksichtigt wird, daß es eine durchaus vermeidbare Idiosynkrasie der üblichen Darstellungen der klassischen Logik ist, wenn das inklusive „oder“ durch einen einfachen Operator vertreten ist, nicht aber das exklusive. Umgangssprachliches Denken verfährt hier genau umgekehrt. Von ihm aus gesehen ist der klassisch mögliche Schluß von A auf $A \vee B$ verdächtig, was sich aber eben daraus ergibt, daß vom exklusiven „oder“ ausgegangen wird. Das exklusive „oder“ ist aber in der üblichen Notation als $-(A \equiv B)$ wiederzugeben, und der Schluß von A auf $-(A \equiv B)$ ist auch in der klassischen Logik ungültig. Daß $A \vdash A \vee B$ verdächtig erscheint, kann auch damit erklärt werden, daß es widersinnig erscheint, anstelle einer stärkeren Feststellung, nämlich A, eine schwächere zu machen, die aus ihm folgt, nämlich $A \vee B$. Ein solcher Gesichtspunkt stellt aber die wahrheitswertfunktionale Definition von „v“ nicht in

Frage (Haack *1978*, 36). Das Problem verschiebt sich damit von der Frage der wahrheitswertfunktionalen Definition von „v“ auf die allgemeinere Frage, ob die klassische Definition gültigen Schließens, nach der $A \vdash A \vee B$ gültig ist, die Bedingungen für einen gültigen Schluß im umgangssprachlichen inhaltlichen Argumentieren zureichend bestimmt (vgl. III, 4).

Kritische Gesichtspunkte, die wirklich Gewicht haben, ergeben sich beim Konditional, genauer bei den Konditionalen. Es gibt, ausgehend von den sechzehn möglichen Wahrheitsfunktionen für zwei Sätze, nur drei Möglichkeiten, Konditionale zu definieren, nämlich:

1) „Wenn A, dann B“ als „$A \supset B$“, das falsch ist gdw. A wahr und B falsch ist. Wahr ist es in allen anderen Fällen.
2) „Nur wenn A, dann B“ als „$A \subset B$“, das falsch ist gdw. A falsch ist und B wahr ist. Wahr ist es in allen anderen Fällen.
3) „Wenn und nur wenn A, dann B“ als „$A \equiv B$“, das falsch ist, wenn A wahr und B falsch ist, aber auch falsch ist, wenn A falsch und B wahr ist. Wahr ist es in allen anderen Fällen.

Unter der Voraussetzung, daß umgangssprachliche Konditionale über Bedingung und Bedingtes im allgemeinsten Sinne – kausale Bedingung als ein Sonderfall eingeschlossen – sprechen, legen sich folgende Interpretationen nahe:

„$A \supset B$“ gibt in A die zureichende Bedingung an. Wenn die Bedingung gegeben ist, läßt sich auf die Gegebenheit des Bedingten schließen. Es lassen sich Voraussagen machen. Es handelt sich um das implikative Konditional.

„$A \subset B$“ gibt die notwendige Bedingung an. Hier läßt sich von der Gegebenheit des Bedingten auf das Vorliegen der Bedingung schließen. Es handelt sich um das replikative Konditional, das Rückschlüsse, Retrodiktionen, möglich macht.

„$A \equiv B$" gibt die notwendige und zureichende Bedingung an. Es kann hier von der Gegebenheit der Bedingung auf das Bedingte geschlossen werden und umgekehrt.

Es kann gesagt werden, daß die zweiwertig interpretierten Konditionale der klassischen Logik einige der Eigenschaften haben, die auch umgangssprachliche und wissenschaftliche Konditionale, die etwas über Bedingungen sagen, aufweisen. Wie in der Literatur aber von allen Seiten, einschließlich derjenigen, die die klassische Logik verteidigen – von wenigen Ausnahmen abgesehen –, immer wieder hervorgehoben wird, haben die Konditionale der klassischen Logik einerseits Eigenschaften, die umgangssprachliche Konditionale nicht haben, andererseits aber haben sie viele nicht, die umgangssprachliche Konditionale haben. Anzumerken ist, daß sich die so ergebende Kritik mit dem Hinweis darauf, daß es in einer zweiwertigen Logik gar keine andere Möglichkeit gibt, Konditionalsätze zu repräsentieren, oft auch als Kritik an der klassischen Logik selbst verwenden ließ, so u. a. von Vertretern der Philosophie der natürlichen Sprache, aber auch von Vertretern der intuitionistischen und modalen Logik.

Nicht evident – im Folgenden wird von Evidenzparadoxien bzw. E-Paradoxien gesprochen, um solche Paradoxien von logischen Paradoxien zu unterscheiden – ist zunächst, daß nach dieser Interpretation alle Konditionale, in denen der Vordersatz falsch ist, ganz gleich welchen Wahrheitswert der Nachsatz hat, wahr sind. Irgendeine sinnvolle umgangssprachliche Deutung dafür, daß Sätze wie „wenn $2 + 2 = 5$, dann $3 + 4 = 7$" wahr sein sollen, läßt sich schwer finden. Diese umgangssprachliche Schwierigkeit wird prinzipiell und sogar wissenschaftstheoretisch relevant, wenn in Betracht gezogen wird, daß damit alle sogenannten irrealen Konditionalsätze wahr werden, z. B. „Wenn Napoleon England erobert hätte, dann hätte er das angelsächsische Rechtswesen abgeschafft", aber auch „Wenn man die Substanz x ins Wasser werfen würde, so würde sie sich auflösen". Im letzten Fall handelt es sich um einen Ausdruck, der umgangssprachlich salva veritate für „Substanz x ist wasserlöslich" stehen kann. Die Sätze werden wahr, weil sie eine zureichende Bedingung angeben und der Vordersatz material falsch ist. Sie bleiben wahr, gleichgültig ob der Nachsatz nun wahr oder falsch ist. Es wird anerkannt, daß es für diese E-Paradoxie keine Lösung mit den Mitteln der zweiwertigen Semantik allein gibt (Goodman *1947; 1955*), wenn daran festgehalten wird, daß irreale Konditionalsätze in irgendeiner Form auf Bedingung und Bedingtes Bezug nehmen. Das eben ist nicht der Fall, wenn davon ausgegangen wird, sie seien als Irrealis zu definieren, Vordersatz und Nachsatz seien beide falsch und dementsprechend als $-A \& -B$ zu interpretieren (Waletzki *1980*). Konjunktionen aber sind kommutativ, Angaben über zureichende Bedingungen sind es nicht. An dieser Stelle liegt das Problem, das wissenschaftstheoretisch von Bedeutung ist: Neben historischen irrealen Konditionalsätzen, die zur Not als irrelevant, da wissenschaftlich nicht rational, behandelt werden könnten, gibt es auch solche, die Bezug auf nomologische Konditionale haben, die Naturgesetze ausdrücken. Eine Lösung der Frage, wie sich solche Konditionale von anderen unterscheiden, impliziert die Lösung des Problems, wie die in solchen Konditionalen implizierten irrealen Konditionale zu interpretieren sind.

Ein weiteres Problem kann angeschlossen werden. Die Formeln „$A \supset B$" und „$B \subset A$" sind in der klassischen Logik logisch äquivalent: Ist ein implikatives Konditional gegeben, das eine zureichende Bedingung angibt, so läßt sich immer ein zu ihm äquivalentes replikatives Konditional durch Umkehrung der Ordnung von Vordersatz und Nachsatz finden. Solange es sich um ideale und zeitlose Bedingungen, z. B. in der Mathematik handelt, ergeben sich keine Schwierigkeiten. $A \supset B :: B \subset A$ (:: logisch äquivalent) ist durch „Wenn n>2 und prim ist, dann ist n ungerade" und „Nur wenn n>2 ungerade ist, kann es prim sein" erfüllt. Bei Angabe realer Bedingungen ist das nicht möglich. Zwar läßt sich zu jedem replikativen, eine notwendige Bedingung angebenden Satz, z. B. „Nur wenn genügend Brennstoff an Bord ist, kommt das Flugzeug an" ein äquivalentes und sinnvolles implikatives Konditional angeben: „Wenn das Flugzeug ankommt, hatte es genügend Brennstoff". Dagegen führt der Versuch, ein äquivalentes replikatives Konditional zu einem implikativen, das eine zureichende Bedingung angibt, zu finden, immer auf einen sinnlosen Satz, z. B. „Wenn das Glas fällt, zerbricht es" auf „Nur wenn es zerbricht (zerbrochen ist), fällt es (ist es gefallen)". Der Satz ist sinnlos, weil im implikativen Konditional, das eine zureichende Bedingung angibt, der Vordersatz a) die reale zureichende Bedingung angibt und b), wenn als minor im modus ponens gesetzt, die logische Bedingung für den Schluß auf den Nachsatz abgibt. Wird die Ordnung umgekehrt, so ist der Vordersatz weder eine reale Bedingung – er ist ein real Bedingtes –, noch ist er im replikativen Konditional eine logische Bedingung, denn im replikativen Konditional kann nur aus der Setzung des Nachsatzes auf den Vordersatz geschlossen werden.

Der kritische Gesichtspunkt, der sich ergibt, besagt, daß Konditionale in klassischer Interpretation nicht als Explikate umgangssprachlicher Konditionale dienen können, die Bedingungen angeben. Da die Wissenschaften in nomologischen Konditionalen ebenfalls über reale Bedingungen sprechen, gilt der kritische Gesichtspunkt auch für die Sprache der Wissenschaften. Nimmt man hinzu (vgl. u. III, 4), daß es das klassisch interpretierte Konditional ist, das die meisten E-paradoxen Schlußfiguren in der klassischen Logik liefert, dann ergibt sich die Frage, wie umgangssprachliche Konditionale zu interpretieren sind. Gemäß den oben (III, 1) angegebenen möglichen Positionen kann der kritische Gesichtspunkt verwendet werden, um den Anspruch formalisierter Logik gegenüber der Umgangssprache und in der Wissenschaftstheorie allgemein zu diskreditieren (Ryle *1950;* Austin *1961;* Strawson *1952*). Es kann aber auch versucht werden, von der klassischen Logik abweichende Formalismen zu entwikkeln. Darauf wird einzugehen sein. Die Möglichkeit, umgangssprachliche Konditionale im Rahmen der klassischen Logik zu interpretieren, steht jedoch auch noch offen. Es muß ein Sinnüberschuß gefunden werden, der über die wahrheitswertfunktionale Definition von "⊃" hinausgeht und im Rahmen der klassischen Logik interpretierbar bleibt. Wie angemerkt, stehen grundsätzlich zwei Möglichkeiten zur Verfügung. Entweder wird metalinguistisch verfahren und gesagt, daß Konditionale in der Umgangssprache immer auch eine logische Relation zum Ausdruck bringen und als verkürzte Schlüsse zu interpretieren sind, oder es wird versucht, das Problem auf der Ebene der Prädikatenlogik zu lösen.

Der Versuch, zunächst irreale Konditionalsätze als verkürzte Schlüsse zu interpretieren und damit auch das Problem nomologischer Konditionale zu lösen (Hiz *1951* faßt zusammen, was vorher von Quine, Popper, Nagel u. a. gesagt wurde; Rescher *1961;* Mackie *1962;* Seebohm *1977;* vgl. dagegen Lewis, D. K. *1973 a; 1973 b* vom Standpunkt der Semantik möglicher Welten und Waletzki

1980 vom Standpunkt der klassischen Semantik), sieht in einem irrealen Konditional eine durch Konditionaleinführung zu gewinnende Konklusion. Die – nur unterstellte, nicht durchgeführte – Ableitung setzt voraus, daß aus Sätzen S_1 bis S_n als Kontext anerkannter Wahrheiten bestimmte Sätze als Prämissen ausgewählt werden. Je nach Auswahl können sich verschiedene, u. U. konträre Konklusionen ergeben. Unter solchen Sätzen können auch generalisierte Konditionale vorkommen. Irreale Konditionalsätze können dann als irreale Annahmen von Testfällen solcher generalisierten Konditionale interpretiert werden, wobei sich als komplexe Form die irreale Annahme eines Testfalles ergibt, in dem das generalisierte Konditional falsifiziert wird. Das metalinguistische Interpretationsschema kann auch auf die Interpretation von umgangssprachlichen „Wenn A dann B"-Sätzen allgemein ausgedehnt werden. Es kann hier davon ausgegangen werden, daß solche Sätze sich entweder immer als Konklusionen aus einer Satzmenge ergeben, in der sich entsprechende generalisierte Konditionale befinden, oder aber auch, daß, darüber hinausgehend, „Wenn A dann B" und „$A \supset B$" mit Bezug auf eine Satzmenge auseinander wechselseitig ableitbar und damit äquivalent sind (Haack *1978*, 36f.).

Auf technische Einzelheiten, die alle umstritten sind, kann hier nicht eingegangen werden. Die philosophische Konsequenz aller metalinguistischen Versuche ist zum ersten, daß „$A \supset B$" als Satz, bezogen auf die Umgangssprache, ein Leerläufer ist, d.h., es gibt solche Sätze nur als sinnvolle Sätze, wenn sie auf generalisierte Konditionale bezogen werden, bzw. aus ihnen abgeleitet werden. Eben deshalb sind Sätze wie „Wenn Cäsar Diktator von China ist, dann ist $2 \times 2 = 4$" sinnlos. Hinter ihnen steht kein generalisiertes Konditional. Irreale Konditionalsätze, die sich auf bloße historische Fakten beziehen, haben ebenfalls nur geringen Wert. Entscheidend aber ist, daß hier zur Klärung eines semantischen Problems auf den Begriff der Ableitbarkeit, und zwar an ganz grundlegender Stelle, zurückgegriffen wird. Damit wird eine wesentliche Voraussetzung des gesamten theoretischen und metatheoretischen Gebäudes nicht nur der klassischen, sondern auch der formalisierten Logik allgemein in Frage gestellt, nämlich die Unabhängigkeit der Semantik von ableitungssyntaktischen Verfahren (vgl. II, 2). So plausibel die Lösungsvorschläge sind, so sind sie vornehmlich aus diesem Grunde nicht akzeptabel, es sei denn, man verwirft aus philosophischen Gründen, z.B. unter Verweis auf die Natürlichkeit natürlicher Deduktion, die grundlegende Funktion der Semantik in der Logik. Anzumerken ist schließlich, daß die metalinguistische Lösung es nicht gestattet, die Frage nach den besonderen Eigenschaften nomologischer Konditionale zu beantworten. Ob ein generalisiertes Konditional nomologisch oder bloß akzidentiell wie „Alle Pferde im Stall sind braun" ist, spielt für die Interpretation keine Rolle (Seebohm *1977*).

Die zweite Möglichkeit besteht darin, Sätze der Umgangssprache über Bedingungen und insbesondere über kausale Bedingungen als Sätze über Relationen aufzufassen, die auf der Ebene der Prädikatenlogik zu behandeln sind. Wird dabei von der Forderung ausgegangen, daß die Umgangssprache durch eine von der klassischen Logik geleiteten Linguistik zu interpretieren sei, so bleiben, wenn über das Problem einfacher Kausalaussagen hinausgegangen wird (Davidson *1967 a; 1967 b*), erhebliche Restbestände an ungelösten Aufgaben.

Wird davon ausgegangen, daß die Logik nicht auf die Umgangssprache zu beziehen ist, sondern nur die Funktion hat, Sprache idealer Wissenschaft zu sein, so ist das

Problem auf einfache, wenn auch etwas gewaltsame Weise wie folgt zu lösen: Es kann davon ausgegangen werden, daß die Aussagenlogik nicht Sätze, sondern Satzschemata behandelt. Das aussagenlogische Konditional ist dann ein für die Logik notwendiges Satzschema, das umgangssprachlich keine Entsprechung hat. Gleiches gilt auch für sein Gegenstück in der Klassenalgebra. Zum Satz wird es nur, wenn es universal quantifiziert wird. Dispositionssätze und zugehörige Konditionale sind in den Wissenschaften zuzulassen, wenn es gelingt, ein ihnen entsprechendes Explikat in der Prädikatenlogik zu finden. Gelingt das nicht, so handelt es sich eben nicht um Sätze, die in den Wissenschaften zugelassen werden sollten (Quine *1960*, 46).

Wenn von der Annahme ausgegangen wird, daß Konditionale einen notwendigen Zusammenhang von Antezedens und Konsequenz zum Ausdruck bringen und dementsprechend nur in einer logischen Grammatik, die einen Modaloperator hat, dargestellt werden können, so ergibt sich als Konsequenz, daß der klassische logische Formalismus prinzipiell defekt ist. Ein striktes Konditional „$A \ni B$" ist durch „$\Box(A \supset B)$" zu definieren. Nomologische Konditionale, die die Allgemeinheit und Notwendigkeit von Gesetzen ausdrücken, müßten in der Prädikatenlogik als $(\forall x)\ (Ax \ni Bx)$ oder $(\forall x)\ \Box\ (Ax \supset Bx)$ geschrieben werden. Der einstellige Modaloperator „$\Box$" kann aber in einer zweiwertigen Semantik nicht definiert werden, es sei denn als „logisch wahr". Dem „$-\Box A$" wäre das „logisch falsch" zuzuordnen und dem „$-\Box -A$" das „logisch kontingent". „Logisch wahr", „logisch falsch" und „logisch kontingent" sind aber Ausdrücke, die metasprachlich etwas über Sätze aussagen, und keine objektsprachliche Operatoren. Der kritische Gesichtspunkt ist, daß die klassische Logik für modallogische Probleme keinen Platz hat. Dieser Mangel kann nur behoben werden, wenn ein anderer Formalismus entwickelt wird, von dem dann auch zu erwarten ist, daß er Lösungen für das Problem der Konditionale und andere kritische Gesichtspunkte anbietet. Auf diesen nachklassischen Formalismus ist gesondert einzugehen (IV).

3. Subjekt und Prädikat, Individuum, Name und Deskription

Bei der Analyse von Sätzen, Urteilen ergeben sich für die Beziehung zwischen der Umgangssprache und der Sprache der klassischen Logik zwei kritische Gesichtspunkte. Der erste betrifft das Problem der Begriffsanalytizität, den Unterschied zwischen akzidentieller und analytischer Allgemeinheit, der zweite die doppelte Funktion des Subjektterms, selbst gewissen intensionalen Sinn zu haben und durch ihn Gegenstandsbezug herzustellen, d.h. als „Name" gebraucht werden zu können.

Eine deskriptive Analyse der Umgangssprache, die im allgemeinsten Sinne logisch ist, d.h. die Voraussetzungen der vernünftigen Rede untersucht (Kamlah/Lorenzen *1967*), muß zur Analyse der Formen von Prädikatorenregeln und Regeln der Definition werden. Die Ersetzbarkeit von Prädikaten, die intensional synonym sind, des definiens durch das definiendum, umgekehrt die Feststellung des äquivoken Gebrauchs von Prädikaten, ist für die Beurteilung formal korrekten Argumentierens in der Umgangssprache ein Gesichtspunkt, der nicht vernachlässigt werden kann. Auch Untersuchungen über die Sprache der Wissenschaft können zu dem Ergebnis kommen, daß zwischen numerischer und strikter Allgemeinheit, individuellen Begriffen, die nur durch die von ihnen ausgewählten Klassen, und eigentlichen universalen Begriffen unterschieden werden muß, wenn die nomologische Universalität wissenschaftlicher Gesetze richtig aufgefaßt werden soll (Popper *1935*, Kap. 3; vgl. Carnap *1947*). Auch wenn nicht vom intensionalen Programm der Interpretation der Logik ausgegangen wird, muß anerkannt werden, daß begriffsanalytische Implikation auf deskriptiver Ebene ein schwer zu handhabendes, aber legitimes logisches Problem ist (Strawson *1952; 1974*).

Der sich ergebende kritische Gesichtspunkt ist, daß sich dieses Problem in der Sprache der klassischen Logik – sie wurde unter Voraussetzung des extensionalen Programmes konstruiert –, nicht formulieren läßt. Wird der Umweg über die Linguistik nicht eingeschlagen, so muß der Sachverhalt vom Gesichtspunkt der klassischen Logik aus betrachtet wie folgt beurteilt werden: Die Sprache der Logik ist Sprache idealer Wissenschaftlichkeit. Wo in den Wissenschaften andere Sprachformen vorkommen, sind sie entweder in der Sprache der Logik explizierbar, oder sie müssen eliminiert werden. Das bedeutet nicht, daß sie in anderen Kontexten überhaupt nicht anwendbar ist. Sie ist es, soweit im Kontext selbst Ausdrücken eindeutig extensional explizierbare Bedeutung zukommt. Das eigentliche Problem der Äquivokation in dieser Hinsicht ergibt sich nur, wenn hier unbemerkt Verschiebungen im Kontext vorkommen. Solange der Rahmen des Kontextes festliegt, ist Logik anwendbar, und zwar ohne daß für diesen Zweck auf hypostasierte obskure Phänomene wie intensionale Beziehungen Rücksicht genommen werden muß (Quine *1950; 1953*, 20ff.; *1976*, 137ff. gegen Strawson).

Daß diese Auskunft sowohl von denen, die die Anwendbarkeit des klassischen Formalismus auf die Umgangssprache in Zweifel ziehen, wie auch von denen, die deshalb den Übergang zum erweiterten nachklassischen Formalismus fordern, nicht als zureichend empfunden wurde, hat einen doppelten Grund. Der Anspruch, intensionale Beziehungen zwischen Begriffen nur zuzulassen, wenn extensionale Explikate vorliegen, ist grundlegend. Kritische Gesichtspunkte, die sich allein von hier aus ergeben, hätten kein Gewicht, wenn sich nicht erweisen würde, daß sie mit anderen in enger Beziehung stehen, vor allem mit dem Problem, wie sich Sätze über individuelle Gegenstände auf individuelle Gegenstände in der Umgangssprache und der Sprache klassischer formalisierter Logik beziehen, worauf unten einzugehen sein wird. Zum zweiten gilt, daß die Behauptung der begrenzten und heuristischen Anwendbarkeit klassischer Logik auf die Umgangssprache eine bloße Versicherung bleibt, wenn nicht gezeigt wird, wie in der Umgangssprache vorzufindende logische Beziehungen beschrieben werden können, ohne die inkriminierten Hypostasierungen intensionaler Entitäten vorzunehmen.

Ein Versuch, das zu tun, kann zumindest als Programm formuliert werden. Da es sich um eingeschränkte Kontexte handelt, wird hier auf pragmatische Gesichtspunkte einzugehen sein, d.h., es ist auszugehen von Indexausdrücken, Sprechakten als zeitlich fixierbaren Ereignissen und propostionalen Einstellungen wie „X sagt, daß P“, in denen das „daß“ als Demonstrativpronomen aufzufassen ist, das sich auf die Äußerung bezieht. Auf dieser Grundlage ist ein semantisches Prädikat der Metasprache zu konstruieren: „dasselbe sagen“. Bezugnahmen auf intensionalen Sinn können dann durch Ausdrücke der Form „X und Y sagen – zu verschiedenen Zeiten – dasselbe“ expliziert werden. Durch solche Explikation wird intensionaler Sinn selbst als logisch relevanter Sachverhalt eliminierbar (Davidson *1967b; 1967c; 1973; 1974*). Ob diese Beseitigung gelingt, ist bezweifelt worden (Haack *1978,* 127). Es gilt auch, daß das Problem der oratio obliqua und ihr Verhältnis zum Problem intensionalen Sinnes mit den Mitteln der nachklassischen Logik viel eleganter in den Griff gebracht werden kann, weil die zur Verfügung stehenden technischen Möglichkeiten reichhaltiger sind. Es gilt dann aber, daß der kritische Gesichtspunkt, der sich aus der Behandlung begriffsanalytischer Beziehungen in der Umgangssprache gegen die klassische formalisierte Logik ergibt, als stichhaltig betrachtet wird. Die zu ziehende Konsequenz ist, daß man zum nachklassischen Formalismus übergehen muß, wenn überhaupt am Formalismus festgehalten werden soll.

Zu erwähnen ist an dieser Stelle auch der Versuch, formalisierte Logik einfach um ein System der Prädikatorenregeln und eine Lehre der Definition, bezogen auf Umgangssprache, zu ergänzen. Im Rahmen der klassischen Logik ist ein solcher Versuch natürlich sinnlos, weil jede in Form einer Prädikatorenregel zum Ausdruck gebrachte begriffsanalytische Beziehung durch Übersetzung in die Sprache der klassischen Logik als extensionale Beziehung interpretiert wird. Die Frage ist, ob die intuitionistische Logik eine solche Nebeneinanderordnung zuläßt. Wie angemerkt, ist die Sprache der intuitionistischen Logik grammatisch gleich der Sprache der klassischen Logik. Die Annahme, daß hier eine Übersetzung begriffsanalytischer Beziehungen möglich ist, d.h., daß eine Prädikatorenregel in einen universalquantifizierten Satz der intuitionistischen Logik übersetzt und dann als Annahme in Schlüssen gebraucht werden kann, macht allerdings eine Voraussetzung, die nicht immer deutlich genug artikuliert wird (Kamlah/Lorenzen *1967;* Lorenz *1968;* Eley *1969*). Es muß unterstellt werden, daß die Regelmenge, insbesondere die Ableitungsregeln, die sich auf den Universalquantor und das Konditional beziehen, geeignet sind, begriffsanalytische Beziehungen zu explizieren. Das ist nicht selbstverständlich, denn diese Regeln sind durchaus nicht mit Hinblick auf dieses Ziel konstruiert worden, sondern ergeben sich aus einer Kritik der klassischen Logik hinsichtlich zulässiger Ableitbarkeit (vgl. III, 4). Verdächtig ist, daß universale Sätze der Umgangssprache, die nicht auf Prädikatorenregeln zurückzuführen sind, empirische Allgemeinheiten, aber auch solche, die sich konstruktivistisch, z.B. durch mathematische Induktion, ergeben, in der Sprache der formalisierten intuitionistischen Logik genau dieselbe grammatische Form haben und auch nach den gleichen Ableitungsregeln behandelt werden. Die intuitionistische Logik kann zwar begriffsanalytischen und allgemein intensionalen Gesichtspunkten gegenüber toleranter sein als die klassische Logik, weil sie den Geltungsbereich der Logik auch anderwärts eingeschränkt hat und inhaltlich orientierten, konstruktivistischen Prinzipien neben der Logik bereits in der Mathematik eine grundlegende Funktion zuordnet. Damit ist aber nicht gesagt, daß solche Beziehungen in ihrer Sprache korrekt zum Ausdruck gebracht werden können. Auch wenn die intuitionistische Logik in noch zu erörternder Hinsicht als Modallogik interpretierbar ist (vgl. IV, 1b; Anhang II, 2.2) und intensionale Beziehungen durch Einführung von Modaloperatoren in die Sprache der Logik behandelt werden können (IV, 3), bleibt fraglich, ob sie begriffsanalytische Beziehungen zum Ausdruck bringen kann, ohne selbst explizit Modaloperatoren einzuführen. Das einfach zu behaupten und diese Behauptung in das Arsenal kritischer Gesichtspunkte, die gegen die klassische und für die intuitionistische Logik sprechen, einzuordnen, ist nicht zulässig, da diese Behauptung beweisbedürftig bleibt.

Das Problem der Funktion von Namen, allgemein singulären Sätzen, ist für die klassische Logik von noch grundsätzlicherer Bedeutung als das intensionaler Beziehungen zwischen Prädikaten. Auch hier taucht das Problem intensionalen Gehaltes auf, verbindet sich aber mit dem des Gegenstandsbezuges von Sätzen, damit aber auch mit dem Problem der Wahrheit. Die Frage, welche Funktion Namen und Demonstrativa haben, verbindet sich weiter mit der der substitutiven und der objektiven Interpretation der Quantoren, da erstere voraussetzt, daß es in der Sprache der Logik selbst Grundzeichen gibt, die als logische Namen Analoga zu Namen in natürlicher Sprache sind. Das Problem ist dementsprechend ein doppeltes. Einmal handelt es sich um die Funktion von Namen, Individuenkonstanten in der Sprache der Logik selbst, zum anderen darum, ob die Form, in der sich die Sprache der Logik auf Gegenstände bezieht, mit der, in der das in der Umgangssprache geschieht, kompatibel ist.

Singuläre Sätze beziehen sich in natürlicher Sprache auf dreifache Weise auf Individuen: 1) Demonstrativpronomen in Verbindung mit Prädikaten, 2) Individualnamen, 3) mehr oder weniger präzise definite Deskriptionen, wie z. B. „der höchste Berg Spaniens". Für den Aufbau einer logischen Sprache kann zunächst davon ausgegangen werden, daß sich Individualnamen durch ihren intensionalen Sinn, d. h. Prädikate, die sich auf ein und nur ein Individuum beziehen lassen, auf ihr Objekt beziehen, und damit definite Deskriptionen sind. Dabei gilt zunächst für die Umgangssprache, daß sich verschiedene Namen mit verschiedenem intensionalen Sinn, also verschiedenen definiten Deskriptionen, auf dasselbe Objekt beziehen können, wie z. B. Morgenstern – der hellste Stern am Morgenhimmel – und Abendstern – der hellste Stern am Abendhimmel. Aus diesem Grunde sind allgemein Identitätsaussagen wie „Der Morgenstern ist der Abendstern", „a = b" sinnvoll (Frege *1967*, 167 ff.). Namen der Umgangssprache erfüllen die von der Logik zu erhebende Forderung nicht, sich kontextfrei-eindeutig auf nur ein Individuum zu beziehen. Namen, die in der Logik verwendet werden, müssen das tun. Der Name „Sokrates", „s", ist ein logischer Name, wenn es ein Prädikat „sokratisieren" gibt, das auf dieses und nur auf dieses Individuum zutrifft, und somit eine definite Deskription des Objektes angibt. Dieser Anspruch kann durch einen bestimmten Operator in der Sprache der Logik zum Ausdruck gebracht werden, den Jotaoperator $(\iota x)Sx$, und solchen Ausdrücken können Prädikate zugeordnet werden, wie etwa „Sokrates ist weise" $W(\iota x)Sx$ (Frege *1967*, 342 ff.; Russell *1956*, 41 ff.; Quine *1953*). Mit diesem Schritt, der nicht mehr als die Forderung nach einem solchen Prädikat darstellt, ist a) nicht gesagt, welche logische Form ein solches Prädikat haben muß, und b) ist eine intensionale Erklärung solcher Prädikate nicht ausgeschlossen. Eine Definition des Jotaoperators und damit der definiten Deskription, die extensional ist, d. h. nur Quantoren und Identität verwendet, kann angegeben werden als $(\exists x)\ (\forall y)\ (Sx \equiv x = y)$. Ein Prädikat wird einem so durch kontextuelle Definition bestimmten Individuum zugeordnet durch: $(\exists x)\ (\forall y)\ ((Sy \equiv x = y) \,\&\, Wx)$. Diese Definition des Jotaoperators hilft auch, bestimmte Schwierigkeiten, die sich für die Negation von Ausdrücken der Form $Q(\iota x)Px$ ergeben, technisch besser in den Griff zu bekommen (Anhang I, 2.5.3). Die Definition sagt aber immer noch nicht, wie P am besten leistet, was es leisten soll, nämlich eindeutig ein und nur ein Individuum zu kennzeichnen. Bestimmte Ausdrücke der Umgangssprache, die aber den Nachteil haben, selbst in weiter nicht explizierten Namen gegründet zu sein, zeichnen hier die Richtung vor, wie z. B. „der höchste Berg Spaniens". Es müssen Relationen und noch besser Funktionen (Anhang I, 2.5.2) verwendet werden. Das besagt aber, daß „kontextuelle" Definitionen, die den Charakter ewiger Sätze haben sollen, sich als „Kontext" ein mathematisch explizierbares Koordinatensystem wählen müssen, am besten das des vierdimensionalen Kontinuums der modernen Physik. Als „Individuen" kommen dann die in ihm zu kennzeichnenden Raum-Zeit-Punkte in Frage, deren Prädikate die in ihnen anzutreffenden „existierenden" Ereignisse sind: „Existieren" bedeutet, als Wert einer Variablen zu existieren (Quine *1953; 1960;* vgl. Kaplan *1970;* Linsky *1977).*

Die Möglichkeit, Namen aus der Sprache der Logik zu eliminieren, ist damit vorgezeichnet. Der Versuch, an ihnen festzuhalten, wie im logischen Atomismus (vgl. oben I, 3d), erweist sich als nicht haltbar. Wird von logischen Namen gefordert, daß ihr Sinn allein durch den Bezug auf das Objekt vollständig bestimmt ist, daß also das Denotieren ihren Sinn ausmacht, so läßt sich das durch Rückgriff auf singuläre Sätze der Umgangssprache mit Demonstrativa an der Stelle des Subjektterms nicht explizieren (Russell *1956*). An der Umgangssprache orientierte Analysen können leicht nachweisen, daß Demonstrativa wie „dies" und „das" Bezug auf individuelle Objekte nur durch den Kontext haben, in dem sie gebraucht werden (Strawson 1950 in *1971,* 1ff.; *1952;* vgl. Russell *1959,* 238f.).

Diesem Hinweis wird durchaus Rechnung getragen, wenn andererseits gesagt wird, daß die Demonstrativa der Umgangssprache genetisch-psychologisch den Individuenvariablen der Sprache der Logik zuzuordnen sind (Quine *1950; 1953*). Die Funktion aber, die sie gemeinsam haben, ist nicht die, Gegenstandsbezug herzustellen. Was sie gemeinsam haben, ist die Funktion, Rückbezug zu sichern: „dies ist ausgedehnt und dies ist weiß", „ausgedehnt x und weiß x".

Da die Sprache der Logik kontextfrei ist, können Variablen aber Gegenstandsbezug nicht selbst für sich herstellen. Allein mit ihrer Hilfe, d.h. ohne Quantoren, können Satzfunktionen gebildet werden, die, weil ohne Gegenstandsbezug, weder wahr noch falsch sind (vgl. oben II, 4). Läßt sich somit ein exaktes Explikat für Namen nicht finden, dann sind Ausdrücke wie Namen der Umgangssprache, die sich sowieso nicht eindeutig auf ein und nur ein Individuum beziehen, als Prädikate zu behandeln, denen eine Existenzquantifikation, bezogen auf die ihnen zugeordnete Variable, zuzuordnen ist. Logische Namen können nur eingeführt werden, wenn sie durch eindeutig kennzeichnende kontextuelle Definitionen definiert sind. Man kann aber unter diesen Umständen auf Namen ganz verzichten, da sie eben durch solche Deskriptionen eliminierbar sind. Es folgt weiter, daß jeder Versuch zurückzuweisen ist, Quantoren substitutiv, d.h. unter Verwendung von Namen, also Individuenkonstanten zu definieren. Logische Namen sind nur durch Angabe definiter kontextueller Definitionen zu rechtfertigen; in letzteren kommen Quantoren vor. Folglich können Quantoren nicht durch Ausdrücke, die Namen verwenden, definiert werden.

Die substitutive Interpretation der Quantoren, die die Verwendung von Individuenkonstanten voraussetzt, wird daher eine Rechtfertigung der Verwendung von Namen allgemein zu leisten haben, die auch in der Analyse des Gebrauchs von Namen in der Umgangssprache Bedeutung haben kann. Vom Begriff des Sinnes eines Namens, der durch definite Deskription anzugeben ist, ganz gleich ob extensional oder intensional verstanden, darf dabei nicht Gebrauch gemacht werden. Der Sinn des Namens muß, wie schon früher vorgeschlagen (Mill *1843*), auf seine Bezeichnungsfunktion reduziert werden. Wie das geschehen kann, muß allerdings gezeigt werden. Auf jüngere Lösungsversuche dieses Problems, die im Zusammenhang der Semantik möglicher Welten entwickelt wurden, ist an entsprechender Stelle einzugehen (vgl. IV, 2b, S. 193f.).

Das Prinzip der Eliminierbarkeit von Namen durch definite Deskriptionen und dann durch kontextuelle Definitionen, die für die Sprache der klassischen formalisierten Logik mit objektiver Interpretation der Quantoren gefordert ist, läßt sich auf die Umgangssprache nicht übertragen. Was zunächst definite Deskriptionen betrifft, so gilt, daß in ihr mit einem Namen eine Reihe definiter Deskriptionen verknüpft sind, z.B. „Moses" mit allen, die sich darauf beziehen, was Moses und nur Moses getan hat und was ihm und nur ihm zugestoßen ist. Es fragt sich also, welche beim Gebrauch des Namens gerade verwendet werden. Der Sinn des Namens ist dann aber von Sprecher zu Sprecher je nach getroffener Wahl äquivok. Davon auszugehen, daß der Sinn des Namens durch die Menge aller ihm zugeordneten definiten Deskriptionen bestimmt wird, führt auf eine Konsequenz, die nicht akzeptabel ist. Es würde nämlich jede faktisch wahre Prädikation einer definiten Deskription von einem Namen einen analytisch, d.h. logisch wahren Satz ergeben, und jede faktisch falsche einen logischen Widerspruch darstellen (Frege 1892, 1918 in *1967;* Russell 1905 in *1956,* 41f.). Als Ausweg bietet sich der Ansatz, daß der Gebrauch eines Namens dann korrekt ist, wenn sein Sinn durch eine allerdings nicht präzis und ein für alle Mal bestimmbare Teilmenge der Menge zuordenbarer definiter Deskriptionen bestimmt wird (Wittgenstein *1953*). Das läuft darauf hinaus (Searle *1958; 1969*), daß der Sinn eines Namens nicht durch die Menge der konjunktiv verknüpften definiten Deskriptionen, wohl aber durch die der disjunktiv verknüpften bestimmt ist.

Schwerwiegendere Probleme ergeben sich, wenn die Explikation definiter Deskriptionen durch kontextuelle Definitionen gefordert wird. Der leitende Operator ist hier ein Existenzquantor. Geht man von der objektiven Interpretation der Quantoren aus, dann werden rein logisch alle solche Ausdrücke falsch, wenn das Individuum, auf das sich der Existenzquantor bezieht, nicht existiert. Der Satz „Der gegenwärtige König von Frankreich ist ein Kahlkopf", $(\exists x)\ (\forall y)\ ((Gx \equiv x = y) \& Kx)$ wird falsch, weil der Subjektterm des Satzes der Umgangssprache „Der gegenwärtige König von Frankreich" in der Sprache der Logik durch einen existenzquantifizierten Satz, nämlich $(\exists x)\ (\forall y)\ (Gx \equiv x = y)$ repräsentiert wird, der falsch ist, wenn es kein x gibt, so daß G von x. Eine weitere Aufnahme von Prädikaten in den Bereich von x, die ja, da es sich um einen Existenzquantor handelt, als konjunktive Verknüpfung „& Kx" geschrieben werden muß, ändert an diesem Sachverhalt nichts.

Um die Aporie zu lösen, wurde vorgeschlagen, solche Sätze nicht als falsch, sondern als sinnlos zu behandeln. Sie sind sinnlos, weil sie keinen Gegenstandsbezug haben. Damit aber werden alle Sätze über fiktive Gegenstände sinnlos (Russell 1905 in *1956*, 41 ff. gegen Meinong 1904 in *1971*). Ist ein Satz aber sinnlos, dann ist auch seine Negation sinnlos. Die offensichtlich sinnvollen Sätze „Es gibt keinen gegenwärtigen König von Frankreich" und „Rumpelstilzchen hat niemals existiert" wären sinnlos. Erklärt man aber beide Sätze für wahr, dann werden, immer unter Voraussetzung der angegebenen Definition für definite Deskriptionen auf der Ebene der formalisierten Logik, alle weiteren Sätze über Rumpelstilzchen falsch, auch kontradiktorisch entgegengesetzte wie „Rumpelstilzchen riß sich mitten entzwei“ und „Rumpelstilzchen tat das nicht“. Diese Konsequenz kann nur vermieden werden, wenn alle Sätze über Rumpelstilzchen für sinnlos erklärt werden (Haack *1978,* 70 ff.). Damit aber steht man wiederum am Ausgangspunkt.

Man kann dieser Aporie entgehen, wenn von der These ausgegangen wird, daß die formalisierte Logik nicht auf Umgangssprache allgemein anwendbar ist, sondern nur auf die Sprache exakter Wissenschaft. In der Sprache exakter Wissenschaft ist die Rede über fiktive Gegenstände sinnlos und die über nicht existierende falsch. Formalisierte Logik kann auf umgangssprachliches Argumentieren nur dann bezogen werden, wenn der Sprecher sich mit Bezug auf einen festgehaltenen Kontext mit Namen und zugeordneten definiten Deskriptionen auf eindeutig gekennzeichnete Individuen bezieht, d.h., wenn seine Aussage der Intention nach eine wissenschaftliche ist (McDowell *1977;* Quine *1953*). Ob und inwieweit das der Fall ist, muß durch empirische Untersuchung gezeigt werden. Die hier gezogene Grenze läuft parallel zu der vom extensionalen Wahrheitsbegriff vorgezeichneten. Ebenso wie sich für die natürliche Sprache kein exakter und allgemeiner Wahrheitsbegriff definieren läßt – was nur für die offene Sprache formalisierter Logik möglich ist –, läßt sich in ihr ohne Bezug auf konkrete pragmatische Kontexte auch nicht allgemein angeben, was definite Deskriptionen sind, durch die Individuen eindeutig gekennzeichnet werden.

Die einzige Möglichkeit, hier einen Schritt weiterzukommen, ergibt sich mit dem bereits wiederholt erwähnten Programm einer extensionalen Explikation umgangssprachlicher Linguistik. Gemäß der Beobachtung, daß „Hans“ nicht eindeutig ein Individuum bezeichnet, weil es eben viele „Hänse“ gibt, ist davon auszugehen, daß umgangssprachliche Namen nicht als definite Deskriptionen, sondern als Prädikate zu behandeln sind. Hier kann nun auf Demonstrativa zurückgegriffen werden. „Hans ist blond" ist zu verstehen als „Dieser Hans ist blond", und die Explikation wird über eine Analyse von Indexausdrücken in natürlicher Sprache zu geben sein. Da Ausdrücke der Form „Hans ist blond", ohne im Kontext zu stehen, den Charakter von Satzfunktionen und nicht von Sätzen haben, ergibt sich zumindest die Aussicht, eine modifizierte Definition des Wahrheitsbegriffes für extensionale Sprachen auf die Umgangssprache bzw. auf offene Fragmente der Umgangssprache anzuwenden (Davidson *1974*). Mögliche Bedenken gegen ein solches Programm sind im Prinzip dieselben, wie sie schon an anderer Stelle erwähnt wurden. Sie brauchen hier nicht wiederholt zu werden.

Die zweite Lösung unterstellt, daß in definiten Deskriptionen der Umgangssprache die Existenz des Gegenstandes, auf den sich der Subjektterm bezieht, nicht direkt impliziert ist, und daß solche Sätze dementsprechend nicht falsch sind, wenn der Gegenstand nicht existiert. Es gilt vielmehr, daß in solchen Sätzen die Existenz des Gegenstandes nur angenommen wird (Frege *1967*). Dann aber muß anerkannt werden, daß es ganze, in sich abgeschlossene Sätze gibt, wie eben „Der gegenwärtige König von Frankreich ist ein Kahlkopf", denen Wahrheitswerte nur unter Bedingungen zukommen, die u. U. nicht spezifiziert sind. Umgangssprachliche Sätze haben Wahrheitswertlücken. Dieser kritische Gesichtspunkt kann gegen die Anwendbarkeit der klassischen Logik auf die Umgangssprache gewendet werden. Die Konsequenz wäre, daß eine logische Theorie, die umgangssprachlich relevant ist, deskriptiv sein muß und die formalisierte Logik nicht zum Leitfaden nehmen darf (Strawson *1971*, 1ff., 216ff.;

1959; vgl. Russell *1959,* 238ff.; Quine *1953*). Es ist u.a. zu unterscheiden zwischen Sätzen und Feststellungen, d.h. Sätzen und Gelegenheiten des Gebrauchs von Sätzen, in denen allein Sätze Gegenstandsbezug haben können. Weiter wird unter Berücksichtigung pragmatischer Gesichtspunkte bei definiten Deskriptionen zwischen ihrem attributiven Gebrauch, der angibt, welche Eigenschaft ein Individuum haben muß – ohne sich dabei auf ein bestimmtes Individuum festzulegen –, um die Deskription zu erfüllen, und gegenstandsbezogenem Gebrauch unterschieden. In letzterem will der Sprecher die Aufmerksamkeit der Hörer auf einen bestimmten Gegenstand lenken, wobei vorausgesetzt ist, daß dieser Gegenstand den Beteiligten bekannt ist (Donellan *1966*). Das Problem der Rede über fiktive Gegenstände ist ebenso deskriptiv und wiederum unter Einbezug pragmatischer Gesichtspunkte zu behandeln (Woods *1974;* Searle *1975*). Die Theorie der Prädikation ist unabhängig von der formalisierten Logik zu entwickeln (Strawson *1971,* 116f., 393ff.). Dabei geht es auch darum, die Voraussetzungen der traditionellen Syllogistik und ihre Berechtigung dort zu klären, wo sie von der klassischen formalisierten Logik abweicht (Strawson *1952*). Schließlich kann auf deskriptiver Grundlage versucht werden, eine Wahrheitstheorie durch Analyse der konventionellen Relationen zwischen Sätzen und Tatsachen zu liefern, in der einerseits deskriptive Konventionen, die die Beziehungen von Wörtern und Typen von Situationen betreffen, und andererseits demonstrativen Konventionen, die die Beziehungen von Wörtern und spezifischen Situationen betreffen, zu unterscheiden sind (Austin *1950*).

Bei Beurteilung der gesamten Situation ist zu beachten, daß sich ein eigentlicher Widerspruch zwischen der Position, die nur die Sprache exakter Wissenschaft als Sprache anerkennt, die sich in die Sprache der formalisierten klassischen Logik eingliedern läßt, und der Position, die eine logische Theorie für die Umgangssprache ohne Rücksicht auf die formalisierte Logik entwickeln will, eigentlich nur in einem Punkte ergibt. Von der ersten Position können die Analysen der letzteren durchaus anerkannt werden. Es handelt sich um empirische Untersuchungen über Sprache, philologische Analysen, deren Ergebnis gerade das ist, was behauptet wurde: daß nämlich die Umgangssprache sich in die rationale Sprache der formalisierten klassischen Logik nicht einfügen läßt (Quine *1976*, 137ff.). Der Unterschied liegt lediglich darin, daß auf der einen Seite, bedingt durch genetischen Ursprung, eine partielle und heuristische Anwendbarkeit der klassischen Logik auf umgangssprachliche Probleme unterstellt wird, auf der anderen aber behauptet wird, daß klassische Logik, wenn irgendwo, dann lediglich in der Mathematik Wert hat, nicht aber in der logischen Theorie, die sich mit konkretem Argumentieren beschäftigt. Dieses Bild ändert sich erst, wenn von einer Philosophie der natürlichen Sprache, deren Logik eben eine deskriptive Logik ist, zu rhetorischen Positionen übergegangen wird (Toulmin *1958*) oder der Anspruch der klassischen Logik, ideale Sprache exakter Wissenschaft zu sein, auf wissenschaftstheoretischer Ebene in Analysen, die sich auf konkrete historische Prozesse wissenschaftlichen Denkens einlassen, zurückgewiesen wird.

Abschließend ist anzumerken, daß von der zweiten Interpretation des Problems deskriptiver Logiken, die auf die Anerkennung von Wahrheitswertlücken führt, natürlich auch ein Weg in die nachklassische Logik führt, in der das Problem von Wahrheitswertlücken eben formalistisch behandelt wird (Smiley *1960;* Fraassen *1966*). Daß das Problem der Rede über fiktive Gegenstände in einer

Semantik möglicher Welten behandelt werden kann, ja geradezu ihren Ausgangspunkt bilden kann (Lewis, D. K. *1973 a*), liegt nahe. Allgemein bieten sich freie Logiken an, dieses Problem in den Griff zu bekommen, d. h. Logiken, in denen die Annahme, daß der Bereich der Quantoren nicht leer sein darf, nicht gemacht wird (vgl. Anhang II, 4). Ob hier eine zureichende Antwort für das Grundproblem der Namen der Individuen und des Gegenstandsbezuges singulärer Sätze gefunden werden kann, wird an entsprechender Stelle zu fragen sein.

4. *Logische Wahrheit, Beweis und Argument. Die intuitionistische und die rhetorische Kritik*

In der formalisierten klassischen Logik lassen sich alle der deskriptiven Logik bekannten evidenten logischen Wahrheiten und gültigen Schlußformen als Theoreme gewinnen. Dort, wo in der traditionellen Syllogistik Schlußformen gültig sind, die in der klassischen formalisierten Logik in der Standardübersetzung nicht gültig sind, läßt sich leicht Abhilfe schaffen. Konventionell übersetzt ergibt „Alle A sind B, folglich sind einige A B" „$(\forall x)(x \supset Bx) \vdash (\exists x)(Ax \& Bx)$". Diese Formel ist nicht gültig. Umgangssprachlich gilt aber, daß in vielen Fällen – durchaus nicht in allen – unterstellt wird, daß mit der Aussage „Alle A sind B" auch behauptet wird, daß es Gegenstände gibt, die A sind. Wird das in der Übersetzung zum Ausdruck gebracht, d. h. $(\forall x)(Ax \supset Bx) \& (\exists x)Ax$ als Übersetzung gewählt, dann hat der Schluß auf $(\exists x)(Ax \& Bx)$ auch in der klassischen formalisierten Logik Bestand.

Probleme ergeben sich nicht daraus, daß es in der

klassischen formalisierten Logik zu wenig, sondern daraus, daß es zu viele gültige Schlußformen und logische Wahrheiten gibt. Einige unter ihnen sind E-paradox, andere zumindest E-zweifelhaft. E-paradoxe Schlüsse liefert in der Aussagenlogik das Konditional. Ausgehend von der logischen Wahrheit $(A \supset B) \vee (B \supset A)$, muß angenommen werden, daß, wenn gegeben zwei Sätze in einer Zeitung: „Der Präsident kritisiert den Kanzler", „Die Eierproduktion stieg sprunghaft", gefolgert werden kann, daß entweder der erste eine zureichende Bedingung für den zweiten angibt oder umgekehrt, oder daß beides der Fall ist, und daß eine solche Behauptung logisch wahr ist. Da weiter $A \supset (B \supset A)$ logisch wahr ist, müßte auch der Schluß „Wenn der Präsident den Kanzler kritisiert, dann folgt daraus, daß der Präsident den Kanzler kritisiert, wenn die Eierproduktion sprunghaft steigt" gültig sein müßte. Da schließlich $-(A \supset B) \equiv (A \& -B)$ logisch wahr ist, wäre auch der Schluß „Es ist nicht der Fall, daß der Präsident den Kanzler kritisiert, wenn die Eierproduktion steigt, folglich steigt die Eierproduktion sprunghaft" als logisch gültiger Schluß zu gewinnen. Die Konsequenzen, die sich hieraus ergeben, sind dieselben, die sich oben bei der Interpretation des Konditionals ergaben. Es gilt, daß unter einer zweiwertigen Interpretation der Konnektive eben nur die Interpretation des Konditionals möglich ist, die auf solche E-paradoxen Schlüsse führt. Folglich sind solche E-paradoxen Schlüsse ein Gesichtspunkt, unter dem die klassische Logik insgesamt E-paradox wird.

Vom Standpunkt der klassischen Logik wird gemäß der wiederholt erwähnten Strategie, nach der die klassische Logik die Sprache exakter Wissenschaftlichkeit repräsentiert, für die eben „$\supset$" in genau der Form wichtig ist, in der es definiert ist, darauf hingewiesen, daß solche E-paradoxen Schlüsse sich ergeben, weil die Umgangssprache prinzipiell unscharf und zweideutig ist (Quine *1953*). Daß eine solche These mit der These der Philosophie der natürlichen Sprache verträglich ist, nach der klassische formalisierte Logik auf Umgangssprache nicht angewandt werden kann (Strawson *1952*), wurde erwähnt. Sie ist natürlich nicht mit der weiteren, in die Wissenschaftstheorie hineinreichenden These verträglich, daß die klassische Logik weitgehend wertlos sei, weil sie auf Umgangssprache und somit auch auf die Sprache konkret vorliegender Wissenschaften nicht anwendbar ist.

Auf der anderen Seite wird davon ausgegangen, daß man E-paradoxien dieser Art vermeiden kann, wenn man Modaloperatoren und mit ihnen strikte Implikation in die Logik einführt. Es erweist sich allerdings, daß sich in solchen modalen Logiken Formeln als Theoreme gewinnen lassen, die den E-paradoxen Schlüssen der klassischen Logik analog sind. $\Box A \supset (B \ni A)$ und $\Box - A \supset (A \ni B)$ sind in S5 logisch wahr, d.h. es ist logisch wahr, daß ein notwendiger Satz von jedem Satz strikt impliziert wird und daß ein unmöglicher Satz strikt jeden anderen impliziert. Man kann das verteidigen mit dem Hinweis darauf, daß unmögliche Sätze de dicto logisch falsche Sätze sind und daß evident ist, daß aus logisch falschen Sätzen alles folgt. Ebenso ist ein de dicto notwendiger Satz logisch wahr; was aber logisch wahr ist, bleibt wahr unter allen möglichen Bedingungen (Lewis, C. I. *1918;* Popper *1962;* Kneale *1946*). Bei Modalitäten de re ist das allerdings fraglich. Ist man als Kantianer überzeugt, daß Gegenstände der Erfahrung notwendigerweise unter Kategorien stehen, so wird man nicht ohne weiteres bereit sein zuzugestehen, daß aus diesem Satze folge, daß er von jedem anderen – z.B. „Ochsen haben Hörner" – strikt impliziert sei.

Sofern nun in der klassischen Logik, aber auch in der

modalen Logik E-paradoxe Theoreme auftreten, kann gefordert werden, daß bei der Anwendung dieser Logiken auf das Argumentieren in der Umgangssprache bestimmte Restriktionen beachtet werden müssen. Eine solche Restriktion ist, daß in einem logisch gültigen Schluß alle Prämissen für die Konklusion inhaltlich relevant sein müssen. Vom Standpunkt einer solchen Relevanzlogik aus gesehen wäre es z.B. unzulässig, den Satz $P \vee Q$ unter Berufung auf die Tautologie $P \vdash P \vee Q$ aus einer Prämissenmenge abzuleiten, aus der P ableitbar ist. Das gilt insbesondere dann, wenn Q nicht in den Prämissen vorkommt. Das allgemeine Prinzip der Relevanzlogik ist, daß es unzulässig ist, Konklusionen rein durch Hinzustellung von Tautologien zu gewinnen. Viele klassisch gültigen Ableitungen werden damit natürlich ungültig. Was positive Kriterien der Relevanz sein sollen, kann dann selbst durchaus noch in einem speziellen Formalismus durch Wahl entsprechender Axiome definiert werden, ebenso wie die weitere Forderung, daß Konditionale strikte Konditionale sein sollten. Dabei zeigt sich aber, daß sich auf diese Weise eine Reihe verschiedener Relevanzlogiken konstruieren läßt, je nach unterstelltem Begriff von Relevanz und entsprechend formulierten Grundsätzen (Anderson/Belnap *1962a; 1962b; 1975*). Es ist dabei zu beachten, daß die Forderung, Prämissen müßten relevant sein, eine alte Forderung der Rhetorik ist. Hier kann einen Schritt weitergegangen werden. Es kann nicht nur mit der Rhetorik zusätzlich gefordert werden, daß relevante Prämissen nur wahre Sätze sein können, sondern auch, daß sie substantiell sind, d.h., daß sie nach inhaltlichen Topoi als zum Gegenstand gehörig oder nicht beurteilt werden müssen. Damit aber ist der Standpunkt der allgemeinen rhetorischen Kritik der formalen Logik erreicht, von dem aus betrachtet analytische Wahrheit der formalen Logik in der Beurteilung der Gültigkeit bzw. Ungültigkeit von Argumenten irrelevant wird (vgl. oben I, 1e).

Die Kritik des Intuitionismus an der klassischen Logik läßt sich, obwohl die radikalen Konsequenzen der Rhetorik nicht gezogen werden, hier einordnen. Es wird hier auch auf E-paradoxe logische Wahrheiten Bezug genommen, aber unter Voraussetzung einer das konkrete Argumentieren in der Mathematik betreffenden Überlegung. Für die Logik ist der Streit zwischen konstruktivistischer und axiomatistischer Grundlegung der Mathematik hier weniger von Bedeutung. Entscheidend ist das allgemeinere Prinzip, nach dem es im Gange mathematischer Argumentation nicht angeht, das tertium non datur als semantisches Prinzip für Sätze anzuerkennen. Es gibt allgemein mathematisch Sätze, die nicht wahrheitsdefinit sind, wohin alle Vermutungen gehören, die weder bewiesen noch widerlegbar sind, wie z.B. „Einige ungerade Zahlen sind vollkommen, d.h. Summe ihrer echten Teiler". Damit entfällt die Semantik der klassischen Logik. Es gilt aber auch, daß $A \vee -A$ in ableitungssyntaktischen Systemen nicht als Theorem gewonnen werden soll. Geht man von Systemen natürlicher Deduktion aus, so zeigt sich, daß dieser Satz ableitbar ist nur unter der Voraussetzung, daß $--A \vdash A$ eine Ableitungsregel ist; daß sie eine ist, ergibt sich semantisch aus der Zweiwertigkeit. Ableitungssyntaktisch gilt damit für die intuitionistische Logik zunächst das negative Prinzip, daß alle Ableitungen, die nur unter Verwendung dieser Regel möglich sind, „ungültig" werden.

Bezogen auf die Mathematik ist der konkrete Anlaß des Zweifels in $--A \vdash A$ und $\vdash A \vee -A$ das Problem des Unendlichen in der Arithmetik ebenso wie in der Mengenlehre. Konstruktive Arithmetik und konstruktive Mengenlehre ergibt sich umgekehrt dann, wenn solche

Restriktionen eingeführt werden (Brouwer *1919; 1928; 1948*).

Für die Logik selbst ergeben sich weitere Motive. Zum ersten ist mit Bezug auf Umgangssprache auf alle die Fälle hinzuweisen, in denen Wahrheitswertlücken auftreten. Zum zweiten ergibt sich, daß unter Beachtung der Restriktionen eine Reihe von E-Paradoxien nicht mehr ableitbar sind, insbesondere solche, die sich aus der Interdefinierbarkeit von Konditional, Negation und Konjunktion einerseits und Negation und Disjunktion andererseits ergeben. Drittens schließlich ergibt sich aus dem zweiten Punkt, daß das Konditional durch die restringierten Ableitungsregeln so definiert ist, daß es dem umgangssprachlichen „wenn ... dann" zumindest näher steht (Kamlah/Lorenzen *1967;* Lorenzen *1955; 1962,* § 2).

Ein ableitungssyntaktischer Kalkül, der allen diesen Gesichtspunkten Rechnung trägt, läßt sich als Kalkül natürlicher Deduktion und als axiomatisches System konstruieren. Es sind vor allem solche Systeme möglich, die in mehrwertigen Semantiken darstellbar sind, die allen restriktiven Gesichtspunkten annähernd Rechnung tragen, aber z. B. $(A \supset B) \vee (B \supset A)$ noch als Theorem haben (Anhang II, 2.3). Es läßt sich hier aber der Grenzfall bestimmen, der als die ideale intuitionistische Logik gelten kann, d. h., die, die den kritischen Gesichtspunkten, die ihr aus der klassischen Logik entgegengehalten werden, am besten Rechnung trägt (Heyting *1930 a; 1930 b*). Allerdings, und hier wird die weitergehende Kritik vom Standpunkt der Relevanzlogiken auch an die intuitionistische Logik gerichtet werden können, bleiben $A \supset (B \supset A)$ und $-A \supset (A \supset B)$ gültig und sogar Axiome. Ein Minimalkalkül, der ohne $-A \supset (A \supset B)$ auskommt, kann konstruiert werden (Johannson *1936*).

Es ist zu erwähnen, daß der Versuch, der intuitionistischen Logik und ihren Axiomen bzw. Ableitungsregeln eine besondere Grundlage zu geben, die sie von der klassischen Logik unterscheidet, nämlich die Möglichkeit, ihre Operatoren durch Dialogregeln zu definieren, nicht stichhaltig ist (Lorenz *1968;* Lorenzen *1962,* 39). Ebenso wie weitere ableitungssyntaktische Regeln – zu den Regeln der intuitionistischen Logik gestellt – die klassische Logik als deren maximale Erweiterung ergeben, lassen sich auch Dialogregeln angeben, die jede klassische logische Wahrheit gewinnbar machen. Aus der Möglichkeit, ableitungssnytaktischen Regeln Regeln für rationale Dialogführung zuzuordnen und umgekehrt, läßt sich eine Kritik der klassischen Logik nicht entwickeln und ebensowenig ein Gesichtspunkt, der für Vorzüge der intuitionistischen Logik spricht. Alles, was sich hier sagen läßt, kann auch mit Bezug auf zulässige bzw. nicht zulässige Ableitungssyntaxen vorgebracht werden. Damit ist gegen die Bedeutung des Versuchs, Logik allgemein durch Bezug auf Dialog zu „begründen", nichts gesagt. Sie dürfte aber vornehmlich darin liegen, daß gezeigt wird, wie logische Regeln als pragmatische Regeln interpretiert werden können, die das Verhältnis von Sprecher zu Sprecher als Proponent und Opponent regeln. Eine weitere Frage, die aber erst im nächsten Abschnitt behandelt werden kann, ist, wie sich die intuitionistische Logik zu Modallogiken verhält.

Das eigentlich philosophische Motiv der intuitionistischen Logik ist besser angebbar, wenn zunächst gefragt wird, welchen Charakter mathematische ideale Entitäten haben und wie sich Sätze über sie auf sie beziehen. Für den Konstruktivismus gilt, daß ein Satz über eine solche Entität nur dann wahr/falsch entscheidbar ist, wenn der Gegenstand nach Prinzipien, die eben Prinzipien der Mathematik und nicht logisch sind, effektiv konstruiert werden kann, d.h. zur adäquaten Evidenz gebracht werden kann. Mathematische Gegenstände sind nicht „Gegenstände an sich", wie im hypothetischen Platonismus unterstellt, sondern Korrelate von Bewußtseinsprozessen (vgl. Brouwer *1948*). Die intuitionistische Position ist mit Bezug zunächst auf mathematische Gegenstände objektiver Konzeptualismus – nicht subjektiver Konzeptualismus (Haack *1978*, 217). Die zusätzliche These, daß das Unendliche in der Mathematik nicht effektiv konstruiert werden kann, ist sekundär. Wird nun, ausgehend von dem, was über ihre Funktion mit Bezug auf mathematische Gegenstände zu sagen ist, zu einer allgemeinen Grundlegung der Logik als intuitionistische Logik weitergegangen, überträgt sich der objektive Konzeptualismus zumindest in der Wahrheitsfrage. Es ist allgemein davon auszugehen, ob das nun explizit gemacht wird oder nicht, daß Sätze nicht per se wahr oder falsch sind, sondern nur, wenn sie und der Gegenstand zur adäquaten Evidenz gebracht sind. Umgekehrt kann gezeigt werden, daß der objektive Konzeptualismus der Phänomenologie hinsichtlich der Gegenstände der Mathematik und der Analyse mathematischen Denkens zum Konstruktivismus tendiert (Schmit *1981*).

Es kann gefragt werden, wie die Position des konstruktiven Nominalismus, der an der klassischen Logik in objektiver Interpretation festhält, vom Konstruktivismus und objektiven Konzeptualismus her zu sehen ist. Es handelt sich hier nicht um hypothetischen Platonismus bezogen auf ideale Gegenstände. Klassische Logik ist als maximale Erweiterung der intuitionistischen Logik zu werten. Die maximale Erweiterung muß semantisch die Voraussetzung machen, daß die ewigen Sätze, die in der Sprache der Logik formulierbar sind, sub specie aeternitatis mit Bezug auf eine Welt, die gegeben ist, als vierdimensionales Raum-Zeit-Kontinuum, d.h. selbst zeitlos gegeben, wahr oder falsch, tertium non datur, sind. Der konstruktive Nominalismus ist also kein hypothetischer Platonismus mit Bezug auf ideale Gegenstände, er überträgt aber die Idealisierung, die hier gemacht wird, auf die Welt, indem er eine sub specie aeternitatis gegebene Welt fordert. Unter dieser Voraussetzung kann und muß vom Subjekt und von Prozessen, in denen ein Objekt gegeben ist, ganz abstrahiert werden. Negativ gesprochen: was vorausgesetzt ist, ist ein Subjekt, von dem man sich keinen konkreten Begriff machen kann. Umgekehrt ist der konstruktive Nominalist im Recht, wenn er vermutet, daß hinter der intuitionalistischen Logik – ebenso wie hinter der Modallogik – eine von ihm verworfene Position steht, in der die Stellung des Subjektes zum Objekt in der Sprache der Logik selbst zum Ausdruck gebracht wird.

IV. Universaler Formalismus

1. Logik der Modalitäten und die Semantik „möglicher Welten“

a. Grammatische Vorerwägungen

Nachdem der Vorschlag wieder aufgegriffen wurde, Operatoren in die Sprache der formalisierten Logik einzuführen (MacColl *1880; 1906*), die umgangssprachlichen Modalpartikeln entsprechen – unter Bezugnahme auf bestimmte kritische Gesichtspunkte, die sich in der formalisierten klassischen Logik ergaben – (Lewis, C. I. *1918;* vgl. o. III, 2), zeigte sich, daß in geeigneter Interpretation mit den hier benutzten Mitteln dem Formalismus völlig neue Dimensionen erschlossen werden können. Obwohl diese neuen Möglichkeiten als realisierbare Möglichkeiten nur durch entsprechende ableitungssyntaktische und semantische Systeme erwiesen werden können, läßt sich die Tragweite des Programmes des nachklassischen Formalismus bereits abschätzen, wenn man den rein logisch grammatischen Aspekt ins Auge faßt.

Der Begriff des Modaloperators und „modaler“ Logik ist im nachklassischen Formalismus viel weiter zu fassen als in der modalen Logik im traditionellen Sinn. Man gewinnt den weiteren Begriff, wenn davon ausgegangen wird, daß „notwendig A“ „□A“ als „notwendig, daß A“ zu nehmen ist. Dementsprechend hat ein Modaloperator allgemein die Form „... daß A“. „□“ und „◇“ sind dann als alethische Modalitäten interpretiert, wenn sie als Modalpartikel im Sinne der traditionellen Logik interpretiert werden. Sie können aber auch dazu benutzt werden, alle anderen Ausdrücke der Umgangssprache dieser Form, d.h. Ausdrücke, die Stellungnahmen zur Position A darstellen, zu vertreten, so z.B. zuerst deontische Modalitäten „geboten, daß A" (Prior *1949;* v. Wright *1951;* vgl. Anhang II, 1.), dann aber auch epistemische wie „weiß, daß A", „glaubt, daß A" (Hintikka *1962*). Die Möglichkeit, mit ihrer Hilfe Zeitstufen zum Ausdruck zu bringen wie „es war der Fall, daß A" (Prior *1957*), läßt sich auf die Behandlung von Indexausdrücken übertragen (Montague *1974*, 95ff., 119ff.). Wird über die Aussagenlogik hinausgegangen (Marcus *1946*) – was natürlich in allen eben erwähnten Richtungen auch möglich ist –, so ergibt sich mit Bezug auf alethische Modalitäten $\Box(\forall x)\ (Ax \supset Bx)$ als grammatisch korrekte Formel, aber auch $(\forall x)\ \Box\ (Ax \supset Bx)$. Sie bringt Allgemeinheit und Notwendigkeit der Prädikation zum Ausdruck, d.h. begriffsanalytische intensionale Beziehungen zwischen Prädikaten, wie sie umgangssprachlich eine Rolle spielen. Es ist möglich, in einer solchen Sprache etwas über Wesenheiten zu sagen. Es handelt sich um „Essentialismus".

Bereits auf rein logisch-grammatischer Ebene läßt sich durch diese Weiterungen sichtbar machen, daß die Modalitäten, die zunächst aufgegriffen wurden, d.h. die alethischen Modalitäten de re und nicht de dicto sind. Weiter zeigt sich, daß hier in einer formalisierten Sprache Ausdrücke vorkommen können, die indirekte Rede und propostionale Stellungnahmen enthalten. Von der klassischen Logik her gesehen, sind solche Ausdrücke aber in ihrem Gegenstandsbezug opak; sie können keinen Wahrheitswert annehmen, müssen aus eben diesem Grunde in Anführungszeichen stehen, da sie keine Sätze sind, und nehmen Bezug auf den intensionalen Sinn von A. Darüber hinaus ist klar, daß ein Ausdruck wie „weiß, daß P", repräsentiert als „□A", wenn er in einer Sprache zulässig ist, klar das Prinzip verletzt, daß in der Objektsprache Sätze, die Bezug auf Sätze nehmen, nicht zulässig sind. Daß mit dem Übergang zur Prädikatenlogik und dem sich hier ergebenden Essentialismus die ontologische extensionale Interpretation der Logik aufgegeben ist, wird hier handgreiflich deutlich.

Aus alledem ergeben sich kritische Gesichtspunkte, die von der klassischen Logik gegen den Versuch, Modaloperatoren auch nur zuzulassen, geltend gemacht werden können. Auf sie wird einzugehen sein. Läßt man sie und weitere Schwierigkeiten zunächst außer acht, die sich bei dem Versuch, auf dieser Grundlage ableitungssyntaktische und semantische Systeme zu bilden, ergeben, so läßt sich vom rein grammatischen Gesichtspunkt über den so erweiterten Formalismus folgendes sagen:

1) Der Ausdruck „modale Logik" ist, bezogen auf den neuen Formalismus, selbstverständlich zu eng, wenn der traditionelle Begriff der Modallogik unterstellt wird. Er ist nur sinnvoll, wenn von dem in angegebener Weise zu formulierenden allgemeinen Begriff des Modaloperators in der formalisierten Sprache ausgegangen wird, der eben weit mehr abdeckt als Modalitäten im engeren Sinn. Auch die Bezeichnung „intensionale Logik" ist, abgesehen vom Problem, wie hier intensionale Beziehungen repräsentiert werden, zu eng, schon deshalb, weil das technische Instrumentarium, das sich durch Einführung der Modaloperatoren ergibt, auch in Aussicht stellt, das gesamte Gebiet der Pragmatik mit in den Griff zu bringen.

2) In Aussicht gestellt wird, daß eine solche grammatische Erweiterung der formalisierten Logik die Möglichkeit bietet, *alle* in der Umgangssprache vorkommenden

grammatischen – und natürlich auch semantischen – Formationen explizieren zu können. Das aber besagt:

a) Auf der Ebene des neuen universalen Formalismus können alle kritischen Gesichtspunkte, die sich für den klassischen Formalismus ergaben, zur Auflösung gebracht werden.

b) Das Gebiet der Logik wird nicht nur über das der klassischen formalisierten Logik hinaus ausgedehnt, es greift auch über das der traditionellen deskriptiven Logik, die sich auf deklarative Sätze einschränkte, hinaus.

Das epistemische Programm wird hier auf höherer Ebene restauriert, die gesamte Auseinandersetzung um den Wert und die Funktion der formalisierten Logik hat eine andere Wendung genommen. Alle Kritiken und Metakritiken der formalen und formalisierten Logik – soweit sie lingualistisch orientiert sind und das Medium konkreter Sprachprozesse zum Ansatzpunkt nehmen! – stehen einer „philosophischen Logik" gegenüber, die ein Instrumentarium hat, für das alle derartigen Einwände immer nur neue Aspekte für ihr Forschungsprogramm liefern. Das gilt auch für die von der Hermeneutik so geschätzte „Logik der Frage" (vgl. Harrah *1975*). Dabei ist zu beachten, daß der bloße Hinweis darauf, daß dies oder jenes noch nicht geleistet oder nicht vollständig zur Durchführung gebracht sei, nicht zureichend ist. Substantielle Kritik an der nachklassischen Logik ist in dieser Hinsicht nur von Vertretern der klassischen Logik vorgebracht worden. Da sich diese Kritik vornehmlich auf der Ebene der Prädikatenlogik ergibt, ist es ratsam, zunächst die Problemlage so, wie sie sich für die Aussagenlogik gesondert ergibt, ins Auge zu fassen.

b. Ableitungssyntaktischer und semantischer Formalismus

Ableitungssyntaktisch werden in den meisten bisher vorgelegten aussagenlogischen Modallogiken alle klassischen Tautologien oder – was auf dasselbe hinausläuft – die Axiome der klassischen Aussagenlogik als Axiome zugrunde gelegt. Hinzugefügt wird dann eine Reihe von Axiomen, die den Sinn der Modaloperatoren bestimmen. Die Ableitungsregeln sind dieselben wie in der klassischen Logik (vgl. Anhang II, 1.).

Bereits das erste für alethische Modalitäten vorgelegte System (Lewis, C. I. *1918;* Lewis, C. I./Langford *1932;* vgl. Becker *1930;* Feys *1937*) ist ein System von Systemen. Die Systeme lassen sich hier linear ordnen. Schwächere Systeme sind die, in denen in den Axiomen weniger über die Modaloperatoren festgelegt wird, stärkere, in denen in den Axiomen mehr über sie gesagt wird. Andere, ursprünglich bereits semantisch konstruierte, aber auch axiomatisch darstellbare Systeme von Systemen, wie das der K-Logiken (Kripke *1959; 1963 a; 1963 b*) oder der V-Logiken (Lewis, D. K. *1973 a*), lassen sich nicht mehr linear ordnen. Die Systeme müssen einander in mehrdimensionalen Mustern zugeordnet werden (vgl. Anhang I, 1. und ausführlichere technische Darstellungen in v. Wright *1951;* Hughes/Cresswell *1968;* Kutschera *1976 a;* Chellas *1980*).

Rein vom formalistischen Standpunkt aus kann gefragt werden, ob es immer die Axiome der klassischen Logik sein müssen, die die nicht-modalen Operatoren definieren. Als nächste Alternative bieten sich die Axiome der intuitionistischen Logik an, was auf eine intuitionistische Modallogik führen würde. Formalistisch betrachtet ergeben sich hier komplexe Verhältnisse. Es lassen sich Übersetzungsregeln formulieren, mit deren Hilfe sich jedem Theorem der Modallogik S5 ein Theorem der klassischen Aussagenlogik und jedem Theorem S4 eines der intuitionistischen Logik gegenüberstellen läßt (McKinsey/Tarski *1948;* Fitting *1969;* vgl. Anhang II, 2.). Der so genährte Verdacht der Vertreter der klassischen Logik, daß es sich bei der intuitionistischen Logik um eine verkappte Modallogik handelt, wird sich in der Semantik möglicher Welten bestätigen.

Da es eine Fülle von Systemen gibt, stellt sich die Frage, welches das „richtige“ sei. Dabei ist zu beachten, daß es, wie bereits angemerkt, eine Fülle von Interpretationen von Modaloperatoren gibt und damit auch eine Fülle von jeweils entsprechenden „richtigen“ Systemen. Es gilt weiter, daß es dienlich, ja notwendig sein kann, verschiedene Sinne von „sollen“ oder „notwendig“ zu sondern und somit jeweils entsprechende „richtige“ Systeme. Auch das Auftreten noch uninterpretierter Systeme oder von Systemen, die im angegebenen Sinne zu schwach sind, um umgangssprachliche Interpretationen zuzulassen, ist kein Einwand. Es muß eine Vielfalt von Systemen und Systemen von Systemen geben, wenn das Programm des nachklassischen Formalismus erfüllbar sein soll.

Der erste Versuch, modale Semantiken zu entwickeln, führte zu drei-, mehr- und unendlichwertigen Semantiken. Obwohl er im Prinzip gescheitert ist, hat gerade dieses Scheitern Bedeutung für die philosophische Einschätzung der Möglichkeit von Formalismen. Er ist deshalb kurz zu betrachten. Das erste System wurde entwikkelt mit der Absicht, eine Interpretation für „möglich“ im Sinne von „indeterminiert“, wie es für Sätze im Futur angenommen werden kann, zu gewinnen (Łukasiewicz *1920; 1930*). Das zuzuordnende axiomatische System entsprach keinem der als Kandidaten für eine plausible

Interpretation anerkannten axiomatischen Systeme. Auch eine Rekonstruktion als unendlichwertiges System ändert daran nichts. Andere entweder drei- oder unendlichwertig zu konstruierende Systeme haben keinen Modaloperator, weichen aber geringfügig in der Interpretation der anderen Konnektive ab. Ein solches System (vgl. Anhang II, 3.) interpretiert „$-A$“ ebenso, wie das modale System „$-\Diamond A$“ interpretiert hat. Zusammen mit einer kleinen Änderung im Konditional (vgl. ebd. Matrize 4’) ergibt sich eine Semantik, die hinsichtlich der Menge der Formeln, die in ihr gültig sind, der intuionistischen Logik sehr nahe kommt, aber noch nicht als deren semantisches Modell gelten kann. Der dritte Wert kann somit als eine Modifikation des Wertes „unentscheidbar“ der intuitionistischen Logik interpretiert werden.

Eine andere Interpretation wird dem dritten Wert in einem System gegeben, das von der Interpretation der nicht-modalen Konnektive in der dreiwertigen Modallogik nur darin abweicht, daß das Konditional $A \supset B$ für $A = \frac{1}{2}$ und $B = \frac{1}{2}$ nicht den Wert 1, sondern den Wert $\frac{1}{2}$ erhält (Kleene *1952*). Derselbe Kakül ist auch benutzt worden, um eine Logik für „inexakte“ Aussagen zu gewinnen. Wird er als Boolesche Algebra interpretiert, so kann von hier aus das Problem inexakter Prädikate behandelt werden (Körner *1955; 1960; 1966*).

Werden gewisse Änderungen an der dreiwertigen Standardinterpretation bei „&“ und „v“ vorgenommen, so ergibt sich eine Logik, die als quantenmechanische Logik interpretiert worden ist. Der dritte Wert ist dann als „indeterminierbar im Sinne der Quantenmechanik“ aufzufassen (Birkhoff/Neumann *1936;* Reichenbach *1944;* Putnam *1957; 1971*).

Anders gelagert sind Versuche, gewisse Probleme, die sich in der klassischen Logik ergeben, mit Hilfe der dreiwertigen Logik zu behandeln. Charakteristisch ist hier, daß jeder Satz, der Komponenten enthält, denen der dritte Wert zugeordnet ist, selbst den dritten Wert erhält. Der Versuch, den dritten Wert als „paradox“ zu interpretieren, wurde erwähnt (vgl. I, 3b). Eine Lösung des Problems der Paradoxie ergab sich dabei nicht. In einer anderen Interpretation wird dem dritten Wert „unsinnig“ zugeordnet (Halldén *1949*). Es ist weiter vorgeschlagen worden, dieses System zu verwenden, um zwischen Sätzen zu unterscheiden, die intensionalen Sinn, aber keinen Gegenstandsbezug haben, und solchen, die Gegenstandsbezug haben. Der dritte Wert ist dann den ersteren zuzuordnen (Smiley *1960*).

Formalistisch betrachtet ist bei mehrwertigen „Logiken“ zunächst zwischen möglichen normalen und anormalen Systemen zu unterscheiden. Alle erwähnten Systeme sind normal, d.h., sie ordnen zusammengesetzten Sätzen unter Wahrheitswertbelegungen 1, 0 denselben Wert zu, den sie auch klassisch erhalten. Anormal sind Systeme, die auch in diesen Fällen andere Werte zuordnen (Rescher *1969;* vgl. Post *1921;* andere allgemeine Darstellungen: Rosser/Turquette *1952;* Zinov'ev *1963;* Epstein/Dunn *1977*). Anormale Systeme können technisch wertvolle Applikationen haben, ob sie logische Interpretationen erhalten können, ist äußerst zweifelhaft. Nicht jedes mehrwertige System ist also in diesem Sinne eine „Logik“. Dreiwertige Systeme können in unendlichwertige Systeme erweitert werden, aber auch in andere, in denen Werte zwischen 1 und 0 linear angeordnet werden (Anhang II, 2.3). Es ist auch möglich, sie nicht als linear geordnet anzunehmen, was wiederum auf technisch verwendbare Systeme führt, die nicht als Logiken interpretierbar sind. Allgemein kann daher gesagt werden, daß mehrwertige Systeme nicht generell mehrwertige Logiken sind. Wie bereits angemerkt, gilt, daß von der klassischen Logik abweichende Logiken, die ableitungssyntaktisch konstruiert wurden – modale Logiken sowohl wie intuitionistische –, kein Modell in mehrwertigen semantischen Systemen finden, das ihnen wirklich angemessen ist. Eine Einschränkung, die hier maßgeblich sein dürfte, ist, daß mehrwertige Systeme immer noch wertfunktional sind, d. h., der Wert des zusammengesetzten Satzes hängt allein von den Werten seiner atomaren Komponenten ab und nicht von zusätzlichen Gesichtspunkten. Semantiken, die Modelle für die meisten der ableitungssyntaktisch konstruierten modalen Logiken liefern, verlangen aber – wie gleich zu erörtern – Gesichtspunkte, die nicht wertfunktional sind. Schließlich gilt, daß gerade die mehrwertigen Systeme, die noch die größte Verwandtschaft zu ableitungssyntaktischen Systemen aufweisen und als Modallogiken bzw. intuitionistische Logiken annähernd zu interpretieren sind, als Spezialfälle in der Semantik möglicher Welten, nämlich als solche, die lineare Alternativen haben, konstruiert werden können (Segerberg *1970;* vgl. Anhang II, 2.3). Umgekehrt gilt für andere Fälle, in denen der dritte Wert soviel wie „unentschieden", „paradox", „inexakt" besagt, daß der dritte Wert gar keine Wertzuordnung ist. Er besagt lediglich, daß *kein* Wert 1, 0, wahr, falsch, zugeordnet wird. Keinen Wert zuordnen bedeutet aber nicht, einen anderen Wert, der zu 1, 0 tritt, einzuführen, Zweiwertigkeit bleibt damit im Prinzip unangetastet.

Mehrwertige „Logiken" haben sich technisch als unzulänglich erwiesen. Aus der Reflexion auf diesen Sachverhalt ergibt sich aber eine philosophische Konsequenz. Es gilt, daß Formalismen, die auf der Grundlage eines Grundprinzips konstruiert sind und formalistisch alle „semantisch" sind, sofern sie bestimmte Werte bestimmten Argumenten zuordnen, eine Fülle von Systemen liefern, von denen nur einige wenige als Logiken interpretiert werden können. Technisch liefert bereits die dreiwertige Logik 27 einstellige und über 19000 zweistellige mögliche Operatoren. Ob es sich um eine Logik handelt oder nicht, ist rein eine Frage der möglichen Interpretation auf drei Ebenen: zunächst auf der Ebene der Interpretation der Werte und Argumente, d.h., ob es sich in irgendeinem Sinne um Wahrheitswerte und Sätze handelt, dann auf der Ebene der Definition der logischen Operatoren und schließlich auf der Ebene der logischen Eigenschaften und Relationen. Interessanterweise bietet bereits eine dreiwertige Logik mehr an, als in der Logik notwendig. Neben 1 für alle Wahrheitswertkombinationen, 0 für dieselben und mindestens 0 für eine und 1 für eine, gibt es u. a. $\frac{1}{2}$ für alle oder 1 für mindestens eine und $\frac{1}{2}$ für mindestens eine. Die formalisierte Semantik der klassischen Logik bietet keine in irgendeiner Weise als Logik interpretierbaren Alternativen. Logik und Formalismus sind in dieser Hinsicht eine untrennbare Einheit. In mehrwertigen Semantiken bricht diese Einheit auseinander. Der Formalismus bietet nicht nur verschiedene Möglichkeiten logisch interpretierter Systeme, seine Struktur erlaubt auch, Systeme zu konstruieren und Gesichtspunkte zu formulieren, die weit über den Rahmen dessen hinausgeht, was überhaupt als Logik interpretierbar ist.

Formalistischer Grundgedanke der Semantik „möglicher Welten" ist, daß es nicht nur bezogen auf Sätze eine Sachverhaltsmenge gibt, die der aktuellen Welt, sondern auch Mengen von Sachverhaltsmengen, die Menge der möglichen Welten, gibt. Da der Ausdruck „mögliche Welten" eine ganz bestimmte und problematische Interpretation der Menge von Mengen, von der hier ausgegangen wird, nahelegt, kann und soll für eine auch bloß informelle Darstellung des formalistischen Grundgedankens auf ihn verzichtet werden, ebenso wie auf den Ausdruck „*Zugangs*relation“ für die Relation, die über diese Menge zu definieren ist.

Unter Voraussetzung einer Menge von Sachverhaltsmengen gibt es eine Zuordnungsfunktion I, die jedem Satz A die Untermenge von Sachverhaltsmengen der Menge von Sachverhaltsmengen zuordnet, in denen der Satz wahr ist. Die Satzkonnektive, die in der klassischen Logik vorkommen, können dabei zunächst mit Bezug auf die Sachverhaltsmengen für sich betrachtet klassisch definiert werden. Es können aber auch andere Operatoren eingeführt werden, wenn bestimmte binäre Relationen zwischen Mengen von Sachverhalten über die Menge der Menge von Sachverhalten definiert werden. Im intuitiv einfachsten Falle, der zu einem semantischen Modell für S5 führt, gilt, daß „□A“ wahr ist gdw. A in allen Sachverhaltsmengen wahr ist, und falsch, wenn A in mindestens einer falsch ist. Entsprechend ist „◇A“ wahr gdw. A wahr in mindestens einer, und falsch, wenn wahr in keiner Sachverhaltsmenge ist. Die Relation iRj, in der i und j für Sachverhaltsmengen stehen, kann in diesem Falle als reflexiv, transitiv und symmetrisch definiert werden. Andere Definitionen, die dieselben Definitionen für Wahrheit und für □ A und ◇ A gewährleisten, sind möglich (vgl. Anhang II, 1.2 für eine technisch exakte Darstellung; der Grundgedanke ist voll entwickelt zunächst bei Kripke *1963 a; 1963 b;* Darstellungen in Lehrbüchern Hughes/Cresswell *1968;* Kutschera *1976 a;* Chellas *1980*).

Die Möglichkeit, auf grammatischer Ebene eingeführte Modaloperatoren semantisch verschieden zu interpretieren, ergibt sich zunächst mit der Möglichkeit, die Relation R verschieden zu definieren, d. h. unterschiedliche Eigenschaften hinsichtlich dieser Relation anzunehmen. Es können auch mehrere verschiedene modale Operatoren aufgrund verschieden definierter Relationen und Relationen zwischen diesen Relationen eingeführt werden. Weitere Unterschiede auf formalistischer Ebene ergeben sich mit unterschiedlichen Annahmen hinsichtlich der Menge der Menge von Sachverhalten. Es kann angenommen werden, daß sie endlich, aber auch, daß sie unendlich ist. Man kann die Menge auch in die Untermengen normaler und abnormaler Sachverhaltsmengen einteilen (Kripke *1965 a*). Abnormale Sachverhaltsmengen wären die, für die die Gesetze der Logik nicht gelten, womit alle Wahrheiten notwendige Wahrheiten sein können usf. Schließlich können auch mehrere einander in bestimmter Weise zugeordnete Sachverhaltsmengen angenommen werden (Montague *1974*).

Selbst wenn man die letztgenannten Möglichkeiten außer Betracht läßt und sogar an weiteren, zusätzlich eingeführten Grundvoraussetzungen festhält, wie z.B. in der Gruppe der V-Logiken (Lewis, D. K. *1973 a,* Kap. 6), können aufgrund von Annahmen über die Relationen allein eine ganze Reihe von modalen Operatoren und nicht-klassische Konnektive, z. B. variabel strikte neben strikten Konditionalen, definiert werden. Es besteht auch die Möglichkeit, nicht-klassische Logiken ohne modale Operatoren zu definieren, d.h. einige Operatoren nicht wahrheitswertfunktional, sondern mit Bezug auf die Menge von Sachverhaltsmengen und eine über sie definierte Relation zu interpretieren. Hier ist der wichtigste, weil ableitungssyntaktisch am weitesten entwickelte Fall der der intuitionistischen Logik. Es ist möglich, für sie ein semantisches Modell zu konstruieren, wenn die Relation, die über die Menge von Sachverhaltsmengen definiert wird, genau der entspricht, die das modale System S4 erfüllt. Anstatt einen Modaloperator einzuführen wie in

S4, ist für die intuitionistische Logik „–" und „⊃" nicht klassisch, sondern mit Bezug auf die Menge von Sachverhaltsmengen zu definieren (Anhang II, 2.2; Kripke *1965 b*). Obwohl die intuitionistische Logik keinen Modaloperator enthält, sind zwei ihrer Konnektive mit derselben Technik semantisch zu interpretieren, mit der auch Modaloperatoren zu interpretieren sind. Sie ist in diesem Sinne eine modale Logik. Damit gehört sie aber, rein formalistisch betrachtet, zu einer ganzen Klasse von Logiken, die analog zu konstruieren sind. Hält man sich nur an das älteste System der alethischen Modallogiken, nämlich das der S-Logiken, dann ist für jedes analog eine Aussagenlogik zu konstruieren, die keinen Modaloperator enthält. Enge Varianten zu der Klasse von Modellen, die S4 enthält, ergeben Varianten der intuitionistischen Logik. Formalistisch allein läßt sich irgendein Vorzug der intuitionistischen Logik ebensowenig entdecken wie für S4. Es kommt hier alles auf inhaltliche Interpretation und damit auf die philosophischen Gesichtspunkte an, die für den Intuitionismus maßgeblich sind.

Dieselbe Frage stellt sich auch für die klassische Logik. Eine Reflexion auf die Methode des Formalismus der Semantik der Mengen von Sachverhaltsmengen führt darauf, daß ihr ein gewisser methodologischer Vorrang schwer abzustreiten ist, aber auch darauf, daß die intuitionistische Logik in dieser Hinsicht ihr einziger Rivale bleibt. Zunächst gilt, daß in der überwiegenden Mehrzahl vorgelegter Systeme mit Modaloperatoren die anderen Operatoren klassisch definiert werden. Dem entspricht, daß in ableitungssyntaktischer Hinsicht klassische Tautologien als Axiome eingeführt werden. Werden andere Konnektive nicht klassisch definiert, so bleibt, selbst in dem wohl schwer sinnvoll interpretierbaren Falle, daß keines klassisch interpretiert wird, immer noch die Zuordnungsfunktion, die atomaren Sätzen Sachverhaltsmengen zuordnet. Auch wenn bereits „–" anders definiert ist, so gilt doch, daß P, bezogen auf eine Sachverhaltsmenge, dieser entweder zugeordnet wird oder nicht zugeordnet wird, tertium non datur.

Das führt auf einen anderen Aspekt. Die Semantik der Mengen von Sachverhaltsmengen wird auf metatheoretischer Ebene konstruiert mit Hilfe von Mengentheorie und der Logik, die in der Mengentheorie in Anschlag gebracht wird. Das ist aber wiederum in der überwiegenden Anzahl von Fällen die klassische Logik und die klassische Mengenlehre. Dasselbe gilt für die Metatheorie allgemein, d.h. für Beweise der Widerspruchsfreiheit und Vollständigkeit, Feststellungen über Beziehungen zwischen Systemen usf. Wird hier gefordert, eine andere Logik zu verwenden, dann ist zu verlangen, daß sie so stark sein sollte, das, was hier zu leisten ist, auch zu leisten. De facto gibt es aber neben der klassischen Logik nur die intuitionistische Logik und Mengenlehre. An Modallogiken mit modalen Operatoren zu denken, ist inhaltlich gesehen Spielerei, denn Mengenlehre kommt ohne solche Operatoren aus. Die Frage, welcher Logik und Mengenlehre hier der Vorzug zu geben sei, stellt sich auf der metatheoretischen Ebene der Semantik der Mengen von Sachverhaltsmengen, mithin genauso, wie sie sich vor Einführung dieser Semantik stellte, nämlich als die Frage, welche Logik der Mengenlehre und der Mathematik angemessen sei; sie wird unter denselben inhaltlichen und philosophischen Gesichtspunkten zu behandeln sein wie vordem. Ob die engen Grenzen, die die intuitionistische Logik der Freiheit der Mengenbildung setzt, nicht auch für die Semantik der Mengen von Sachverhaltsmengen heilsam wäre, um uferlose formalistische Spekulation zu vermeiden, ist eine Frage, die mangels einschlägiger Untersuchungen noch nicht aufgegriffen werden kann. Sie wäre interessant insbesondere dort, wo von der modalen Aussagenlogik zur Prädikatenlogik übergegangen wird.

2. *Interpretation und Kritik der Interpretation der Grundbegriffe*

a. Aussagenlogik

Probleme der Interpretation ergeben sich für modallogische Formalismen auf zwei Ebenen, die in der klassischen Logik nicht voneinander getrennt werden können. Die nächstliegende Aufgabe ist, die modalen Operatoren durch Zuordnung umgangssprachlicher Ausdrücke zu interpretieren. Die zweite Aufgabe ist, eine Interpretation der in der Semantik auftretenden Gegenstände, d.h. der hier in Anspruch genommenen Mengen von Mengen und der über sie definierten Relationen und Zuordnungsfunktionen anzugeben. In der Prädikatenlogik ergibt sich zusätzlich das Problem der „Menge möglicher Individuen". Es führt auf besondere Schwierigkeiten und wird gesondert zu behandeln sein.

Die umgangssprachlichen Ausdrücke, denen modale semantisch interpretierte Operatoren zugeordnet werden können, werden wie folgt klassifiziert:

1) Es handelt sich um Ausdrücke, die alethische Modalitäten betreffen, d.h. Modalitäten de re im Sinne der traditionellen Modallogik. Da modale Interpretationen von Konditionalen sich mit der Einführung solcher alethischer Modalitäten ergeben, wie z.B. strikte Konditionale (Lewis, C. I. *1918*), oder umgekehrt bestimmte alethische Modalbegriffe aus bestimmten In-

terpretationen der Konditionale, variabel strikter Konditionale etwa (Lewis, D. K. *1973a*), zu gewinnen sind, gehört das Problem des objektiven Sinnes der Konditionale in diesen Bereich.

2) Es handelt sich um epistemische Ausdrücke wie glauben, wissen, subjektive Wahrscheinlichkeit (Hintikka *1962; 1966; 1969a; 1969b;* Chisholm *1963a;* Kutschera *1976a; 1976c*).
3) Es handelt sich um Indexausdrücke. In der Folge ergibt sich die Möglichkeit einer Formalisierung der Pragmatik, in die dann das Fernziel einer vollen formalistischen Rekonstruktion der Umgangssprache einzuordnen ist (Bar-Hillel *1954;* Prior *1957; 1967;* Gabbay *1976;* Montague *1974*).
4) Es handelt sich um Ausdrücke, die sich auf Normen, Werte und Entscheidungen beziehen. Der Ausdruck „deontische Modalitäten", ursprünglich gerechtfertigt, da auf die zuerst versuchte Analyse des Begriffs des Sollens bezogen, erweist sich als zu eng. „Ethische Modalitäten" wäre vorzuziehen (Prior *1949;* Anderson *1956;* Hintikka *1957b;* v. Wright *1951;* Smiley *1963;* Chisholm *1963b;* Rescher *1967;* Ross *1968;* Danielson *1968;* Kutschera *1973; 1975*).

Das Problem solcher Interpretationen ist das Problem der Anwendung formalistischer modaler Systemen. Da sich hier die Möglichkeit ergibt, u.a. epistemische und ethische Begriffe zu analysieren, leitet sich von hier der Anspruch ab, eine philosophische Logik zu liefern, d.h. in radikaler Weiterung, Philosophie auf formalistische modallogische Analyse zu reduzieren (Montague *1974*). Solche Interpretationen vorzunehmen, ist somit eo ipso Angelegenheit der formalen Logik selbst. Es ergeben sich methodisch aber verschiedene Optionen. Einmal kann vom Prinzip ausgegangen werden, daß nur bestimmte Systeme, für die alethischen Modalitäen S4 und S5, korrekte Interpretationen zulassen (Haack *1978,* 178). Ebenso wird diskutiert, welches der verschiedenen Systeme, die irreale Konditionalsätze analysieren, das passendste sei (Stalnaker *1968;* Stalnaker/Thomason *1970;* Lewis, D. K. *1973 a*). Andererseits wird oft unterstellt, daß jedes deontische System einen gewissen Begriff des Sollens repräsentiert, der umgangssprachlich auch vage gemeint sein kann. Die Aufgabe besteht also darin, die Vielfalt der Sollensbegriffe oder auch der Begriffe alethische Möglichkeit zu analysieren (Lemmon *1959*). In der epistemischen Logik scheint eine Orientierung am umgangssprachlichen Gebrauch von „glauben" geradezu ausgeschlossen. Es wird ein „rationaler" Glaubensbegriff konstruiert (Kutschera *1976 a,* 80). Das Vorgehen ist also durchaus nicht einheitlich. Einerseits ist klar, daß Evidenzparadoxien die Leitfäden der Interpretation abgeben müssen, daß z. B. „$\Box A \supset A$" ein Theorem alethischer Modallogik ist, aber keines einer deontischen Logik sein kann, in der „$\Box$" als „sollen" interpretiert wird. Auf der anderen Seite werden z. B. Glaubensbegriffe konstruiert, nach denen alle klassischen Tautologien geglaubte Sätze sind. Selbst für einen „rationalen Glauben" ist das evidenzparadox, es sei denn, man bezeichnet Vertreter des Intuitionismus als irrational. Zu beachten ist, daß die sich unter formalistischen Gesichtspunkten ergebenden Gruppierungen von Systemen, z. B. der S, K und V-Logiken, keineswegs Gesichtspunkte für die Klassifizierung von Interpretationen abgeben. In einem komplexen System wie dem der V-Logiken können alethische, epistemische, deontische und pragmatische Interpretationen gewonnen werden.

Weder für die Konstruktion der Systeme selbst noch für ihre Interpretation ist es notwendig, eine Interpretation der Gegenstände anzugeben, die die Semantik der möglichen Sachverhaltsmengen einführt. Die Mengen von Mengen, über sie definierte Relationen und Zuordnungsfunktionen können als mathematisch-technisches Instrumentarium angesehen werden, das weiter nicht befragt zu werden braucht. Eine solche Einstellung besagt aber lediglich, daß man von Fragestellungen, die sich für die Philosophie der Logik zwingend ergeben und auch für die Kritik der modalen Logik seitens der Vertreter der klassischen Logik Gewicht haben, nicht behelligt werden will.

Geht man davon aus, daß von der klassischen Logik die Sachverhaltsmenge, auf die Sätze bezogen werden, als Menge der Sachverhalte in der aktuellen Welt verstanden wurde, so liegt es nahe, die Menge von Mengen, die für technische Zwecke vorausgesetzt wird, als Menge von Sachverhaltsmengen und damit als Menge möglicher Welten zu interpretieren. Wird weiter gefordert, daß dieser von Leibniz entlehnte Begriff, der ihn mit dem Begriff eines unendlichen, göttlichen Verstandes verknüpft, von seinem metaphysischen Ballast befreit werden müßte (Carnap *1947;* vgl. Kripke *1975),* dann fragt sich, was nach dieser Subtraktion übrigbleibt.

Der Versuch, das Problem mit dem Hinweis darauf zu umgehen, daß der Möglichkeitsbegriff, der im Begriff „möglicher Welten“ verwendet wird, zur Metatheorie gehöre, ist wenig befriedigend. Es ist richtig, daß Metatheorie allgemein logische Grundkategorien verwendet, die auch in den von ihr analysierten Systemen objektsprachlich verwendet werden. „Möglich“ ist aber keine solche Grundkategorie, da das mathematische Instrumentarium der Semantik möglicher Welten diesen Begriff nicht gebraucht. Gebraucht wird gemeinhin das Arsenal der klassischen Logik und der klassischen Mengenlehre. Der Begriff „möglich“ in „möglichen Welten“ ergibt sich erst mit der Frage, welche *Gegenstände* eine bestimmte Menge von Mengen enthalte. Damit aber bleibt nur die Alternative, die Befreiung vom metaphysischen Ballast so vorzunehmen, daß nur das, was rein mengentheoretisch explizierbar ist, übrigbleibt, womit die philosophische Frage, aber auch jede irgendwie zu rechtfertigende Bezugnahme auf Leibniz, als Frage überhaupt nicht zugelassen wird.

Wird umgekehrt davon ausgegangen, daß man unter einer Sachverhaltsmenge das zu verstehen hat, was zunächst von der klassischen Logik als Menge der Sachverhalte der aktualen Welt zu verstehen ist, so gilt zunächst, daß man von einer dem Leibnizschen Idealismus radikal entgegengesetzten objektivistischen, wenn nicht objektivistisch-physikalistischen Position ausgeht (vgl. Rosen *1980*, 73f.). Weiter bleibt offen, was „mögliche Welten" sein sollen – eine Frage, die mit der Annahme bestimmter „Zugangsrelationen" zwischen ihnen noch größeres Gewicht erhält. Für eine systematische Ordnung der zu gebenden Antworten kann von dem schon oben (I, 2) eingeführten Schema ausgegangen werden.

1) Der Begriff wird lingualistisch interpretiert. Unter einer „möglichen Welt" ist eine maximal konsistente Satzmenge für eine gegebene Sprache zu verstehen als eines ihrer Modelle (Carnap *1947;* Hintikka *1957a; 1969a*). Die Zugangsrelation legt fest, in welchem Umfang, ausgehend von einem dieser Modelle, festgestellt werden kann, welche Sätze in anderen wahr bzw. falsch sind. Diese Interpretation wird aus drei Gründen zurückgewiesen: a) Die Menge maximal konsistenter Satzmengen für eine gegebene Sprache ist $\aleph_1$. Damit wird die Mächtigkeit der Menge möglicher Welten so eingeschränkt, daß bestimmte Interpretationen nicht mehr möglich sind (Lewis, D. K. *1973a*). b) Aus eben diesem Grund, aber auch

weil hier eine bestimmte Objektsprache vorausgesetzt wird, schließt diese Interpretation die Behandlung wichtiger pragmatischer Gesichtspunkte auf prädikatenlogischer Ebene aus (Montague *1974,* 148ff.). c) Der Begriff der Möglichkeit wird hier im Sinne der klassischen Logik auf den de dicto-Begriff der Konsistenz reduziert.

2) Im hypothetischen Realismus wird davon ausgegangen, daß mögliche Welten Entitäten eigenen Rechtes seien. Die Frage, wie sie „existieren", ist eine metaphysische Frage, die für Zwecke der Logik nicht definitiv beantwortet zu werden braucht (Lewis, D. K. *1973a*). Hier wird übersehen, daß man hinsichtlich möglicher Welten auf die Argumente, die der hypothetische Realismus für die Existenz mathematischer und logischer Gegenstände konstruiert hat (I, 2), nicht zurückgreifen kann, denn ideale Gegenstände gibt es a) nach dieser Theorie in jeder Welt – ihre Existenz muß also eine andere sein als die möglicher Welten. Es gilt auch b), daß „mögliche Welten" material bestimmte Entitäten sind – das gilt für ideale Gegenstände der Logik und Mathematik nicht. Diese Frage wird besonders drängend, wenn für Zwecke der Prädikatenlogik nach der Existenzweise von möglichen Individuen in möglichen Welten gefragt werden muß. Es fragt sich, ob der Realismus mit Bezug auf mögliche Welten, damit aber mit Bezug auf logische Semantik, nicht gänzlich unhaltbar wird (Haack *1977a;* Richards *1975*). Zugangsrelationen werden im Realismus als „Ähnlichkeitsrelationen" interpretiert. Auch hier ergeben sich die Hauptschwierigkeiten, wenn die Frage nach den Individuen aufgeworfen wird.

3) Werden mögliche Welten als Gegenstände der Imagination interpretiert (Kripke *1975*), so liegt Konzeptualismus vor. Wo das geschieht, wird der Begriff der Imagination und der der Intuition genausowenig analysiert wie der

der Existenz im hypothetischen Realismus. Im Grunde beschränkt man sich hier ebenso wie im Realismus auf vage, umgangssprachlich plausible Angaben und vermeidet es sorgfältig, sich auf eine philosophische, „metaphysische" Analyse einzulassen (Rosen *1980*, Kap. 6). Es wird noch nicht einmal der Versuch gemacht, die Unterscheidung zwischen subjektivem und objektivem Konzeptualismus ins Spiel zu bringen. Anzumerken ist, daß der objektive Konzeptualismus der Phänomenologie es erlaubt, zwischen Möglichkeit als Quasipositionalität fiktiver Setzung und Möglichkeitsbegriffen, die Abwandlungsmodi der Gegebenheit von Gegenständen sind, zu unterscheiden, aber auch zwischen beiden als gegenständlichen Gegebenheiten und als Gegebenheit idealer Existenz. Abgesehen von einigen wenigen Ansätzen (Husserl CM, 24ff.; Tragesser *1977;* Hintikka *1975; 1981;* Mohanty *1981*), auf die zurückzukommen sein wird (IV, 4), liegt wenig vor, d.h., die eigentlich philosophischen Fragen, die sich mit dem universalen Formalismus ergeben, wurden im Grunde genommen noch nicht mit dem nötigen Nachdruck aufgegriffen.

Zwischen der realistischen und konzeptualistischen Interpretation des Begriffes der möglichen Welten einerseits und der alethischen und epistemischen Interpretation der Modaloperatoren andererseits besteht Affinität. Die epistemische Interpretation der Operatoren nimmt konzeptualistisch Bezug auf das Subjekt und kann alethische Modalitäten, wie sie in S4 und S5 angeboten werden, als „korrekt wissenden Glauben" interpretieren (Kutschera *1976a*). Die über die Menge möglicher Welten definierten Zugangsrelationen verschiedener Systeme sind dann als verschiedene Glauben bzw. Wissensbegriffe bestimmende Zugänge von Bezugspersonen zu möglichen Welten als denkbaren Welten zu interpretieren. Die Affinität ergibt sich daraus, daß eine konzeptualistische Interpretation möglicher Welten, die sie als die die subjektiven Prozesse ihres Auffassens transzendierende Quasipositionalitäten versteht, auch Bezug auf das Subjekt nimmt.

Umgekehrt wird eine objektive Interpretation der Modaloperatoren, aber auch irrealer Konditionale, die über die Menge möglicher Welten zu definierenden Relationen objektiv interpretieren müssen, d.h. ausgehend von der hypothetisch-realistischen Setzung möglicher Welten, „objektiv" auffaßbare Relationen zwischen diesen Existenzen anzusetzen haben. Eine solche Interpretation der Relationen wird schwierig, wenn über den trivialen Fall S5 hinausgegangen werden soll. In diesem trivialen Fall expliziert die gewählte Zugangsrelation lediglich das Prinzip, daß logische und gegebenenfalls durch Wahl einer Sprache bestimmte analytische Wahrheiten in allen möglichen Welten wahr sind. Naturgesetzliche Notwendigkeit ist kein geeigneter Kandidat für den Versuch, ein intuitiv einsichtiges Verfahren der Interpretation zu gewinnen, denn es gilt 1), daß die Menge der möglichen Welten auch solche einschließen muß, die abweichende Physiken haben und 2), daß es voneinander abweichende Physiken gibt, wie die Wissenschaftsgeschichte lehrt (Lewis, D. K. *1973a*, 73f.). Die von der Sprache einer physikalischen Theorie geforderten Meinungspostulate und die in ihr anerkannten grundlegenden Naturgesetze müssen auf der Ebene einer modalen Prädikatenlogik als material bestimmte Sätze formuliert werden. Sie legen damit Notwendigkeiten fest, die auf einer anderen Ebene liegen als der des logischen Formalismus. Was Modalität meint, muß hier geklärt werden, wenn die spezifische Bedeutung naturgesetzlicher Notwendigkeit geklärt werden soll, nicht umgekehrt (Kutschera *1976a*, 114).

Ausgehend von den variabel strikten, irrealen Konditionalsätzen, wie sie in der Umgangsprache vorkommen, z. B. „Wenn Känguruhs keine Schwänze hätten, würden sie vornüber fallen", ist versucht worden, den Begriff der Zugangsrelation objektiv als den komparativer Ähnlichkeit zwischen Welten zu interpretieren. Der Begriff ist flexibel genug, um eine Reihe sehr verschiedener Spezifikationen von Ähnlichkeit zu definieren (Stalnaker *1968;* Stalnaker/Thomason *1970;* Lewis, D. K. *1973 a*), wie das System der V-Logiken, in denen auch andere modale Logiken Platz finden (Lewis, D. K. *1973 a,* Kap. 6). Auf der anderen Seite gilt aber, daß der Begriff der „Ähnlichkeit" zwischen so komplexen Gegenständen wie möglichen Welten alles andere als intuitiv befriedigend ist (Kutschera *1976 a,* 115). Solche Einwände, die von der epistemischen Interpretation vorgebracht werden, dürfen aber keineswegs dazu verführen, davon auszugehen, daß man in ihr wisse, wovon gesprochen wird. Der Begriff rationalen Glaubens und der unterstellte Begriff von Bezugspersonen gewinnt intuitive Plausibilität nur dann, wenn auf Personen einer Sprachgemeinschaft Bezug genommen wird, worauf im einzelnen einzugehen sein wird. Entscheidend ist, daß die pragmatische Interpretation alle diese Schwierigkeiten nicht hat.

In pragmatischer Interpretation wird die Menge der Mengen als Menge der bestimmten Indexpunkten i zuzuordnenden Sachverhaltsmengen aufgefaßt. Indexpunkte werden durch die über sie definierten Zugangsrelationen näher bestimmt. Handelt es sich z. B. um Relationen, die als Zeitrelationen interpretierbar sind, so sind die Indexpunkte Zeitpunkte, und die ihnen zugeordnete Sachverhaltsmenge ist die Menge aller Sachverhalte, die in einem gegebenen Zeitpunkt i wahr sind (Prior *1957; 1967; 1968*). Jede solche Interpretation der Indexpunkte ergibt eine Disziplin, und es ist möglich, für alle Indexausdrücke der natürlichen Sprache wie Ortsangaben und Personalpronomina eine zugehörige Disziplin auszubauen. Ein System aller solcher Disziplinen wäre dann die formalisierte Pragmatik (Montague *1974*, 93ff.). Wird von Personalpronomina ausgegangen, so kann die Pragmatik auch das Problem der indirekten Kontexte, der propositionalen Stellungnahmen allgemein in sich aufnehmen. Einzuführen sind Relationen in Intensionen, d.h. Relationen zwischen Indexpunkten und in ihn in verschiedener Weise vermeinte Sachverhalte, z.B. „a glaubt, daß A in i". Damit ist die epistemische Interpretation und mit ihr die konzeptualistische Interpretation in die pragmatische Interpretation eingebaut. Wird zur Prädikatenlogik erster und dann zweiter Stufe übergegangen, so wird die intensionale Logik (vgl. IV, 4) einbegriffen. Es ergibt sich die Idee einer vollständigen formalistischen Rekonstruktion der Umgangssprache (Montague *1974*, 119ff., 148ff., 188ff.). Der semantische mathematische Apparat wird hier allerdings sehr komplex.

Dem Grundgedanken nach ist die pragmatische Interpretation die Interpretation, die intuitiv die wenigsten Schwierigkeiten macht. Der Grund dafür liegt darin, daß eigentlich nicht von einer Menge möglicher Welten, sondern von einer Menge möglicher Umwelten und den Zugangsrelationen zwischen ihnen ausgegangen wird, die als Relationen in der Welt, die alle möglichen Umwelten umschließt, zu verstehen sind. Durch Einbeziehung der epistemischen Interpretation verliert das hier angesetzte Glaubenssubjekt seinen isolierten cartesischen Charakter. Es ist von vornherein als Subjekt seiner Umwelt aufzufassen. Der Nachteil der realistisch-alethischen und der epistemisch-konzeptualistischen Interpretation ist, daß in ihnen die Interpretation der modalen Operatoren als bestimmte umgangssprachlich faßbare Operatoren und die Interpretation der in der Semantik unterstellten Gegenstände, der Mengen von Mengen und der über sie definierten Relationen, auseinanderfallen. Sie werden zu metaphysischen Entitäten, die abgetrennt von der umgangssprachlichen Realität existieren. Das gilt für die epistemische Interpretation in geringerem Maße; die pragmatische Interpretation verspricht, diese Differenz ganz aufzuheben.

b. Die modale Prädikatenlogik und die Kritik der modalen Logik vom Standpunkt der klassischen Logik

Die Entwicklung der modalen Prädikatenlogik wurde beständig durch die Kritik der modalen Logik vom Standpunkt der klassischen Logik begleitet und maßgeblich motiviert. Mit der Entwicklung der Semantik möglicher Welten wurden auf aussagenlogischer Ebene zwei Einwände hinfällig (Quine *1947b; 1953,* 139ff.). Der erste Einwand weist auf die Beliebigkeit hin, mit der ableitungssyntaktisch verschiedene modale Logiken konstruiert werden können. Der zweite verwirft alle Modalitäten de re, weil sie insgesamt von der Form „…, daß A" sind und damit indirekte Kontexte einführen. Solche indirekten Kontexte in „möglich, daß A", „glaubt, daß A", führen aber in „A" in verschiedener Weise intensionale, mentale Entitäten ein, deren Gegenstandsbezug opak ist, d.h. semantisch ungeklärt bleibt. Es gilt weiter, daß solche Aussagen in der Sprache der Logik nichts zu suchen haben, da sie Aussagen über Aussagen sind. Die Sprache der Logik aber muß eine reine Objektsprache sein, die Aussagen über Aussagen nicht zuläßt (Quine 1953, 1956 in *1976,* 158ff., 184ff.). Es wird verlangt, daß „A" in „glaubt, daß A" in Anführungszeichen einzuschließen ist, d.h. „glaubt, daß ‚A'", wobei die Anführungszeichen eben die Funktion haben, anzuzeigen, daß „glaubt, daß", aber auch „möglich" in „möglich ‚A'" eine Modalität de dicto und nicht de re ist, wie das der Fall sein würde, wenn man die Anführungszeichen fallenläßt. Es ist gezeigt worden, daß unter dieser Voraussetzung noch nicht einmal die schwächsten modalen Systeme haltbar sind (Montague *1974*, 286ff.).

Da alle diese Einwände als technische Einwände semantisch sind, werden sie mit der Entwicklung der Semantik „möglicher Welten" hinfällig. Ausdrücke der Form "…, daß A" haben einen Gegenstandsbezug, der semantisch formalistisch geklärt ist und demgemäß nicht als opak bezeichnet werden kann (Prior *1963*). Die Einwände haben aber neben einem technischen auch einen philosophischen Sinn, wenn die im vorangehenden Abschnitt genannte Frage gestellt wird, auf welche Gegenstände sich die Mengen von Mengen und die über sie definierten Relationen beziehen. Die Dringlichkeit dieser Frage gewinnt auf der Ebene der Prädikatenlogik erhöhtes Gewicht, stellt sich aber zunächst auch als technische Frage.

Mit dem ersten ableitungssyntaktischen modallogischen System (Marcus *1946*) zeigt sich, daß die modale Logik, die schon auf aussagenlogischer Ebene in Sätzen der Form "…, daß A" Bezug auf vermeinte Sachverhalte und damit auf Intensionen nimmt, sogar Ausdrücke zuläßt, die intensionale Allgemeinheit *und Notwendigkeit* explizieren. Es liegt Essentialismus vor und damit eine Abwendung von dem Prinzip der Extensionalität, das für die Entwicklung der modernen Logik leitend war. Es handelt sich hier um einen zunächst rein philosophischen Einwand (Quine *1976*, 158ff., 184ff. sowie 77ff.). Was der universale Formalismus hier unternimmt, ist nichts anderes, als dem Einwand Rechnung zu tragen, der in der

Kritik der klassischen Logik gegen sie vorgebracht wurde, ohne den Formalismus aufzugeben. Es zeigte sich, daß weder die Umgangssprache noch die Wissenschaftssprache, wie sie konkret vorliegt, ohne begriffsanalytische Wahrheit auskommt. Mit der Semantik möglicher Welten wird ja gerade versucht, solchen Phänomenen eine mengentheoretisch gegründete und damit zumindest im technischen Sinne extensionale Interpretation beizustellen (Prior *1963;* Hintikka *1962;* Platinga *1969; 1974*). Die Frage, wie weit dieser Anspruch erfüllt ist, wird gesondert aufzugreifen sein (IV, 4).

Die für die Entwicklung der modalen Prädikatenlogik bedeutsame Kritik durch Vertreter der klassischen formalisierten Logik verwendet eine andere Strategie. Um zu zeigen, daß eine Logik, die auf intensionale Phänomene Bezug nehmen kann und Essentialismus zuläßt, in die Irre geht, wird die These aufgestellt, daß man in der modalen Prädikatenlogik nicht wisse, worüber quantifiziert wird (Quine *1976*). Der Vorwurf stellt nichts anderes als eine Präzisierung des auf aussagenlogischer Ebene bereits vorgebrachten Vorwurfs dar, daß der Gegenstandsbezug opak ist. Auf dieser Ebene hat man es mit Satzschemata zu tun. Sie erhalten eigentlichen Gegenstandsbezug nur, wenn sie durch prädikatenlogische Sätze ersetzt werden, in denen der Gegenstandsbezug durch Individuenkonstanten erstellt wird; diese sind es, worüber quantifiziert wird.

Auf ableitungssyntaktischer Ebene ließ sich diese These zunächst einfach dadurch erhärten, daß auf gewisse Evidenzparadoxa verwiesen wurde. In der Aussagenlogik war es möglich, alle Axiome der klassischen Logik, die klassische Operatoren betreffen, als Axiome in die modale Aussagenlogik zu übernehmen. Hinsichtlich des Einsetzungsaxioms und des Identitätsaxioms der klassischen

Prädikatenlogik ergeben sich Schwierigkeiten, die üblicherweise an folgenden Beispielen diskutiert werden: Es gelte „9 = Anzahl der Planeten“ und „$\Box(9>7)$“ mithin $(\exists x)\Box(x>7)$. Durch Ersetzung salva veritate erhält man „$\Box$(Anzahl der Planeten>7)“, was falsch ist. Es gelte weiter „$\Box$(Abendstern = Abendstern)“. Ist nun faktisch wahr, weil faktisch entdeckt, daß „Abendstern = Morgenstern“, dann gilt auch „$\Box$(Abendstern = Morgenstern)“. Denn ist die grammatische Struktur der Prädikatenlogik gegeben, läßt sich das Ersetzungsaxiom $((\forall x)(\forall y)\ (x=y)\supset\Box(x=y))$ ableiten, vorausgesetzt, daß „$\Box(x=x)$“ wahr ist. Der grundlegende Fehler liegt nach der Kritik der klassischen Logik in der Zulassung des Schrittes von „$\Box(x>7)$“ nach „$(\exists x)\Box(x>7)$“. Es ist auszuschließen, daß modale Operatoren im Bereich von Quantoren stehen können. Daß der Schritt unzulässig sei, wird ontologisch für die objektive Interpretation der Quantoren damit begründet, daß es kein Objekt geben kann, von dem das Prädikat „notwendigerweise>7“ gelten kann, und daß somit $(\exists x)\Box(x>7)$ falsch ist (Quine *1976;* Kanger *1957*).

Da der Aufweis solcher Evidenzparadoxa vom Standpunkt der modalen Logik aus die Funktion hat, ihren Essentialismus verdächtig zu machen, handelt es sich für sie vornehmlich darum, die Begründung für ihr Auftreten zurückzuweisen, dann aber auch darum, durch entsprechende Einrichtung der Substitutions- und Identitätsaxiome das Auftreten von solchen Evidenzparadoxa unmöglich zu machen. Geht man von der substitutiven und nicht von der durch die Kritik zugrunde gelegten objektiven Interpretation der Quantoren aus, so ist $(\exists x)\Box(x>7)$ wahr genau dann, wenn es eine Substitutionsinstanz gibt, die wahr ist; und die gibt es: nämlich $\Box(9>7)$ (Marcus *1946; 1975;* Kripke *1976*). Damit ergibt sich aber, daß die für die ontologische extensionale Interpretation der mit der objektiven Interpretation der Quantoren gegebenen klassischen Logik so wichtige Eliminierung von Namen durch deskriptive Definitionen aufzugeben ist. Die Notwendigkeit, beide als getrennte logische Kategorien zu behandeln, ergibt sich auch bei anderen technischen Lösungsversuchen (Haack *1978,* 185f.). Werden sie getrennt, dann kann die These verteidigt werden, daß Identität, die mit Bezug auf Individuenkonstante, Namen, festgestellt wird, immer auch notwendige Identität sein muß (Kripke *1972; 1977*), was für definite Deskriptionen eben nicht zutrifft. Solche Überlegungen können in verschiedenen Formulierungen der Einsetzungs- und Identitätsaxiome ihren Niederschlag finden (vgl. Anhang II, 4). Vorausgesetzt, daß alle so zu gewinnenden ableitungssyntaktischen Formalismen korrekt sind, stellt sich die Frage, wie die in ihnen gemachten Annahmen zu rechtfertigen bzw. zu verstehen sind.

Die Frage verschiebt sich somit auf die Ebene der Semantik. Wird eine Semantik für die modale Prädikatenlogik vorgelegt (Kripke *1963a; 1963b; 1965a;* Hintikka *1967; 1969a;* vgl. auch Lehrbücher, z.B. Kutschera *1976a*), so scheint die Frage, ob die modale Logik wisse, worüber sie quantifiziere, im technischen Sinne beantwortet zu sein. Es ist, über die Aussagenlogik hinausgehend, eine Menge möglicher Individuen anzunehmen und eine Zuordnungsfunktion anzugeben, die die möglichen Individuen möglichen Welten, in denen sie existieren, zuordnet. Das kann aber, formalistisch betrachtet, auf ganz verschiedene Weise geschehen. Die im Anhang II, 4. angegebene Dimension von Modifikationen ist lediglich eine von bestimmten Grundannahmen her vorgezeichnete Dimension. Sachlich gesehen können für solche Annahmen folgende Gesichtspunkte leitend sein:

Man kann davon ausgehen, daß ein und dasselbe Individuum in mehreren Welten vorkommen kann (Chisholm *1967*); man kann eine solche „transmundane" Identität verwerfen, muß dann aber eine Gegenstücksrelation bzw. Korrespondenzrelation angeben, die festlegt, welches Individuum welchem in einer anderen Welt entspricht. Jede Welt hat dann eine Menge in ihr und nur in ihr existierender Individuen, die einander aufgrund bestimmter Ähnlichkeit zugeordnet werden (Lewis, D. K. *1968; 1971; 1973a,* 36ff.). Geht man umgekehrt davon aus, daß transmundane Identität besteht, so ist der einfachste Weg – technisch ebenso wie hinsichtlich der Eleganz, mit der philosophische Fragestellungen abgeschnitten werden – der, demzufolge Kriterien, nach denen verschiedene Individuen in verschiedenen Welten identifiziert werden können, weder angegeben werden müssen noch angegeben werden können. Identität ist ein nicht weiter zu definierender Grundbegriff (Platinga *1974;* vgl. Kutschera *1976a,* 27). Hier wird die Barcan-Formel und die Annahme, daß Identität immer notwendige Identität sei (vgl. Anhang II, 4.), ein Axiom oder eine ableitbare Formel sein, und Identität wird durch die Extension eines Namens in möglichen Welten definiert werden können. Eine andere Möglichkeit besteht darin, Individuen als individuelle Wesenheiten, possibilia, aufzufassen. Namen haben demgemäß intensionalen Sinn, und Individuen sind identisch, wenn sie dieselbe individuale Wesenheit haben (Hintikka *1961; 1967;* Geach *1967;* Bacon *1980*). Diese Annahme treibt natürlich den Essentialismus auf die Spitze (Parsons *1969*). Die zuvor erwähnte Annahme, nach der Identität ein nicht zu explizierender Grundbegriff ist, läßt sich ihr als Grenzfall einordnen; abweichende Konstruktionen sind aber auch möglich, u. a. die, nach der mehrere individuelle Wesenheiten in einem in einer Welt existierenden Individuum „inkarniert" sein können (vgl. Anhang IV, 4.). Wichtig für die Konstruktion des Identitätsaxioms in der Form „$t_1 = t_2 \supset \Box (t_1 = t_2)$" ist die entgegengesetzt orientierte Annahme, daß Namen zwar eindeutig denotieren, aber keinen Sinn haben, d.h., daß ihnen keine individuellen Wesenheiten zuzuordnen sind. Was den Namen mit dem durch ihn bezeichneten Individuum verbindet, ist der Raum-Zeit-Punkt des Beginnens der Existenz des Individuums in einer Welt, sein Ursprung, auf den es kausal zurückgeführt werden kann (Kripke *1977; 1980;* vgl. aber bereits Popper *1962,* 101 ff.). Individuen in verschiedenen Welten sind identisch, wenn sie denselben Ursprung haben, ganz gleich, wie die sie in den verschiedenen Welten charakterisierenden definiten Deskriptionen ausfallen werden. Auf dieser Grundlage läßt sich die Annahme verteidigen, daß empirisch entdeckte Identitäten immer notwendige Identitäten sind. Entdeckt man, daß der mit dem Codenamen „Rufus" bezeichnete Spion identisch mit der in Wien lebenden Person „Heinrich Meier" ist, so hat man für beide einen gemeinsamen Ursprung entdeckt. Was aber denselben Ursprung hat, ist notwendigerweise ein und dasselbe Individuum (Kripke *1977;* vgl. Marcus *1962*). Es kann dagegen gefragt werden, ob der Rückzug auf einen „reinen" Raum-Zeit-Punkt des Ursprungs, der rein ist, weil er von allen deskriptiven Inhalten gereinigt wurde, nicht doch intuitiv bizarr bleibt (Rosen *1980,* Kap. *7*).

Die pragmatische Interpretation, in der mögliche Welten zu möglichen Indexpunkten zuzuordnenden Welten werden, ist auch hier die Interpretation, in der die Zuordnungsfunktion, die mögliche Individuen bestimmten Umwelten zuordnet, am ehesten intuitiv einsichtig interpretiert werden könnte. Daß ein Individuum zu mehreren Umwelten gehören kann und identisch dasselbe ist, bietet keine Schwierigkeiten. Ein Grenzfall ist hier zu erwähnen. Geht man von einer physikalistisch interpretierten vierdimensionalen Welt aus, dann können als Indexpunkte alle Punkte dieser Welt gewählt werden. Eine mögliche Umwelt entspricht einem möglichen Koordinatensystem 0, 0, 0, 0. Jedes Koordinatensystem ist dann eine Menge von ihm zuzuordnenden und in ihm bestimmten Punkten, die als Individuen interpretiert werden, und in ihnen vorkommenden Ereignissen, die deren Prädikate sind. Es handelt sich hier um einen Grenzfall, da alle Individuen in allen Sachverhaltsmengen vorkommen. Während in pragmatischer Interpretation die Umwelten begrenzte Aspekte ein und derselben Welt sind, hat man in diesem Modell jede Umwelt als eine bestimmte universale Perspektive, unter der die Welt als ganze gegeben ist (Quine *1969*, 147ff.). Man hat hier die Interpretation der Menge möglicher Welten und der Menge möglicher Individuen, die in der Welt, die die klassische formalisierte Logik als Sprache idealer Wissenschaftlichkeit beschreibt, die allein mögliche ist.

Es ergibt sich entsprechend, daß mit einer Semantik, die die Zuordnungsfunktion der Menge möglicher Individuen zur Menge möglicher Welten festlegt, die bestimmt, welche Individuen in welchen Welten existieren, zumindest auf formalistischer Ebene gewußt wird, worüber quantifiziert wird. Das Problem, das sich mit der Kritik der klassischen Logik an der modalen Logik ergibt, hat sich aber damit verschoben und wird zum rein philosophischen Problem. Die klassische Logik schreibt insbesondere in der objektiven Interpretation eine und nur eine Ontologie vor. Sie eliminiert in ihr Namen, aber auch die Annahme individueller Wesenheiten und Wesenheiten allgemein und repräsentiert damit die reine ontologische extensionale Interpretation der Logik. Die nachklassische

Semantik möglicher „Welten“ bietet dagegen die Möglichkeit, eine Vielzahl verschiedener ontologischer Annahmen in verschieden eingerichteten Systemen zum Ausdruck zu bringen. Es ist darauf hingewiesen worden, daß sie so eingerichtet werden kann, daß nicht nur individuelle Wesenheiten, sondern überhaupt alle Aussagen über Wesenheiten, Allgemeinheit und Notwendigkeit, bezogen auf Prädikatverknüpfungen, falsch werden (Parsons *1967; 1969;* vgl. Rosen *1980,* 70f.). Hier ist zunächst von Interesse, daß ganz verschiedene ontologische Annahmen über Individuen und individuelle Wesenheiten durch verschiedene formalistisch korrekte Systeme abgedeckt werden können und umgekehrt als Interpretationen an solche Systeme herangetragen werden können. Vertreter der klassischen Logik, die mit der Erwartung, daß Logik in ontologischen Fragen Klarheit verschaffen könnte, an logische Systeme herantreten, können deshalb immer noch den Eindruck gewinnen, daß die nachklassische Logik einen ontologischen slum repräsentiert (Haack *1977a*), daß die Logik, in der Essentialismus zum Ausdruck gebracht werden kann, in einen metaphysischen Dschungel führt (Quine *1960,* 199; *1976,* 176). Von der nachklassischen Logik her wird die Antwort sein, daß die ontologische Neutralität des neuen semantischen Formalismus den Vorzug habe, verschiedene ontologische Annahmen präzis zum Ausdruck zu bringen und damit auf logischer Ebene diskutierbar zu machen.

Ein weiterer Einwand, der von der klassischen Logik dem nachklassischen Formalismus gegenüber erhoben wurde, ist noch zu betrachten. Auf eine Formel gebracht, besagt er: Modale Logiken sind überflüssig (Quine *1960,* § 41). Sie sind überflüssig, weil die Sprache idealer Wissenschaftlichkeit wie die der Mathematik ohne Modaloperatoren und durch sie interpretierbare Ausdrücke auskommen sollte. Ein solcher Einwand übersieht natürlich, daß das leitende Motiv der Entwicklung des nachklassischen Formalismus in der Unfähigkeit des klassischen Formalismus liegt, bestimmten umgangssprachlichen Problemen, aber dann auch Problemen in der Sprache konkret vorliegender Wissenschaft, gerecht zu werden. Der Einwand kann allerdings umformuliert werden: Im nachklassischen Formalismus handelt es sich nicht mehr um *reine* Logik, sondern um auf Linguistik *angewandte* Logik. Von der traditionellen Logik her gesehen, könnte eine Ausnahme bezüglich der alethischen Modalität in S5 gemacht werden. Es wäre aber auch möglich zu sagen, daß sich im nachklassischen Formalismus zeigt, daß alethische Modalitäten, einschließlich der in S5 dargestellten, streng genommen linguistische und nicht logische Objekte sind. Reine Logik ist nur die klassische Logik.

Der Übergang von reiner zu angewandter Logik ergibt sich, wenn materiale Voraussetzungen über die Eigenschaften bestimmter Prädikate gemacht werden. Handelt es sich um Relationen, so wird reine Logik zur angewandten Logik, wenn bestimmte Annahmen über Eigenschaften von Relationen gemacht werden. So erhält man den mathematischen, nicht logischen Kalkül der einfachen Ordnung, wenn bestimmte Annahmen über die Eigenschaften der Relationen „=“ und „>“ gemacht werden.

Es zeigt sich nun aber, daß die Semantik der möglichen Sachverhaltsmengen dort, wo sie am leichtesten direkt interpretiert werden kann, nämlich in der Pragmatik, mit Eigenschaften von Relationen operiert, die sogar direkt material, z.B. als Zeitrelationen, interpretiert werden können. Zu beachten ist dabei, daß die Relationen, die in der Pragmatik wichtig sind, auch expliziert werden können, ohne den klassischen Formalismus aufzugeben, der hier eben direkt auf linguistische Probleme *angewandt* wird (Davidson, vgl. oben III, 2 und Davidson *1967b; 1967c; 1973; 1974*).

Die Relationen, die in alethischen, epistemischen und deontologischen Systemen verwendet werden, sind zwar nicht unmittelbar material interpretierbar; es handelt sich aber auch hier um *Eigenschaften* von Relationen, durch die festgelegt wird, wann ein Satz, der mit einem modalen Operator gebildet wird, wahr oder falsch wird. Es kann also gesagt werden, daß die Semantik der Umgangssprache und der in ihr, aber nicht in der klassischen Logik vorkommenden Operatoren, also eine allgemeine linguistische Semantik, möglich wird, wenn klassische Logik – wie erörtert, bietet sich als einzige Alternative, die sachlich gegründet ist, die intuitionistische Logik an – auf die hier zu berücksichtigenden Eigenschaften bestimmter *Zugangs*relationen angewandt wird. Eben weil das der Fall ist, bleibt die nachklassische Logik technisch extensional auch dann, wenn sie verspricht, eine eben extensionale Interpretation des Begriffes der Intension zu liefern.

3. Extensionale Interpretation der Intension

Die nachklassische Logik wird oft als intensionale Logik und ihre Semantik als intensionale Semantik bezeichnet. Bezogen auf die allgemeine Problemlage der Philosophie der Logik, ergibt sich hieraus ein Anspruch von weittragender Bedeutung. Die klassische formalisierte Logik hatte intensionale Phänomene als irrelevant und eo ipso nicht exakt zu behandelnde Probleme außer acht gelassen. Damit war ein ganzer Bereich freigesetzt, in der sich die aus der intensionalen Interpretation der Logik entwickelte Kritik der formalen und formalisierten Logik entfalten konnte. Die klassische Logik hat sich um diese Kritik wenig gekümmert, da sie von ihrem Standpunkt aus unwissenschaftlich war. Lediglich Argumente, die direkt an der Analyse natürlicher Sprache gewonnen wurden, fanden Beachtung. Mit dem Anspruch, den der nachklassische Formalismus stellt, ändert sich diese Sachlage grundsätzlich. Der Anspruch, eine extensionale Explikation intensionaler Phänomene zu liefern und darüber hinaus eine formalistische Rekonstruktion der Umgangssprache einschließlich der hier zu findenden „philosophischen Entitäten" (Montague *1974*) zu leisten, läßt die Domäne der Kritik der formalisierten Logik durch Dialektik und Hermeneutik nicht mehr unberührt. Da eine detaillierte Reaktion von dieser Seite aussteht, kann vorerst nicht mehr geleistet werden, als den neu gestellten Anspruch selbst zu analysieren und zu fragen, in welchem Verhältnis er zum Programm einer intensionalen Interpretation der Logik im traditionellen Sinne steht.

Versteht man unter intensionaler Analyse allgemein Sinnanalyse, dann ist der nachklassische Formalismus auf aussagenlogischer Ebene als „intensionale" Logik anzusprechen, sofern er für umgangssprachliche Partikel und Wendungen, die alle unter den gemeinsamen Nenner der propositionalen Stellungnahmen zu bringen sind, formalistisch exakte Explikationen liefert, die nicht wahrheitswertfunktional sind. Bereits hier sind Ausdrücke wie „erkennen", „sollen", „glauben", „Wert haben", „fragen" betroffen, von denen seitens der Kritiker formalistischer Verfahren angenommen wurde, daß sie eben solchen Verfahren grundsätzlich entzogen sind. Der eigentliche Anspruch der nachklassischen intensionalen Logik liegt aber nicht sosehr hier, sondern darin, daß dem Intensionsbegriff der Ausdrücke, die auf formalistischer Ebene nicht als logische Zeichen zu interpretieren sind – Namen, definite Deskriptionen, Prädikate und Sätze –, ein extensionales Explikat zugeordnet werden kann. Dieser Anspruch ergibt sich naturgemäß nur auf der Ebene der Prädikatenlogik.

Indem modale Operatoren in der Sprache der formalisierten Logik zugelassen werden, weil es wissenschaftstheoretisch wünschenswert schien, nomologische Konditionale und strikte Universalität von einfacher Klasseninklusion und numerischer Universalität zu unterscheiden (Popper *1935;* Carnap *1947;* Marcus *1946; 1962; 1967*), wird in Kauf genommen, daß begriffsanalytische Wahrheiten in der Sprache der Logik zum Ausdruck gebracht werden können. Solange das Verfahren nur ableitungssyntaktisch bleibt, kann von einer Klärung des Intensionsbegriffes nicht gesprochen werden. Er wird vielmehr ungeklärt aus der Umgangssprache übernommen.

Eine Klärung ergibt sich im Übergang zur Semantik und verspricht zugleich die Beseitigung einer Schwierigkeit, die den Begründern der klassischen Logik (Frege *1967,* 143ff., 378ff.; vgl. Thiel *1965*) geläufig war und in der Kritik der klassischen Logik eine erhebliche Rolle spielte. Definite Deskriptionen, aber auch Prädikate können verschiedenen intensionalen Sinn, aber die gleiche Extension, d.h. die gleiche Bedeutung haben, wie z.B. „Sieger von Jena", „Besiegter von Waterloo" und „Lebewesen mit aufrechtem Gang", „vernünftiges Lebewesen". Da in der klassischen Logik Ausdrücke, die gleiche Extension haben, salva veritate durcheinander ersetzbar sind, kann selbst die einfachste intensionale Beziehung, nämlich „Sinngleichheit", „Sinnverschiedenheit" im Rahmen der klassischen Logik nicht interpretiert werden. Man war deshalb hier geneigt, den Begriff der Analytizität allgemein aus der Logik zu verbannen (Waismann *1950;* Quine *1953*).

Mit der Semantik möglicher Sachverhaltsmengen bzw.

Welten ergibt sich ein extensionales Explikat dieser Begriffe (zuerst Carnap *1947*). Zwei Ausdrücke haben gleichen intensionalen Sinn, wenn sie in möglichen Welten dieselbe Extension haben; sie haben verschiedenen intensionalen Sinn, wenn es mindestens eine Welt gibt, in der sie verschiedene Extensionen haben. Die Intension eines Satzes A ist dann die Zuordnungsfunktion, die ihm in jeder möglichen Welt einen Wahrheitswert zuordnet, die Intension eines Prädikates die Zuordnungsfunktion, die ihm in jeder möglichen Welt eine Klasse von Individuen – die auch leer sein kann – zuordnet, die Intension eines Namens die Zuordnungsfunktion, die angibt, welches Individuum er in einer möglichen Welt bezeichnet bzw. in welcher Welt er keines bezeichnet (vgl. Anhang II, 5. für eine technisch präzise Darstellung).

Ein erster Nachteil dieser extensionalen Explikation des Begriffes der Intension, der vorerst nicht mehr erlaubt, als zwischen gleicher und verschiedener Intension zu unterscheiden, liegt darin, daß nach ihm in formalen Sprachen alle logisch äquivalenten Sätze die gleiche Intension haben müssen. Die Einführung eines engeren Intensionsbegriffes, der neben den Grundintensionen der vorkommenden Konstanten die syntaktische Struktur des Gesamtausdruckes mit in Rechnung stellt, kann für formale Sprachen Abhilfe schaffen (Carnap *1947;* vgl. Lewis, D. K. *1970*).

Auf der anderen Seite ist dieser Intensionsbegriff zu eng, wenn er in den Rahmen der Pragmatik gestellt wird. Hier ergibt sich das Problem, daß Ausdrücke, die für sich betrachtet syntaktisch und semantisch verschieden sind, gleichen intensionalen Sinn haben können, wenn sie in einander zugeordneten pragmatischen Kontexten geäußert werden. Sagt z. B. Meyer „Ich bin hungrig“, so besagt das für den Kontext von Schmidt „Meyer ist hungrig“ oder „Er ist hungrig“. Der zum Ausdruck gebrachte intensionale Sinn ist derselbe. Die technische Aufgabe, die sich stellt, ist die Behandlung intensionaler Phänomene im Rahmen einer formalisierten Pragmatik. Performative Modi des Befehlens, Fragens, Behauptens (Austin *1962;* Searle *1969*) sind in den Formalismus einzubauen (Lewis, D. K. *1970;* Montague *1974,* 159ff.). Die Besonderheiten der Grammatik natürlicher Sprache wie adverbiales Prädizieren, der Unterschied zwischen Prädikaten, die Art- und Gattungsnamen sind und Prädikaten, die Eigenschaften angeben, sind ebenfalls zu berücksichtigen. Als Programm ergibt sich die formalistische Rekonstruktion der Umgangssprache, einschließlich der hier zu berücksichtigenden intensionalen Probleme im Rahmen einer universalen Grammatik (Bar-Hillel *1970;* Montague *1974,* 189ff.; Gupta *1980*).

Technisch ist ein solches Unterfangen sehr komplex. Der Grundgedanke, informell vorgestellt, ist folgender: Ausgegangen wird von einer pragmatischen Interpretation der Semantik möglicher Sachverhaltsmengen, die demgemäß Sachverhaltsmengen bezogen auf Indexpunkte i sind. Die Interpretation wird allgemein gehalten, d.h., pragmatische Operatoren N werden nicht spezifiziert. In einem weiteren Schritt wird von pragmatischen Sprachen zu „intensionalen" Sprachen übergegangen. Unter solchen Sprachen werden Sprachen verstanden, die indirekte Kontexte auszudrücken gestatten, z.B. „glaubt, daß A". Es ist daran zu erinnern, daß die Diskussion, die von der Kritik der nachklassischen durch die klassische Logik ausging, das Problem der Intension eng mit dem der indirekten Kontexte verbunden hat. Diese indirekten Kontexte, die anderwärts, soweit es sich um „glauben", „wissen" usf. handelt, auch unter dem Titel „epistemische Kontexte" behandelt werden, werden nun, ausgehend vom pragmatischen Rahmen, als empirische Relationen zwischen Individuen und Propositionen aufgefaßt. Mit Bezug auf sie wird ein Operator „□" spezifiziert. Um eine intensionale Logik im vollen Sinne zu erreichen, muß dann dieser Operator, um mehr als einen bloß modalen Operator zu repräsentieren, in einer Prädikatenlogik höherer Stufe zur Verwendung kommen (Montague *1974*, 119ff., 222ff.).

Es sind bislang nur Fragmente natürlicher Sprachen auf dieser Grundlage rekonstruiert worden (Montague *1974*, 188ff.), was aber noch nichts gegen dieses Programm besagt, dessen Möglichkeit als Forschungsprogramm gegenwärtig weder bewiesen noch widerlegt ist. Entscheidend für die Philosophie der Logik hinsichtlich des Begriffes der Intension ist, daß auch formalistisch zwischen zwei verschiedenen Begriffen der Intension unterschieden werden muß, nämlich zwischen je vermeintem Sachverhalt und Sinn. Der erste ist als Funktion zweier Argumente, nämlich einer möglichen Welt und eines Gebrauchskontextes festgelegt. Der zweite ist eine Funktion, die nur durch ein Argument – eine mögliche Welt – festgelegt ist. Letztere werden durch erstere, die auch als Ausdrücke charakterisiert werden, manchmal – nicht immer – denotiert (Montague *1974*, 228). Eine weitere Unterscheidung wird ebenfalls zu treffen sein. Hält man sich an den hier festgelegten Begriff des intensionalen Sinnes, so kann zwar gesagt werden, daß eine modale Prädikatenlogik erster Stufe zwar eine extensionale Explikation der Begriffe „Intension", „verschiedene Intension", „gleiche Intension" liefert, darüber hinaus aber nichts zu leisten vermag, vor allem keine Logik der Intensionen.

Bereits beim Problem der Namen hatte sich gezeigt, daß die Zuordnungsfunktion, die Namen Individuen in möglichen Welten zuordnet, so interpretiert werden kann, daß auf individuelle Wesenheiten nicht Bezug genommen wird. Sie kann als bloße Funktion des Denotierens verstanden werden. Eine analoge Situation ergibt sich für Prädikate in der Prädikatenlogik erster Stufe. Sie enthält keinen einzigen Satz über analytische Wahrheit bzw. Wesensbeziehungen, der ein Theorem dieser Logik wäre. Werden solche Sätze in ihr formuliert, d.h. Sätze der Form $(\forall x)\Box(Ax \supset Bx)$, so können sie immer als Sätze über bestimmte „physikalische" Notwendigkeiten verstanden werden. Da es aber hier Wandel gibt und auch gilt – was im Grunde dasselbe bedeutet –, daß nicht unterstellt werden kann, daß eine bestimmte Physik in allen möglichen Welten gilt, ist von hier aus gesehen sogar ratsam, die Semantik so einzurichten, daß alle solche Sätze falsch werden, was möglich ist (Parsons *1967; 1969*). Obwohl die modale Logik vom Standpunkt des Essentialismus aus gesehen (Rosen *1980,* 70) damit viel von ihrer Anziehungskraft verliert, muß gesagt werden, daß sie eine solche Anziehungskraft auch gar nicht haben sollte, zumindest so lange nicht, als es sich um Prädikatenlogik erster Stufe handelt, denn hier kann noch nicht einmal ein Explikat der traditionellen intensionalen Logik an die Hand gegeben werden.

Es ist ratsam, die Frage, in welchem Sinne die nachklassische formalisierte Logik etwas über Intensionen zu sagen hat, nicht direkt mit der philosophischen allgemeinen Frage, wie Intensionen zur Auffassung gelangen, zu verknüpfen. Die philosophisch-methodologische Frage, die von der Disziplin Logik her zunächst zu stellen ist, geht darauf, wie sie sich zur intensionalen Logik traditionellen Stils verhält (vgl. oben I, 1d, 3a, S. 62f.). Von letzterer gilt: Sie ist deskriptiv an bestimmten Formen der Grammatik der Umgangssprache orientiert. Sie befaßt sich mit Gesetzen für Begriffslagen, die normativ gewendet Prädikatorenregeln ergeben, sowie mit aus der Lehre von den Begriffslagen abzuleitenden Urteils- und Schlußregeln. Da von allem Inhalt abstrahiert wird und nur die Formen der Begriffslagen von Interesse sind, legt eine solche Logik nichts über inhaltlich bestimmte Begriffe fest. Als angewandte Logik bezieht sie sich auf eine vorgegebene Sprache und entwickelt aus ihr eine präzise oder präzisere Sprache, in der alles eliminiert wird, was den durch Prädikatorenregeln vorgeschriebenen Normen nicht entspricht. Sie ist sogar erkenntnistheoretisch neutral, d.h., ob ein bestimmtes Merkmal einem Begriff empirisch oder apriori oder durch Konvention zukommt, interessiert sie nicht. Es gilt weiter, daß sie sich – das gilt allerdings nur de facto historisch – um die pragmatische Dimension nicht kümmert. Sie legt etwas über die Formen der Begriffslagen von intensionalem Sinn fest, nicht über die in bestimmten Kontexten auftretenden Sachverhaltsvermeinungen, die durch den Kontext mitbestimmt sind und in denen Sinne intendiert werden können.

Intensionale Logik traditionellen Stils setzt damit einen Begriff analytischer Wahrheit und begriffsanalytischen Schließens voraus, der auf vorgegebenen Sinn der Umgangssprache nur insoweit anwendbar ist, als in ihr implizit Prädikatorenregeln angesetzt sind, oder insoweit, als aus der Umgangssprache präzisere Teilsprachen durch explizit vereinbarte Prädikatorenregeln entwickelt wurden. Dabei ist immer festzuhalten, daß eine rein intensionale Logik sich nicht mit solchen Anwendungen, sondern mit formalen Gesetzen für Begriffslagen befaßt. Der Begriff intensionaler Analytizität wird im einzelnen durch diese Gesetze bestimmt.

Eine erste Frage für die Semantik möglicher Sachverhaltsmengen ist, wie in ihr über das, was über Intensionen bislang gesagt wurde, hinausgegangen werden kann. Was bis jetzt erwähnt wurde, genügt nicht, da mit Bezug auf modale Logiken, auf die es hier besonders ankommt, der Unterschied analytischer und synthetischer Sätze als logischer Unterschied nicht präzisiert werden kann. Die sich anbietende Definition lautet: Ein Satz einer analytischen Sprache S', entwickelt aus einer Sprache S, ist analytisch genau wahr dann, wenn er in allen möglichen Welten wahr ist, über denen S' interpretiert ist. Ein Satz ist analytisch wahr in S für eine S benutzende Sprachgemeinschaft G genau dann, wenn es eine exakte Sprache S' gibt, die die ‚wirkliche Sprache' von G ist (Lewis, D. K. *1969;* vgl. Kutschera *1976a,* 144ff.). Auf das Problem der Analytizität in natürlichen Sprachen S wird zurückzukommen sein. Ursprünglich (Carnap *1947*) wurde davon ausgegangen, daß man es in der Logik mit Sprachen S' zu tun habe, und der angezeigte Begriff der Analytizität ergab sich eo ipso. Daß sich dieser Ansatz für den Bereich der Probleme, die mit den Mitteln der nachklassischen Semantik bearbeitet werden können, als zu eng erwies, wurde erwähnt.

Bezogen auf eine Sprache S', z.B. einer cartesischen Physik, ist $(\forall x)\Box$(Körper x $\supset$ dreidimensional ausgedehnt x) ein analytischer Satz, und aus der weiteren Prämisse $(\forall x)\Box$(dreidimensional ausgedehnt x $\supset$ steht unter Gesetzen der euklidischen Geometrie x) ist nach dem intensional interpretierten dictum de omni et nullo der analytische Schluß zu ziehen $(\forall x)\Box$(Körper x $\supset$ unter geometrischen Gesetzen x). Es handelt sich um begriffsanalytische Wahrheiten aber nur, sofern die Prämissen wahr sind auf Grund von vorausgesetzten konkreten Prädikatorenregeln. Sie sind als solche in einer Prädikatenlogik erster Stufe nicht formulierbar, gehören also entweder zu einer Metasprache, oder es muß zur Prädikatenlogik höherer Stufe übergegangen werden. Aus dem bisher Gesagten folgt, daß sich Prädikatorenregeln, gegründet auf entsprechende Gesetze über Begriffslagen für eine Prädikatenlogik erster Stufe, nur metasprachlich formulieren lassen. Sie gehören auch nicht zur Metalogik einer Prädikatenlogik erster Stufe. Die intensionale Logik hat damit einen eigenen Bereich. Wird zur höheren Prädikatenlogik übergegangen, um intensionale Logik im engeren Sinne einbeziehen zu können, wie das von Vertretern des nachklassischen Formalismus selbst gefordert wird (vgl. Montague *1974*), so ergeben sich zunächst technische Schwierigkeiten. Man wird hier entweder, wie bereits in der klassischen Logik, das Auftreten von Antinomien in Kauf nehmen müssen, oder eine Typentheorie zu formulieren haben. Der Preis, der zu zahlen ist, ist derselbe wie in der klassischen Logik. Die Kluft zwischen der Sprache des Formalismus und der natürlichen Sprache wird wieder aufgerissen. Das ist aber gerade das, was der nachklassische Formalismus vermeiden wollte. Es bleibt also nur der Versuch, eine typenfreie Logik zu konstruieren, die Antinomien vermeidet. Bevor darauf eingegangen wird, ist ein anderes Problem zu erwähnen.

Die traditionelle intensionale Logik beschäftigt sich als reine Logik nicht mit der Aufstellung bestimmter Prädikatorenregeln, wie sie in natürlichen oder präzisierten Sprachen vorkommen. Sie beschäftigt sich mit der allgemeinen Form von Prädikatorenregeln und legt z.B. fest, daß Begriffe unter einer Gattung G_s voneinander durch spezifische Differenzen, die sich mit Bezug auf ihre Gattung G_d in strikter Disjunktion ausschließen, unterscheidbar sein *sollen.* Nur so werden sie selbst strikt disjunkt unter ihrer Gattung sein. Es läßt sich zeigen, daß solche Regeln bestimmte grammatisch korrekte Ausdrücke einer Booleschen Algebra, die in der Prädikatenlogik ihre Entsprechungen haben, *verbieten.* Insbesondere die Verwendung inklusiver Disjunktionen ist für Begriffseinteilungen *verboten.*

Auch in Untersuchungen der nachklassischen Semantik, die sich mit grammatischen Formen der Umgangssprache befassen, werden grammatische Unterscheidungen eingeführt und semantisch interpretiert, die in der Sprache der Prädikatenlogik selbst nicht vorkommen. So wird z. B. unterschieden zwischen Prädikaten, die Eigenschaften angeben, und solchen, die als Gattungs- und Artbegriffe, die der Kategorie der Substanz zuordenbar sind und somit substantivisch auf Individuen bezogen werden können. Die Semantik für letztere ist so einzurichten, daß Aussagen der Form „x ist notwendigerweise F qua G" – allerdings nicht unmittelbar „x ist notwendigerweise F", was auf eigentlichen „aristotelischen" Essentialismus hinausliefe – zu rechtfertigen sind (Gupta *1980,* 86 ff.). Man hat hier die formalistische Behandlung eines, aber auch nur eines der Gesetze über Begriffslagen, die charakteristisch für die traditionelle intensionale Logik sind, die des dictum de omni et nullo: Ein Merkmal einer Gattung kommt allem zu, dem die Gattung zukommt.

Solche Formen werden aufgrund von Erwägungen eingeführt, die metagrammatisch an der Umgangssprache orientiert sind (Gupta *1980;* Montague *1974,* 188 ff.; vgl. Schwarz *1977*) und dann mit den Hilfsmitteln formalistischer Metagrammatik mathematisch präzisiert werden (Montague *1974,* Einleitung S. 3 f.). Solche Überlegungen sind aber, soweit sie auf deskriptiver Ebene vorgenommen werden, genau die, die auch in der traditionellen intensionalen Logik bei der Analyse der Begriffslagen in der Prädikation angestellt wurden. Da die traditionelle intensionale Logik dabei von allem Gegenstandsbezug abstrahiert, wird man auch von einem Explikat in der nachklassischen Logik nicht erwarten dürfen, daß es etwas über konkret inhaltliche Begriffslagen zu sagen hat. Die Forderung der Abstraktion vom Gegenstandsbezug besagt aber auch, daß die semantische Analyse ausgeschlossen bleibt. Was der traditionellen intensionalen Logik in der nachklassischen Logik somit entspricht, sind die metagrammatischen Überlegungen, die jeder semantischen Analyse vorausgeschickt werden müssen. Dieser Bereich bleibt damit selbständig und somit auch die Aufgabenstellung einer intensionalen Logik. Charakteristisch für die traditionelle intensionale Logik ist – und dadurch wird sie zur Logik –, daß sie für die in ihr behandelten grammatischen Formen einen Widerspruchsbegriff einführt, der nicht semantisch begründet wird (vgl. oben I, 3a, S. 63). Eine formalistische Explikation dieser intensionalen Logik wird also genau das auch zu leisten haben. Das aber ist bis jetzt noch nicht versucht worden.

Die Entwicklung hat gezeigt, daß die klassische Logik den Anspruch, eine characteristica universalis und eine universale Grammatik zu liefern, nicht einlösen konnte. Natürliche Sprache und intensionale Beziehungen ließen sich nicht positiv auf sie beziehen, sondern waren das Medium der Kritik der klassischen Logik. Die Frage ist, ob ein solcher Anspruch für die nachklassische Logik gestellt werden kann. Die Situation hat sich jedoch grundsätzlich geändert. Es ist nicht mehr der Fall, daß ein einheitliches logisches System vorliegt. Es gibt Systeme von Systemen. Die Frage nach einer universalen Grammatik ist die Frage nach einem System, in das alle anderen als Spezifizierungen eingebaut werden können, in denen zusätzliche grammatische Formen und deren extensionale semantische Interpretation vorkommen (Montague *1974*). Wird natürliche Sprache einbezogen, so ist von Beginn an Sorge dafür zu tragen, daß ihr pragmatischer Aspekt mit berücksichtigt werden kann. Der These, daß ein solches Programm möglich sei, steht die andere gegenüber, nach der es zwar möglich ist, Kalküle für bestimmte Formen der natürlichen Sprache zu entwickeln und der logischen Grammatik, d.h. der Grammatik der modalen Prädikatenlogik in dem hier anzusetzenden allgemeinen Sinne, einzuordnen. Es wird aber nicht möglich sein, auf diese Weise mehr zu leisten, als bestimmte Fragmente natürlicher Sprache als formale Sprachen zu rekonstruieren, d. h. über den Stand, der bislang von der Forschung hier erreicht ist, hinauszukommen. Diese Antithese impliziert, daß es sprachphilosophische Überlegungen geben muß, die die nachklassische Logik transzendieren. Unterstellt man nun, was gegenwärtig erforderlich ist, daß die These nur ein Programm ist, dann fällt die Beweislast, die Unmöglichkeit dieses Programmes kritisch aufzuzeigen, auf die Antithese.

Zwei naheliegende Einwände sind nicht prinzipiell überzeugend: Der erste beruft sich auf die zeitliche und geographisch-räumliche Plastizität der natürlichen Sprache, der zweite auf grammatische Formen der Umgangssprache, die in der logischen Grammatik nicht vorkommen. Der zweite Einwand kann mit dem Hinweis darauf beantwortet werden, daß alle diese Formen als Spezifizierungen im Rahmen einer universalen logischen Grammatik gewinnbar sind. Damit erledigt sich im Grunde auch der erste Einwand, denn Wandlungen der grammatischen Struktur sind selbst als Spezifizierungen aufzufassen. Eine universale Grammatik hat die Aufgabe, den Rahmen vorzuzeichnen, in dem sie möglich sind.

Zwei andere Einwände sind schwerwiegend: Der erste geht davon aus, daß die logische Grammatik prinzipiell rekursiv ist und entsprechend auch die Semantik, d. h., die Bedeutung des Ganzen muß – selbst wenn die Sprache nicht desambiguiert ist – aus der Bedeutung der Grundausdrücke und jeweils eines Schritt für Schritt hinzutretenden Operators rekonstruierbar sein. Dem kann entgegengehalten werden, daß die Bedeutung von Grundausdrücken und Ausdrücken allgemein intensionalen Sinnes in der Umgangssprache erst durch das Ganze des Satzes und sogar übergreifender dialogisch-pragmatischer Kontexte festgelegt wird. Diese These, die eine hermeneutische These ist, ist empirisch an der Oberflächenstruktur natürlicher Sprache leicht zu belegen. Es bleibt dann nur, die universale Grammatik und die in ihr zu rekonstruierenden Umgangssprachen in Tiefenstrukturen anzusiedeln. Ein solcher Versuch kann aber immer als metaphysisch-psychologische Hypostasierung eines theoretischen Konstrukts zurückgewiesen werden.

Der zweite Einwand ist semantisch und betrifft im Grunde bereits den Anspruch der nachklassischen Logik, ein vollständiges Explikat intensionaler Beziehungen zu liefern. Bereits in einer rein logischen Grammatik mit einem unspezifizierten Begriff der Prädikation gilt, daß eine Logik intensionaler Beziehungen nur auf der Stufe einer modalen Prädikatenlogik höherer Stufe explizierbar wird. Damit überträgt sich das Dilemma der klassischen Logik auf die nachklassische Logik. Entweder sind Antinomien in Kauf zu nehmen, oder es muß eine Typentheorie eingeführt werden. Letztere aber führt Restriktionen ein, die gerade der intensionalen Begriffsbildung in natürlichen Sprachen Beschränkungen auferlegen, die a priori den Anspruch, ein universales Explikat intensionaler Beziehungen zu liefern, zunichte machen. Bleibt also nur, nach dem Vorbild der Mengenlehre zu versuchen, eine typenfreie logische Grammatik zu entwickeln, die nicht auf Antinomien führt.

Der Versuch, der hier vorgelegt wurde, hat aber Konsequenzen, die unmittelbar zu einer Kritik des Anspruches der nachklassischen Semantik führen, intensionale Beziehungen vollständig zum Ausdruck bringen zu können

(Kutschera *1969;* Davidson *1970*). Es wird ein durch Gebrauchskontexte bestimmtes System von Wahrheitsregeln eingeführt. Durch sie werden bestimmten Sätzen Wahrheitswerte so zugeordnet, wie sie ihnen üblicherweise zukommen, d.h. sie sind immer entweder wahr oder falsch. Die Wahrheitswerte bestimmter anderer Sätze werden dagegen ganz von den Wahrheitswerten der Sätze ihres Kontexts abhängig gemacht, wobei zugelassen ist, daß ihnen auch kein Wahrheitswert zukommen kann – nicht also etwa ein dritter (vgl. oben I, 3b, S. 68 und Kripke *1975*). Das ist der Fall dort, wo sich Antinomien ergeben.

Die Gebrauchskontexte, in denen Sätzen Wahrheitswerte in üblicher Weise kategorisch zugeordnet werden, sind die des Gebrauchs einfacher Prädikate, die Gegenständen unmittelbar zukommen. Solche Kontexte lassen sich durch die Semantik möglicher Sachverhaltsmengen adäquat beschreiben. Sätze, in denen an Stelle einfacher Prädikate Abstraktoren wie „Klasse", „Proposition", „prädikabel" usf. verwendet werden, verhalten sich anders. Die hier anzusetzenden Wahrheitsregeln können nicht mit Hilfe der Semantik möglicher Sachverhaltsmengen beschrieben werden, denn eben hier kann der Fall eintreten, daß kein Wahrheitswert zugeordnet werden kann.

Wahrheitsregeln, die auf Gebrauchskontexte Bezug nehmen, gehören zur Metatheorie – entsprechend auch die Unterscheidungen von Prädikaten und Abstraktoren, d.h. abstrakten Entitäten, die sich durch Abstraktion aus sprachlichen Ausdrücken ergeben. Abgesehen vom Konventionalismus, auf den dieser Versuch führt und auf den zurückzukommen ist, ist folgendes philosophisch bedeutsam. Zunächst gilt, daß die Geltungsansprüche der nachklassischen Semantik auf bestimmte Formen der Prädikation eingeschränkt werden, dann aber auch, daß bei dieser Einschränkung eine Unterscheidung eine Rolle spielt, die zur deskriptiven intensionalen Logik gehört, nämlich die zwischen Abstraktoren und Prädikatoren. Sie spielte bereits dort eine Rolle, wo man eine intensionale Logik als Logik der Prädikatorenregeln der intuitionistischen Logik als selbständige Disziplin zur Seite stellen wollte (Kamlah/Lorenzen *1967*, 100f.; vgl. oben III, 3, S. 163f.). Damit ergibt sich wiederum, daß der Problembestand der intensionalen Logik nicht auf die nachklassische Semantik reduziert werden kann.

Es wurde oben angemerkt, daß der erste der kritischen Gesichtspunkte, die sich grundsätzlich gegen das Programm der Entwicklung einer universalen Grammatik wenden lassen, im Grunde ein Gesichtspunkt der Hermeneutik ist, der vordem allgemein gegen die klassische Logik gerichtet wurde. Gewisse Affinitäten ergeben sich aber auch zu dem erwähnten Lösungsvorschlag für den zweiten kritischen Gesichtspunkt. Bevor auf sie eingegangen wird, ist es nützlich, auf eine dritte Nahtstelle aufmerksam zu machen.

Geht man davon aus, daß ein Satz einer Präzisionssprache S' analytisch wahr ist, wenn er wahr in allen Welten ist, über die S' definiert ist, und weiter, daß ein Satz A analytisch wahr für eine Sprachgemeinschaft G ist, wenn es eine Sprache S' für G gibt, die ihre wirkliche Sprache ist, dann bleibt empirisch die Schwierigkeit, festzustellen, wie S' aussieht. Es ist jedoch zu erwarten, daß eine natürliche Sprache S einer Sprachgemeinschaft G es erlaubt, mehrere Präzisionssprachen S', S'', S''' usf. zu entwickeln. Analytisch wahr in S wären demnach Sätze, die in allen diesen Präzisionssprachen vorkommen. Daneben gäbe es solche, von denen nicht eindeutig gesagt werden kann, ob sie mit Bezug auf S analytisch oder synthetisch sind. Es gibt in S semantische Vagheiten (Lewis, D. K. *1969;* Kutschera *1976a,* 146f.).

Man hat versucht, dem Problem der Vagheit natürlicher Sprachen bereits ausgehend von der klassischen Semantik durch Annahme vager Mengen beizukommen. Für sie gilt, daß ein Individuum „mehr" oder „weniger" zu ihnen gehört und dementsprechend sind „wahr" und „falsch" ebenfalls vage Begriffe (Haack *1978,* 164f.). Die Semantik möglicher Sachverhaltsmengen bietet hier jedoch weit mehr, weil sie nicht bloß über Vagheit allgemein, sondern über Vagheit mit Bezug auf intensionale Analytizität zu sprechen gestattet. So kann ein Begriff des Analytischen im weiteren Sinne eingeführt werden, nach dem ein Satz analytisch wahr ist, wenn er nicht falsch ist. Er ist nicht falsch, wenn er entweder wahr oder undefiniert in allen Welten ist, über die die Sprache definiert ist. Ein Satz ist synthetisch wahr im weiteren Sinne, wenn es mindestens eine Welt gibt, in der er nicht wahr ist. Ausgehend von einer Relation komparativer Ähnlichkeit zwischen Welten, lassen sich komparative Begriffe der Analytizität fixieren (Lewis, D. K. *1969;* vgl. Kutschera *1976* a).

Die Hermeneutik erschöpft sich nun nicht mit dem Hinweis auf die Vagheit natürlicher Sprachen. Von Interesse wäre für sie die Grundüberlegung, die sie nur umzukehren braucht. Es gibt in einer Sprachgemeinschaft G und einer ihr zugehörigen Sprache S immer die Möglichkeit, mehrere Sprachen S', S'', S''' zu entwickeln, die als Präzisionssprachen analytische Wahrheiten enthalten. Diese Sprachen ergeben sich aber durch Vereinseitigungen von Bedeutungselementen, sie können sogar, was oben nicht erwähnt wurde, Vereinseitigungen auf syntaktischer Ebene implizieren, etwa Bevorzugung der Form der Prädikation für natürliche Arten und Gattungen oder der Prädikation von Relationen und Funktionen. Die These der Hermeneutik wäre dann wie folgt zu definieren: Die Bildung von Präzisionssprachen in einer Sprache, in der analytische intensionale Wahrheit fixiert wird, hat einen negativen Aspekt. Sie schließt immer andere Formen des Begegnenlassens von Wahrheit, die in S angelegt sind, aus und führt somit zu Vereinseitigungen.

Ein ähnliches Bild bietet sich, wenn von der Idee einer Wahrheitsregelsemantik ausgegangen wird. Die Semantik möglicher Sachverhaltsmengen wird hier zu einer bequemen, in pragmatischen Überlegungen gegründeten Form der Darstellung von Konventionen, Regeln des Sprachverhaltens. Wie erwähnt gibt es hier dann auch Konventionen, die nicht so darstellbar sind, nämlich solche, die sich auf Abstraktoren beziehen. Davon kann hier zunächst sogar abgesehen werden.

Eine Konvention (Lewis, D. K. *1969;* Kutschera *1976* a) ist als eine Verhaltensstrategie in einer Sprachgemeinschaft aufzufassen, der 1) alle Mitglieder dieser Gemeinschaft folgen, die 2) im Interesse aller Mitglieder ist und von der 3) alle Mitglieder wissen, daß 1) und 2) zutrifft. Das Problem ist mit 2) gegeben. Bereits auf aussagenlogischer Ebene bietet die nachklassische Semantik verschiedene Sollens- und Möglichkeitsbegriffe an, und die Frage stellt sich, ob es im konkreten Falle feststellbar ist, was im Interesse aller Mitglieder der Gemeinschaft ist. Es kann auch gefragt werden, wie eine solche Feststellung überhaupt getroffen werden kann, d. h. in welcher Weise sich die Mitglieder darüber verständigen, was in aller Interesse liegt. Gleiches gilt für die Herstellung von Präzisionssprachen S'. Die These der Hermeneutik, aber auch im Anschluß daran der Rhetorik, läßt sich wie folgt formulieren: Der Begriff einer Sprachgemeinschaft G ist selbst eine formale Abstraktion. Realistisch ist, vom Prozeß der Sprachlichkeit auszugehen.

Wenn es hier etwas gibt, das im Interesse aller liegt, dann ist es das Interesse daran, daß alle durch Konventionen eingeführten Verfestigungen stets im Interesse der Freiheit und neuen Begegnenlassens von Wahrheit durch neue Interpretationen und metaphorische Übertragung auflösbar bleiben müssen.

Die Kritik der Hermeneutik an der Logik bezog sich primär auf intensionale Logik, und die klassische extensionale Interpretation der Logik galt ihr als sekundäre Veräußerlichung (I, 3 c, S. 77). Die sich ergebende Konsequenz war, daß sich die hermeneutische Kritik der Logik überhaupt nicht mit Bezug auf Probleme der Logik als solcher formulieren ließ. Mit der Entwicklung der nachklassischen Logik tritt mutmaßlich ein Wandel ein. Der Gegenspieler der Hermeneutik ist das Ideal einer universalen Grammatik, in der sich Umgangssprachen als formale Sprachen rekonstruieren lassen. Die These der Hermeneutik, nach der formales und formalistisches Operieren immer zu in letzter Hinsicht wertlosen Petrefakten führt, läßt sich Schritt für Schritt aus allen mit Bezug auf logische Probleme formulierbaren Einwänden gegen das Ideal der universalen Grammatik entwickeln. Dabei muß diese Logik für die Hermeneutik im Grunde von höchstem Interesse sein, da sie Einblicke in den Prozeß der Interpretation und der hier notwendigerweise auftretenden Verfestigungen erlaubt, die auflösbar bleiben sollen.

Da ein gemeinsamer Bezugspunkt, nämlich natürliche Sprache, fehlt, ist es wesentlich schwieriger, zu versuchen, die Stellung der Dialektik zur nachklassischen Logik festzulegen. Sie wurde mit der hier möglichen Strenge (Seebohm *1974; 1976 b*) aus der traditionellen intensionalen Logik entwickelt. Gerade das würde den Versuch nahelegen, sie selbst formalistisch in den Griff zu bringen. Dabei ist im Auge zu behalten, daß 1) eine intensionale

Logik, die diesen Namen verdient, in der nachklassischen Logik nur in einer modalen Prädikatenlogik höherer Ordnung zur Darstellung gelangen kann und 2) die Explikation grundsätzlich zunächst als grammatisch-kategoriale Explikation entwickelt werden muß, da die Dialektik für sich ausdrücklich eine extensionale Interpretation verwirft. Alle Versuche, hier mit der klassischen Aussagenlogik oder Prädikatenlogik, aber auch mit einer modalen Aussagenlogik und Prädikatenlogik erster Stufe zum Ziel zu gelangen, sind demgemäß obsolet. Es liegt bislang nur ein einziger Versuch vor, der zumindest verspricht, technisch adäquat zu sein (Dubarle/Dos *1972*). Es wird mit einer Booleschen Algebra zweiter Ordnung gearbeitet. Wie die hier verwendete Technik sich der der nachklassischen Logik einordnen läßt, ist nirgendwo untersucht worden. Dieser Versuch selbst setzt aber gegenwärtig immer noch die Maßstäbe für alle Bemühungen in dieser Richtung. Im Ganzen gesehen bleibt es bisher dabei, daß der Anspruch der Dialektik, die eigentlich wissenschaftliche Darstellung der intensionalen Logik zu geben, das philosophische Menetekel für alle Ansprüche der nachklassischen extensionalen Interpretation intensionaler Beziehungen ist (Rosen *1980*, 128 u.ö.). Es ist schließlich anzumerken, daß die grundsätzlich negativen und kritischen Gesichtspunkte der dialektischen Kritik der formalen Logik allgemein sich durchaus auch gegen die nachklassische intensionale Logik wenden lassen. Wie bereits ausgeführt, läßt sich bezweifeln, ob Kategorien – Kategorien sind Abstraktoren – sich extensional durch Gegenstandsbezug explizieren lassen. Weiter zeigt sich, daß der Versuch, intensionale Logik auf der Ebene der modalen Prädikatenlogik höherer Ordnung zur Darstellung zu bringen, wiederum in das Antinomienproblem führt. Der Vorschlag der Dialektik, diese Widersprüche nicht durch technische Kunstgriffe zu beseitigen, sondern zu versuchen, solche Begriffe durch ihre Widersprüche zu denken, bleibt immer noch eine mögliche Alternative.

4. Intension und Intentionalität

Die Zahl der Gegenstände, die in der Logik auftreten, ist in der nachklassischen Logik erheblich erweitert worden. Neben möglichen Welten und anderen Begriffen, die zum technischen Apparat der Semantik gehören, ist auch der Begriff der Intension wieder aufgetaucht. Der philosophischen Frage, was Intensionen sind, kann zwar ausgewichen werden mit dem Hinweis darauf, daß allein das extensionale Explikat des Intensionsbegriffes von Interesse sei. Das ist insbesondere leicht, solange dieses Explikat nicht mehr besagt, als daß Intensionen gleich oder verschieden sind. In der Philosophie der Logik ist eine solche Auskunft nicht annehmbar. Es wird von Beginn an vorausgesetzt, daß Intensionen in irgendeiner Weise gewußt werden müssen, bevor sie auf Gegenstände in möglichen Welten bezogen werden. Um die Form dieses Wissens geht es. Die möglichen Antworten lassen sich wiederum unter das wiederholt verwendete generelle Schema bringen.

Die lingualistischen Positionen wurden bereits behandelt. Wie bisher stehen sie sich in diametraler Opposition gegenüber. Die erste beruft sich auf eine in einer universalen Grammatik zu erstellenden characteristica universalis. In ihr ist das Problem der Auffassung von Intensionen und einer möglichen selbständigen intensionalen Logik kein Problem für die Philosophie der Logik mehr, da die Möglichkeit einer vollständigen extensionalen Klärung aller intensionalen Beziehungen versprochen wird (Montague *1974,* 154 f.). Wie bereits beim konstruktiven Nominalismus kann das Problem der Intension per se an die Psychologie abgegeben werden. Auf der anderen Seite wird die extensionale Interpretation nur als bequeme formalistische Beschreibung bestimmter sprachlicher Verhaltensstrategien gewertet. Intensionen werden damit als sprachliche Konventionen interpretiert, die nicht durchweg extensional darstellbar sind. Es wurde angedeutet, wie sich eine solche Position hermeneutisch radikalisieren ließe.

Der hypothetische Realismus gerät bereits bei der Interpretation der in der formalisierten Semantik vorauszusetzenden Gegenstände in Schwierigkeiten. Die indirekten Argumente des hypothetischen Realismus beziehen sich auf formale, nicht auf materiale ideale Gegenstände (vgl. oben IV, 2, S. 201 f.). Intensionen sind nun zwar nicht reale, aber immerhin vor allem materiale Gegenstände. Es ist nicht ohne Interesse, daß dort, wo ein Realismus mit Bezug auf mögliche Welten noch vertretbar erscheint, mit Bezug auf Intensionen der Rückzug auf einen sprachphilosophischen Konventionalismus angetreten wird (Lewis, D. K. *1969; 1973 a*).

Auf der anderen Seite ist es möglich, unter Verweis auf die Tatsache, daß die nachklassische Logik das Auffassen von Intensionen voraussetzt und daß alle Erklärungsversuche anderer Art unklar und naiv bleiben, für eine platonische „intellektuelle Anschauung" zu plädieren in der Wesenheiten unmittelbar erfaßt werden (Rosen *1980*). Logische Analysis hat ihre Berechtigung, aber auch ihre Grenzen in ihren Voraussetzungen. Das Medium der Philosophie hat unmittelbar eine solche Anschauung zu sein.

Konzeptualistische Deutungen der Problemlage sind ebenfalls möglich. Obwohl subjektiv konzeptualistische

Theorien mit Bezug auf die nachklassische Semantik nicht vorgelegt wurden, ist es möglich, die Grundzüge einer subjektiv konzeptualistischen und transzendentalen Interpretation und Kritik dieser Logik allgemein anzudeuten. Subjektiver Konzeptualismus und die Idee einer unabhängig vom Gegenstandsbezug zu entwickelnden intensionalen Logik bilden eine Einheit. Die Gesetze dieser Logik bilden einen Kanon, der negativ festlegt, welche Begriffe Gegenstandsbezug gewinnen können und welche nicht, aber nicht positiv, ob sie einen solchen Bezug haben können. Gegenstandsbezug ist ausgeschlossen, wenn Begriffswiderspruch vorliegt. Die Grenzen, in denen positiver Gegenstandsbezug möglich ist, werden positiv nicht durch formale, sondern durch transzendentale Logik festgestellt. Das geschieht durch Schematisierung logischer Kategorien mit Bezug auf bestimmte Anschauungsformen. Gegenstandsbezug und extensionale Interpretation sind nur möglich, wenn eine solche Schematisierung vorliegt. Man hat hier drei verschiedene Möglichkeitsbegriffe: 1) den Begriff rein intensionaler logischer Möglichkeit, der festlegt, daß nur widerspruchsfreie Begriffe möglichen Gegenstandsbezug haben können; 2) die selbst rein logische Möglichkeit, logisch-grammatische Formen mit Bezug auf verschiedene Anschauungsformen zu schematisieren und 3) den Bereich realer Möglichkeit und die damit in diesem Bereich anzunehmenden möglichen Welten im Rahmen einer bestimmten Schematisierung. Kritische Gesichtspunkte ergeben sich daraus, daß das rein mengentheoretische Modell der Semantik möglicher Welten eine Amphibolie dieser Möglichkeitsbegriffe in den Interpretationen zuläßt. Wird z.B. davon ausgegangen, daß Individuennamen nur denotieren und daß Identität von Individuen durch ihren „Ursprung“ in verschiedenen Welten festzustellen ist (IV, 2b, S. 212), dann muß angesetzt werden, daß mögliche Welten in gleicher Weise mit Bezug auf dieselben Anschauungsformen schematisiert sind. Die Annahme wird sinnlos mit Bezug auf mögliche Welten im Sinne der Möglichkeit 2), denn diese sind zwar widerspruchsfrei denkbar, aber nicht „vorstellbar". Zwischen Prädikaten und Abstraktoren kann ebenfalls unterschieden werden. Abstraktoren sind hier alle Begriffe, sofern sie ohne Schematisierung gedacht werden, also zunächst alle die, die wie der Begriff „Begriff", „Urteil" oder „Satz" zur intensionalen Logik gehören, aber auch mathematische Begriffe, wie der Begriff der „Menge", der durch Abstraktion von bestimmten Anschauungsformen gewonnen wird. Daß die Voraussetzung einer solchen Kritik, nämlich der subjektive Konzeptualismus selbst, philosophisch nicht unproblematisch ist, sei nicht bestritten. Es kommt darauf an, daß eine Interpretation der nachklassischen Semantik philosophisch von dieser Position aus durchaus möglich ist und nützliche Präzisierungen an die Hand geben könnte.

Für den objektiven Konzeptualismus sind Gegenstände intentionale Gegenstände. Die Gegenstände der nachklassischen Logik sind als Korrelate intentionaler Leistungen für sich, aber auch in ihrem Zusammenhang phänomenologisch zu analysieren. Man hat hier erstens das rein formal-ontologische, inhaltlich uninterpretierte Gerüst der nachklassischen Semantik, das einen bestimmten Ausschnitt aus der allgemeinen formalen Ontologie, genauer aus dem zu ihr gehörigen Bereich der Mengenlehre, der reinen Mannigfaltigkeiten, repräsentiert. Seine Gegebenheitsweise ist durch eine Analyse der Gegebenheitsweise formal ontologischer Gegenstände zu klären. Von diesem Gerüst muß zweitens seine Interpretation, in der materiale Gegebenheiten eine Rolle spielen, unterschieden werden. So ergeben sich zunächst „mögliche Welten", wenn die

Mengen als Sachverhaltsmengen, die in Quasipositionalität stehen, d.h. als Fiktionen, gegeben sind. Hier wird ein Möglichkeitsbegriff metatheoretisch zugrunde gelegt, der von anderen zu unterscheiden ist. Es kann von derselben Welt ausgegangen werden, und es können in ihr eine Menge bestimmter Gegebenheitsweisen dieser Welt in bestimmten Umwelten, d.h. von Indexpunkten aus gesehen, gefunden werden. Es kann schließlich auch davon ausgegangen werden, daß sich aufgrund widerstreitender Erfahrung oder undeterminierter Erfahrung, ausgehend von aktuellem Erfahren, alternative Erwartungshorizonte abzeichnen, ursprünglich erfahren als Ungewißheit. Das mengentheoretische Modell ist auf alle drei Interpretationen anwendbar, sofern es sich durch Anwendung formaler Abstraktion aus allen entwickeln läßt. Alle drei Interpretationen sind nicht nur formalistisch, sondern auch material ineinander einzuschachteln. So kann in einer quasipositional gesetzten Welt ein Indexpunkt angenommen werden, von dem aus Welten quasipositional gesetzt werden können, für den aber auch bestimmte Offenheiten im aktualen Erwartungshorizont anzusetzen sind. Genetisch betrachtet ist letzteren Priorität einzuräumen. Offenheit des Erfahrungshorizontes ist charakteristisch für Intentionalität allgemein und somit auch charakteristisch für die Struktur präprädikativen Wahrnehmens (Husserl CM, 93f.; APS, 33ff.).

Das Auffassen intensionalen Sinnes ergibt sich in anderer Richtung. Es ist zunächst zwischen kontextgebundener Sachverhaltsvermeinung, die sich auf im Kontext gegebene Gegenstände bezieht, und der Auffassung rein noematischen Sinnes zu unterscheiden (vgl. oben IV, 3, S. 228 zu einer analogen Unterscheidung in Montague *1974*). Reiner intensionaler Sinn gelangt für sich zur Auffassung nur, wenn durch eidetische Reduktion vom Hier und Jetzt der Gegebenheit abstrahiert und das reine „was“ ins Auge gefaßt wird. Es ist daran zu erinnern (vgl. oben I, 2b, S. 53), daß die Klärung der zunächst materialen Wesensbeziehungen nicht durch eidetische Reduktion allein, sondern nur durch hinzutretende freie eidetische Variation zu erzielen ist. Weiter gilt, daß insbesondere das Wesen materialer konkreter Gegenstände nie exakt, wie z.B. das geometrischer Gegenstände, und adäquat, sondern immer nur in morphologischer Vagheit zur Auffassung gelangen kann.

Eine exakte und adäquate Theorie kann allerdings mit Bezug auf eine formale Theorie möglicher Wesensbeziehungen angestrebt werden. Sie gehört selbst zur formalen Ontologie (Husserl LU III), hier aber nicht zur reinen Mannigfaltigkeitslehre, sondern zu einer auch ihr und selbst jeder Theorie kategorialer Formung (Husserl LU IV) voranzuschickenden Lehre von den Ganzen und den Teilen.

Abgesehen von den mit den lingualistischen Positionen verbundenen sprachphilosophischen Auseinandersetzungen und der erwähnten Restaurierung einer im eigentlichen Sinne platonischen Position, finden sich Ansätze zu einer philosophischen Diskussion nur zwischen dem objektiven Konzeptualismus der Phänomenologie und der nachklassischen Logik (Smith/McIntyre *1971; 1975;* Hintikka *1975; 1981;* auf der anderen Seite Tragesser *1977;* Mohanty *1979; 1981;* vgl. auch vorher seine Arbeiten zu Frege). Der Versuch, den phänomenologischen Begriff der Intentionalität auf den des intensionalen Sinnes und der Intension, wie er in der nachklassischen Semantik expliziert wird, zurückzuführen, greift zu kurz. Intentionalität ist ein universaler Titel, unter dem nicht nur die Auffassung von Intensionen zur Beschreibung gelangt, sondern auch die Formen präprädikativer perzeptiver

Auffassung und die Auffassung von formalontologischen Gegenständen, die von Mengen und Mengen von Mengen eingeschlossen. Auf der anderen Seite gilt aber, daß das formalistische Instrumentarium der nachklassischen Logik sich durchaus als geeignet erweisen kann, bestimmte temporale Aspekte des allgemeinen Begriffes der Intentionalität zu explizieren. Das gilt besonders mit Hinblick auf den oben erwähnten, mit der Offenheit von Horizonten verknüpften, genetisch frühesten Modalitätsbegriff. Es wäre aber verfehlt, diese Applikation als Reduktion des Begriffes der Intentionalität auf den der Intension zu verstehen. Das pure formalistische Grundgerüst der nachklassischen Semantik läßt verschiedene Interpretationen zu, so u. a. die Interpretation der Sachverhaltsmengen als mögliche Welten und als Indexpunkten zuzuordnende Sachverhaltsmengen. Die in letzteren zu rekonstruierenden Zeitlogiken kommen als Interpretation einer temporal gegründeten Applikation auf den Begriff der Intentionalität wohl am nächsten. Es wäre aber eine petitio principii, wenn aus der Applikation des formalistischen Grundgerüstes auf den Begriff der Intentionalität der Schluß gezogen würde, daß Intentionalität damit auf Begriffe, die anderen Interpretationen des Grundgerüstes zugrunde liegen, etwa auf den konzeptualistisch oder sogar realistisch gedeuteten Begriff möglicher Welten, zurückgeführt werden könnte. Abschließendes kann auch hier noch nicht gesagt werden. Fest steht nur, daß der philosophischen Reflexion durch die Entwicklung der nachklassischen Logik ein noch unübersehbares Arbeitsfeld zugewachsen ist. Die These, daß die formale Logik „nachhinke“, gilt gegenwärtig nicht. Was augenblicklich nachhinkt, ist die philosophische Reflexion auf das, was sich in der Entwicklung der formalen und formalisierten Logik in den letzten 40 Jahren zugetragen hat.

Anhang I: Abriß der formalisierten klassischen Logik

1. Aussagenlogik

1.1 Grammatik

1.1.1 Vokabular

Satzkonnektive: einstellige: – (= nicht); zweistellige: &, v, ⊃, ≡ (= und, oder (inklusiv), wenn-dann, genau dann wenn).
Satzvariable: p, q, r,...p_1, p_2,...
Syntaktische Zeichen: (,).

1.1.2 Grammatische Terminologie

Die Terminologie, die zur Beschreibung der Grammatik der Objektsprache gebraucht wird, gehört nicht zur Objektsprache, sondern zur Metasprache. Folgende Vereinbarungen werden gemacht:

1) P, Q,... bezeichnen atomare Sätze, d. h. Satzvariable, die nicht in Verbindung mit Konnektiven und anderen Sätzen stehen.
2) A, B,... sind Variable für Sätze allgemein, d. h. atomare und molekulare Sätze. Molekulare Sätze sind nach Regeln von 1.1.3 gebildete Folgen von Zeichen des Vokabulars.
3) Die Verbindung zweier Sätze A, B durch ein zweistelliges Satzkonnektiv, beliebig welches, wird bezeichnet durch: A · B.

4) Γ, Δ bezeichnen Satzmengen $A_1, A_2, \ldots, A_n$. In der Objektsprache sind Satzmengen Konjunktionen, d. h. durch & verknüpfte Sätze: $A_1 \& A_2 \& \ldots \& A_n$. Es ist vereinbart, daß auch die Einermenge und die leere Menge Mengen sind.
5) Satzkomponenten, kurz Komponenten, sind Teilsätze molekularer Sätze. Es ist vereinbart, daß jeder molekulare Satz sich selbst als erste Komponente enthält. Atomare Komponenten sind die Komponenten, die nur sich selbst als Komponenten haben.
6) Das leitende Satzkonnektiv ist das Satzkonnektiv in einem molekularen Satz, das die ihm unmittelbar untergeordneten Komponenten verknüpft.

1.1.3 Grammatische Regeln

Die Menge der grammatisch wohlgeformten Folgen (gwf) ist eine Untermenge der Menge aller möglichen Zeichenfolgen, die durch das Vokabular gebildet werden kann. Diese Untermenge wird durch vier Regeln bestimmt:

1) Atomare Sätze P, Q sind gwf.
2) Wenn A gwf ist, dann auch $-A$.
3) Wenn A, B gwf sind, dann auch $(A \cdot B)$.
4) Keine andere Zeichenfolge ist gwf.

Konventionen: Bei Sätzen $(A \cdot B)$ kann das äußerste Klammernpaar fallengelassen werden, wenn jeder Satz entweder für sich auf einer Zeile steht, oder wenn die Sätze bei Angabe einer Satzmenge durch Komma getrennt sind.

Bei Konjunktionen und Disjunktionen von Sätzen, d. h. $A_1 \& A_2 \& \ldots A_n$; $A_1 \vee A_2 \vee \ldots \vee A_n$ kann, da Kommutativität und Assoziativität für diese Konnektive gelten, auf Klammern verzichtet werden.

1.1.4 Grammatische Analyse

Aufgabe grammatischer Analyse ist es, molekulare Sätze so in ihre Komponenten zu zerlegen, daß:

1) die Anzahl der Komponenten bestimmt wird. Diese Anzahl bestimmt die Länge des Satzes,
2) die Komponenten so geordnet werden, daß, beginnend mit den atomaren Komponenten, jeder Schritt in der Rekonstruktion ein und nur ein Satzkonnektiv einführt und
3) durch Konvention eine Ordnung festgelegt werden kann, in der jeder Teilsatz eine und nur eine Stelle hat.

Eine Technik, die hier Anwendung findet, ist die der grammatischen Verzweigung. Beginnend mit dem molekularen Satz werden folgende Regeln auf die leitenden Satzkonnektive angewendet:

1) Unter jeden Ausdruck der Form $-A$
schreibe man A
2) Unter jeden Ausdruck der Form $A \cdot B$
schreibe man $A \; B$ (verzweigt)

usf. für alle sich so ergebenden Komponenten, die selbst molekular sind, bis die atomaren Komponenten erreicht sind, z. B.:

$((p \supset -q) \,\&\, r) \supset (q \vee r)$

$((p \supset -q) \,\&\, r) \qquad (q \vee r)$

$((p \supset -q) \qquad r \qquad q \quad r$

$p \qquad -q$

q

Eine Folge, die den Bedingungen 2) und 3) genügt, kann wie folgt gewonnen werden:

Es werden zunächst die am Ende der Verzweigungspfade stehenden Komponenten – durch Konvention in der Ordnung ihres Vorkommens von links nach rechts – aufgelistet. Redundanzen werden fallengelassen. In derselben Ordnung von links nach rechts werden dann schrittweise die molekularen Komponenten rekonstruiert. Stößt man dabei auf einen rechts stehenden Teilsatz, der selbst molekular ist, so ist dieser Satz zunächst selbst in der Ordnung von unten nach oben und von links nach rechts zu rekonstruieren. Erst nach dieser Rekonstruktion des rechts stehenden Teilsatzes kann der Satz, dessen Teil er ist, rekonstruiert werden. Die sich ergebende Ordnung für das angegebene Beispiel ist:

1 2 3 4 5 6 7 8

$$p, q, r, -q, p \supset -q, (p \supset -q) \,\&\, r, q \vee r, ((p \supset -q) \,\&\, r) \supset (q \vee r)$$

1.2 Semantik

Prinzip ist, daß es eine Zuordnungsfunktion E gibt, die jeden Satz P entweder der Menge der wahren oder der falschen Sätze zuordnet, nicht beiden zugleich und immer einer von beiden. Jeder Satz P erhält hierdurch entweder den Wert ‚wahr' = 1 oder ‚falsch' = 0.

1.2.1 Definition der Konnektive

Die Zuordnungsfunktion E ordnet allen durch Konnektive gebildeten Sätzen die Werte 0, 1 zu auf Grund der Wahrheitswerte, die ihren Komponenten zugeordnet wurden. Die Wahrheitswertfunktionen, die die Konnektive wahrheitswertfunktional (wf) definieren, sind in folgenden Matrizen beschrieben:

A	−A	A	B	A & B	A v B	A ⊃ B	A ≡ B
1	0	1	1	1	1	1	1
0	1	1	0	0	1	0	0
		0	1	0	1	1	0
		0	0	0	0	1	1

Da zweiwertig ‚nicht wahr' = ‚falsch' ist, sind die Konnektive hinreichend definiert, wenn nur die Bedingungen angegeben werden, unter denen mit ihnen gebildete Sätze wahr sind. Das Grundprinzip wird zunächst definiert als:

1) Für alle P: E(P) = 1 oder (exklusiv) E(P) = 0.
2) E(−A) = 1 genau dann, wenn (gdw) E(A) = 0.
3) E(A & B) = 1 gdw E(A) = 1 und E(B) = 1.
4) E(A v B) = 1 gdw E(A) = 1 oder (inklusiv) E(B) = 1.
5) E(A ⊃ B) = 1 gdw E(A) = 0 oder E(B) = 1.
6) E(A ≡ B) = 1 gdw E(A) = 1 und E(B) = 1; oder E(A) = 0 und E(B) = 0.

Kalkulatorisch läßt sich feststellen, daß genau 4 einstellige und genau 16 zweistellige Wahrheitswertfunktionen möglich sind. Andere als die für die in die Sprache aufgenommenen Konnektive gewählten Wahrheitswertfunktionen lassen sich durch Kombination dieser Konnektive zum Ausdruck bringen. So wird der Verlauf 0111 Sätzen der Form −(A & B), aber auch anderen, z. B. der Form −A v −B, zugeordnet werden können.

1.2.2 Die Kalkulation von Wahrheitswertfunktionen für beliebige Sätze A

Wird allen atomaren Komponenten eines Satzes A von beliebiger Länge ein Wahrheitswert zugeordnet und sind die Komponenten wie in 1.1.4 aufgelistet, so läßt sich der

Wahrheitswert von A durch Anwendung der wahrheitswertfunktionalen Definition der Konnektive auf jeden Schritt der Rekonstruktion von A ermitteln. Die Belegung aller atomaren Komponenten mit Wahrheitswerten wird als Interpretation bezeichnet. Die Wahrheitswertfunktion eines Satzes A wird durch alle möglichen Interpretationen, d. h. durch alle möglichen Wahrheitswertkombinationen für seine atomaren Komponenten bestimmt. Die Anzahl aller möglichen Interpretationen ist berechenbar nach der Formel 2^n, n = Anzahl der atomaren Komponenten. Werden die Interpretationen konventionell linksläufig aufgelistet, so wird für eine Liste $P_1, P_2, \ldots, P_n$ wie folgt verfahren: P_n erhält untereinander die Werte 0, 1. P_{n-1} erhält an diesen Stellen 1 und darunter dieselbe Anzahl 0. P_{n-2} erhält an allen Stellen, an denen P_{n-1} Werte hat, den Wert 1 und darunter dieselbe Anzahl von 0, usf. bis P_1 erreicht ist. Sodann werden die Leerstellen jeder Kolumne, die alle rechts von P_1 stehenden Sätze haben, durch Repetition ihres Anfangssegmentes aufgefüllt. Wird dann in angegebener Weise für jede Interpretation der Wahrheitswert des Satzes A kalkuliert, so ist das Resultat die Wahrheitswertfunktion von A, berechnet in der Wahrheitswerttafel. Sie ist z. B. für: (p & q) v – q

p	q	p & q	–q	(p & q) v –q
1	1	1	0	1
1	0	0	1	1
0	1	0	0	0
0	0	0	1	1

Die Technik der Wahrheitswerttafeln ist für Sätze mit mehr als drei atomaren Komponenten praktisch schwer zu handhaben. Die Wahrheitswertfunktionen von Sätzen A lassen sich einfacher bestimmen, wenn von den Definitionen 2–6 in 1.2.1 und den aus ihnen zu gewinnenden – aber auch unmittelbar aus ihren Wahrheitswertfunktionen ablesbaren – Wahrheitswertregeln 7–10 ausgegangen wird:

7) E(–(A & B)) = 1 gdw E(A) = 0 oder E(B) = 0
8) E(–(A v B)) = 1 gdw E(A) = 0 und E(B) = 0
9) E(–(A ⊃ B)) = 1 gdw E(A) = 1 und E(B) = 0
10) E(–(A ≡ B)) = 1 gdw E(A) = 1 und E(B) = 0 oder E(A) = 0 und E(B) = 1

Sie lassen sich graphisch in Dekompositionsregeln überführen, die zugleich auch die Funktion haben, Sätze in ihre grammatischen Komponenten zu zerlegen. Die später zu verwendenden Bezeichnungen für die Regeln sind über ihnen angegeben:

Bezeichnung:	(&)	(v)	(⊃)	(≡)	––
Regel:	A & B A B	A v B ∧ A B	A ⊃ B ∧ –A B	A ≡ B ∧ A –A B –B	––A A

Bezeichnung:	–(&)	–(v)	–(⊃)	–(≡)
Regel:	–(A & B) ∧ –A –B	–(A v B) –A –B	–(A ⊃ B) A –B	–(A ≡ B) ∧ A –A –B B

Stehen Teilsätze in der Dekomposition untereinander, so bedeutet das, daß der dekomponierte Satz wahr ist gdw. beide Teilsätze wahr sind. Ist einer der Teilsätze negiert, so heißt das, daß diese Negation wahr sein muß, mithin der nicht negierte Teilsatz falsch, wenn der dekomponierte Satz wahr sein soll. Stehen die Teilsätze nebeneinander in einer Verzweigung, so bedeutet das, daß der dekomponierte Satz wahr ist gdw entweder einer von beiden Teilsätzen oder beide wahr sind. Ist einer der Teilsätze eine Negation, so gilt wiederum, daß der nicht negierte

Satz falsch sein muß, wenn der dekomponierte Satz wahr sein soll, z. B.:

$-(A \supset B) = 1$ gdw $A = 1$ und $-B = 1$, d. h. $B = 0$
$-(A \& B) = 1$ gdw $-A = 1$ oder (inklusiv) $-B = 1$, mithin $A = 0$ oder $B = 0$

Wendet man diese Regeln auf das leitende Satzkonnektiv eines Satzes A und sodann auf alle sich ergebenden Komponenten in dem im Flußdiagramm am Schlusse dieses Abschnittes exakt beschriebenen Verfahren solange an, bis alle Formeln, auf die Regeln angewandt werden können, dekomponiert sind, so ergibt sich eine semantische Verzweigung. Aus mnemotechnischen Gründen empfiehlt sich, alle Formeln, auf die Dekompositionsregeln angewandt wurden, abzuhaken (✓). Hinsichtlich der atomaren Komponenten und der Negationen atomarer Komponenten, die nicht weiter dekomponierbar sind, ergeben sich zwei Möglichkeiten für die in der Dekomposition erzeugten Verzweigungspfade:

1) Der Verzweigungspfad enthält eine atomare Komponente P und zugleich die Negation dieser Komponente −P. An einem solchen Verzweigungspfad läßt sich keine Interpretation ablesen, da P in dieser Interpretation zugleich die Werte 1 und 0 erhalten müßte, was ein „Widerspruch" ist. In dem Augenblick, in dem auf einem Verzweigungspfad eine Komponente P und deren Negation −P gegeben ist – gleichgültig ob alle Formeln, die auf dem Pfad vorkommen, dekomponiert sind oder nicht –, kann der Verzweigungspfad geschlossen werden, was durch abkreuzen (x) am Fusse des Pfades angedeutet wird. Ein Verzweigungspfad schließt also, wenn sich ein Widerspruch ergibt.

2) Zweige, die nicht schließen, sind offen. Sind auf solchen Verzweigungspfaden auch alle Formeln, auf die

Das Flußdiagramm des Verfahrens

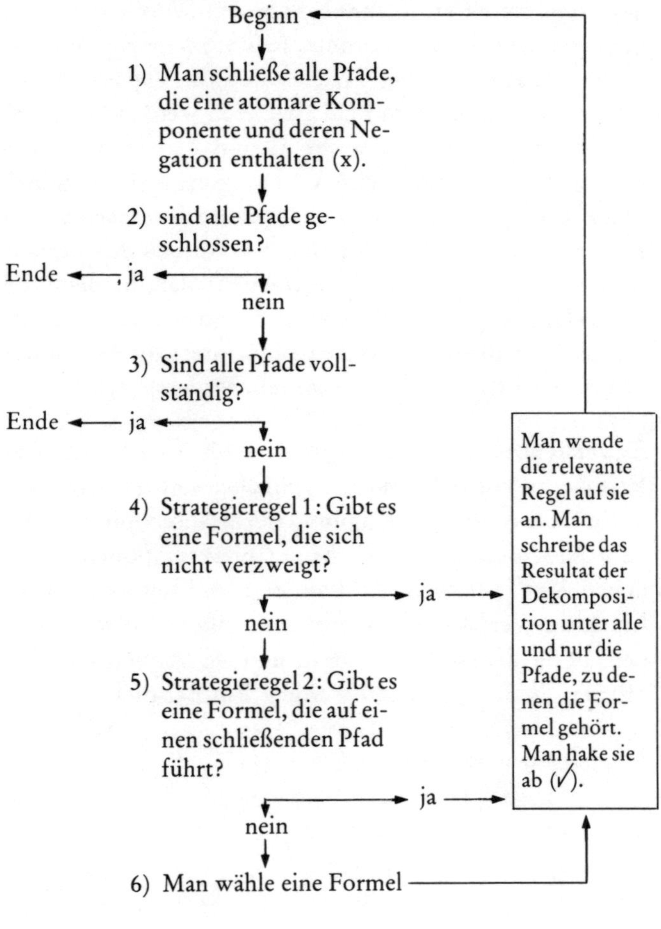

sich Regeln anwenden lassen, abgehakt, d. h., befindet sich keine Formel mehr auf dem Verzweigungspfad, die nicht dekomponiert ist, dann ist der Verzweigungspfad vollständig. Ein offener, vollständiger Pfad gibt eine oder mehrere Interpretationen an, unter denen A wahr ist. Man erhält diese Interpretation(en), indem man allen nicht negierten atomaren Komponenten den Wert 1 und allen negierten den Wert 0 zuordnet. Jede atomare Komponente von A, die nicht im Pfad vorkommt, expandiert die Interpretation, die vom Pfad abgelesen werden kann, um zwei weitere: die, in der ihr 1, und die, in der ihr 0 zugeordnet wird. Weist eine Verzweigung mehrere offene Pfade auf, so können sich redundante Interpretationen ergeben. Ein Spezialfall, der für den Ausbau des Verfahrens wesentlich ist, ist zu erwähnen: der, in dem alle Verzweigungspfade schließen und und keiner offen ist. Für diesen Fall gilt, daß es keine Interpretation gibt, unter der A wahr ist. A ist insgesamt ein Widerspruch.

Es versteht sich, daß die Schritte 1 bis 3 zu Beginn des Verfahrens entweder nicht applikabel sind (1) oder auf „nein“ führen (2), (3). Kommt das Verfahren mit Schritt 2 zum Abschluß, so gibt es keine Interpretationen, unter denen A = 1, es wird A = 0 unter allen Interpretationen. Endet das Verfahren in Schritt 3, so gibt es Interpretationen, unter denen A = 1 wird, und sie können von den offenen Pfaden abgelesen werden. Ein Beispiel:

A sei: $(p \supset (r \supset -q)) \,\&\, -(p \text{ v } -q)$

1)	$(p \supset (r \supset -q) \,\&\, -(p \text{ v } -q)$ ✓			
2)	$p \supset (r \supset -q)$ ✓			1) (&)
3)	$-(p \text{ v } -q)$ ✓			1) (&)
4)	$-p$			3) −(v)
5)	$--q$ ✓			3) −(v)
6)	q			5) −−
7)	$-p$	$r \supset -q$ ✓		2) (⊃)
8)		$-r$	$-q$	7) (⊃)
			x	

Die Angaben rechts beziehen sich auf die Zeile und die Regel, die auf das Dekompositionsergebnis führt.

Der Pfad ganz rechts schließt. Er gibt keine Interpretation an, unter der A = 1. Von den verbleibenden Pfaden gibt der linke die Interpretationen p = 0, q = 1 und für r r = 1 oder r = 0, der mittlere ergibt p = 0, q = 1 und r = 0, was mit der zweiten Möglichkeit, die der linke Pfad angibt, übereinkommt. Es gilt demgemäß:

A ist = 1 für die Interpretationen p = 0 q = 1 r = 1
p = 0 q = 1 r = 0
A ist = 0 für alle anderen Interpretationen.

Damit ist die Wahrheitswertfunktion vollständig bestimmt.

1.2.3 Wahrheitswertfunktionale Definition logischer Eigenschaften und Relationen

Auf ‚Interpretation' wird mit ‚I' Bezug genommen. Da der Begriff des logisch Wahren weiter ist als der des wahrheitswertfunktional Wahren, wird im folgenden von wf.-wahr usf. gesprochen und nicht allgemein von l.-wahr usf.

Df. 1) A ist wf.-wahr gdw A = 1 für alle I (A ist eine Tautologie).

Df. 2) A ist wf.-falsch gdw A = 0 für alle I (A ist ein Widerspruch).

Df. 3) A ist wf.-kontingent gdw A = 1 für mindestens ein I und A = 0 für mindestens ein I.

Df. 4) Γ ist wf.-inkonsistent gdw die Konjunktion der Elemente von Γ = 0 für alle I.

Df. 5) Γ ist wf.-konsistent gdw die Konjunktion der Elemente = 1 für mindestens ein I.

Df. 6) Γ wf.-impliziert B gdw $\Gamma \supset B = 1$ für alle I.
Df. 7) A, B sind wf.-äquivalent gdw $A = 1$ für alle I, für die $B = 1$ $A = 0$ für alle I, für die $B = 0$.

Mit Hilfe der wf.-Definitionen der Konnektive lassen sich unter Zugrundelegung von Df. 1 bis Df. 7 Theoreme, die auch als abgeleitete Definitionen gebraucht werden können, leicht beweisen.

Th. 1) A ist wf.-wahr gdw $-A$ wf.-falsch ist.
Th. 2) Γ ist wf.-konsistent gdw es mindestens ein I gibt, für das alle Elemente von $\Gamma = 1$.
Th. 3) Γ ist wf.-inkonsistent gdw es kein I gibt, für das alle Elemente von $\Gamma = 1$.
Th. 4) Γwf.-impliziert B gdw es kein I gibt, für das $\Gamma = 1$ und $B = 0$.
Th. 5) Γwf.-impliziert B gdw $\{\Gamma, -B\}$ inkonsistent ist.
Th. 6) Sätze A, B sind wf.-äquivalent gdw $A \equiv B$ wf.-wahr ist.
Th. 7) Sätze A, B sind wf.-äquivalent gdw A wf.-impliziert B und B wf.-impliziert A.
Th. 8) Ein wf.-inkonsistentes Γ wf.-impliziert jeden beliebigen Satz B.
Th. 9) Ein wf.-wahrer Satz B wird von jedem beliebigen Γ wf.-impliziert.
Th. 10) Ein wf.-wahrer Satz B wird von der leeren Satzmenge wf.-impliziert.
Th. 11) Alle wf.-wahren Sätze sind wf.-äquivalent.
Th. 12) Alle wf.-falschen Sätze sind wf.-äquivalent.

1.2.4 Bestimmung logischer Eigenschaften und Relationen

Sind die Definitionen gegeben, so ist es möglich, logische Eigenschaften und Relationen an Wahrheitswerttafeln für

Sätze und Satzmengen abzulesen. Mit Hilfe des Verzweigungsverfahrens kann die Prozedur vereinfacht werden. Aus Df. 2 folgt zunächst:

1) Ein Satz A ist wf.-falsch gdw alle Pfade seiner Verzweigung schließen.

Wird Theorem 1 herangezogen, so ergibt sich:

2) Ein Satz A ist wf.-wahr, wenn alle Verzweigungspfade für seine Negation $-A$ schließen.

Aus der Dekompositionsregel (&) und der Definition 4 ergibt sich:

3) Eine Satzmenge Γ ist wf.-inkonsistent, wenn die Verzweigung, die sich aus den untereinander geschriebenen Elementen der Satzmenge ergibt, nur geschlossene Pfade hat. Bleibt mindestens ein Pfad offen, so ist die Satzmenge konsistent.

Wird Theorem 5 herangezogen, so ergibt sich:

4) Eine Satzmenge Γ wf.-impliziert einen Satz B gdw die Menge $\{\Gamma, -B\}$ eine Verzweigung hat, in der alle Pfade schließen. Bleibt mindestens ein Pfad offen, so wird B nicht von Γ wf.-impliziert.

Wird Theorem 6 und Theorem 1 herangezogen, so ergibt sich:

5) Sätze A, B sind wf.-äquivalent gdw $-(A \equiv B)$ auf eine Verzweigung führt, in der alle Pfade schließen. Bleibt mindestens ein Pfad offen, so liegt keine wf.-Äquivalenz vor.

Es zeigt sich also, daß das Verzweigungsverfahren es erlaubt, alle Fragen, die hinsichtlich wahrheitswertfunktional definierter logischer Eigenschaften und Relationen gestellt werden können, zu beantworten, ohne daß ins einzelne gehende Angaben über Interpretationen gemacht werden müssen. Es genügt, jeweils die Frage zu beantworten, ob alle Verzweigungspfade schließen oder nicht. Schließen sie nicht alle, so können, wenn gewünscht, auch alle Interpretationen ermittelt werden, durch die ein Satz nicht wf.-falsch, nicht wf.-wahr, eine Satzmenge wf.-konsistent, eine wf.-Implikation ungültig und eine wf.-Äquivalenz ungültig sind.

1.3 Ableitungen in natürlicher Deduktion

1.3.1 Grundbegriffe

Grundbegriff ist der der Ableitbarkeit nach Regeln, die sich auf die grammatische Form von Sätzen beziehen. Durch den Begriff der Ableitbarkeit wird der Begriff der logischen Implikation definiert: Eine Menge von Annahmen $A_1, A_2, \ldots A_n$ impliziert einen Satz B gdw B aus dieser Menge nach Regeln – gegebenenfalls auch auf Grund der Regeln zusätzlich eingeführter Annahmen $A_{n+1}, \ldots A_{n+m}$ – auf der letzten Zeile eines formalen Beweises ableitbar ist. Die Menge der Annahmen ist die Menge der selbst nicht abgeleiteten Sätze eines formalen Beweises, auf die sich Regeln in einer formalen Ableitung beziehen können. In einem strikten System natürlicher Deduktion wird die Auflistung von Annahmen von den aus ihnen zu gewinnenden Ableitungsschritten streng getrennt. Annahmen können in eine Ableitung nur durch Anwendung einer besonderen Regel, der Reiterationsregel, gebracht werden. Nur wenn sie durch sie in die Ableitung gebracht wurden, können weitere Regeln auf sie angewandt werden. Im folgenden Schema gibt der Querstrich die Trennung zwischen der Auflistung der Annahmen in den

Zeilen 1 bis n und der Ableitung, deren Schritte durch Zahlen p, q, r...>n gezählt werden, an. Der Schritt, durch den eine Annahme A_i, $i \leq n$ in die Ableitung gebracht wird, ist die Reiteration von A_i.

1	A_1	
n	A_n	
p	A_i	R, i

Es gilt also:

1) Alle Annahmen müssen reiteriert werden, bevor sie in einer Ableitung gebraucht werden können, und nur Annahmen dürfen reiteriert werden.

Zusätzliche Annahmen können durch bestimmte weitere, auf Konnektive bezogene Ableitungsregeln – nämlich s. u.: $\supset$E; $-$E; vB; $\equiv$E in den formalen Beweis eingeführt werden. Sie führen auf subordinierte Ableitungen, die wie in den Regelschemata angegeben, von den übergeordneten Ableitungen graphisch abgesetzt werden. Es gilt nun:

2) Keine Zeile eines formalen Beweises in einer subordinierten Ableitung kann als letzte Zeile eines formalen Beweises gelten.

Alle genannten Regeln sind so formuliert, daß sie mit der Einführung der zusätzlichen Annahme und der zugehörigen subordinierten Ableitung angeben, wie beide zu beseitigen sind, d. h., sie nehmen Bezug auf eine Zeile p, in der die Annahme eingeführt wird, und auf eine Zeile q, in der sie beseitigt wird, und geben den Bereich der subordinierten Ableitung mit p – q an. Es gilt dann:

3) Beseitigte Annahmen dürfen nicht mehr reiteriert werden.
4) Zeilen einer subordinierten Ableitung dürfen nach Beseitigung der zugehörigen Annahme nicht mehr in weiteren Ableitungsschritten gebraucht werden.

Die rigorosen Restriktionen hinsichtlich Reiteration sind einerseits nützlich für Zwecke der Metalogik, andererseits gestatten sie es, Strategieregeln für formales Ableiten zu formulieren, auf die zurückzukommen sein wird.

1.3.2 Regeln für Konnektive

Die Regeln für Konnektive fungieren in natürlicher Deduktion (ND) zugleich als Definition der Konnektive. Sie geben an, unter welchen Bedingungen ein Konnektiv in einer Ableitung eingeführt und unter welchen es beseitigt werden kann.

Regel | *Graphische Darstellung*

Einführungsregel $\supset$ E
$A \supset B$ ist mit AB ableitbar, wenn aus AE von A der Satz B auf der letzten Zeile der zugehörigen subordinierten Ableitung ableitbar wird.

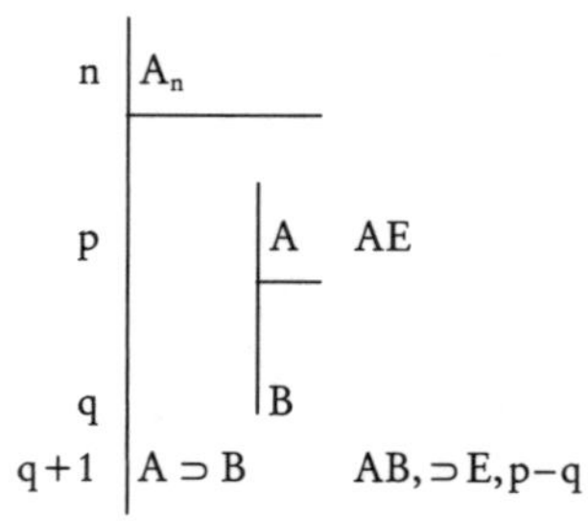

Beseitigungsregel ⊃ B
B ist ableitbar, wenn
A ⊃ B
und A ableitbar sind.

n	A_n	
p	A ⊃ B	
q	A	
r	B	⊃ B, p, q

Einführungsregel −E
−A ist ableitbar, wenn unter der Annahme von A auf Zeile p in der zugehörigen subordinierten Ableitung ein Satz B und dessen Negation −B auf Zeilen q, r ableitbar werden.

n	A_n		
p		A	AE
q		B	
r		−B	
r+1	−A		AB, −E, p −q, r

Beseitigungsregel −B
A ist ableitbar, wenn
− − A
ableitbar ist.

n	A_n	
p	− − A	
q	A	−B, p

Einführungsregel & E
A & B ist ableitbar, wenn A ableitbar ist und B ableitbar ist.

n	A_n	
p	A	
q	B	
r	A & B	& E, p, q

Beseitigungsregel & B
A ist ableitbar, wenn A & B ableitbar ist oder B & A ableitbar ist. B ist unter den gleichen Bedingungen ableitbar.

n	A_n	
p	A & B (oder B & A)	
q	A	(oder B) & B, p

Einführungsregel v *E*
A v B oder B v A ist ableitbar, wenn A ableitbar ist oder B ableitbar ist.

n	A_n		
p	A		(oder B)
q	A v B		(oder B v A) v E, p

Beseitigungsregel v *B*
C ist aus A v B ableitbar, wenn in zwei subordinierten Ableitungen C aus A und C aus B ableitbar ist (Anmerkung: C kann dabei = A oder = B sein. C kann auch selbst eine Disjunktion sein).

n	A_n		
p	A v B		
q		A	AE
r		C	
s		B	AE
t		C	
t + 1	C		AB v B, p, q–r, s–t

Einführungsregel ≡ *E*
A ≡ B ist ableitbar, wenn in zwei subordinierten Ableitungen B aus der Annahme A und A aus der Annahme B ableitbar ist.

n	A_n		
p		A	AE
q		B	
r		B	AE
s		A	
s + 1	A ≡ B		AB, ≡ E, p–q, r–s

Beseitigungsregel ≡ B

A ist ableitbar, wenn A ≡ B oder B ≡ A und B ableitbar sind. B ist ableitbar, wenn A ≡ B oder B ≡ A und A ableitbar sind.

n	A_n	
p	A ≡ B oder B ≡ A	
q	A oder B	
r	B oder A	≡ B, p, q

Das Verfahren ND ist mit der hier angegebenen Regelmenge kein Entscheidungsverfahren. Es erlaubt aber die Einführung von Strategieregeln (SR). Die Grundstrategieregel (GSR) ist, daß Beweise stets von unten nach oben zu konstruieren sind, d. h. ausgehend von der letzten Zeile, der Konklusion, und daß der letzte Schritt der Konstruktion derjenige ist, in dem durch Reiteration aus den Annahmen das gewonnen wird, was zur Ableitung einer unter ihnen stehenden Zeile notwendig ist. Strategische Gesichtspunkte, die sich aus den Regeln ergeben, sind folgende:

1) B ist abzuleiten, A kann gewonnen werden: man schreibe A ⊃ B darüber, versuche, es mit SR 7 zu gewinnen, und wende ⊃ B an.
2) B ist abzuleiten, A ⊃ B steht zur Verfügung: man versuche A abzuleiten und wende ⊃ B an.
3) A ist abzuleiten und eine Disjunktion steht zur Verfügung: man schreibe das Schema v B mit A als C über A.
4) −A ist abzuleiten: man schreibe das Schema −E über A.
5) A v B ist abzuleiten: man schreibe A oder B über A v B und versuche sie abzuleiten. A v B ist dann durch v E zu gewinnen.
6) A & B ist abzuleiten: man schreibe A und B über A und

versuche, sie in zwei getrennten Ableitungen zu gewinnen. $A \& B$ ergibt sich durch &E.

7) $A \supset B$ ist abzuleiten: man schreibe das Schema $\supset$E über $A \supset B$ und versuche, B in der subordinierten Ableitung zu gewinnen.
8) $A \equiv B$ ist abzuleiten: man schreibe das Schema $\equiv$E über $A \equiv B$ und versuche, in ihm B aus A und A aus B abzuleiten.
9) Führt nichts anderes zum Ziel, so bleibt als letzte Möglichkeit der indirekte Beweis: aus der Annahme der Negation des gewünschten Satzes versuche man, mit $-$E dessen gedoppelte Negation und aus dieser mit $-$B den gewünschten Satz abzuleiten.

Im folgenden Beispiel steht der fertige Beweis oben, die Beschreibung seiner Konstruktion nach Regeln SR folgt. Die Ziffern der Zeilen, auf die sich die Beschreibung der Konstruktion bezieht, konnten natürlich erst nach Abschluß der Konstruktion hinzugefügt werden.

1.	$-p \vee -q$	
2.	$(p \supset -q) \supset s$	
3.	p	AE
4.	$-p \vee -q$	R1
5.	$-p$	AE
6.	q	AE
7.	p	R3
8.	$-p$	R5
9.	$-q$	$-$E, 6–7, 8
10.	$-q$	AE
11.	$-q$	R10
12.	$-q$	vB 4, 5–9, 10–12
13.	$p \supset -q$	$\supset$ E 3–12
14.	$(p \supset -q) \supset s$	R2

15.	s	⊃ B 13, 15
16.	(p ⊃ −q) & s	& E 13, 16
17.	((p ⊃ −q) & s) v r	v E 16

Zeile 17 steht der abzuleitende Satz. Man erhält 17 mit SR 5 aus 16. 16 verlangt nach SR 6 das Material in 13 und 15. 15 ergibt sich nach SR 1, wenn 13 und 14 gewonnen werden können. 14 ergibt sich durch Reiteration aus 2. Abzuleiten bleibt 13. 13 verlangt mit SR 7 die erste subordinierte Ableitung 3–12. Um 12 zu gewinnen, kann SR 3 angewendet werden, d. h. 1 wird in 4 reiteriert und das Schema v B (mit −p für A und −q für B und C!) wird darunter geschrieben, um in 12 −q zu erhalten. In der ersten subordinierten Ableitung in v B 5–9 ist −q mit SR 4 in 6–8 zu gewinnen. Der verlangte Widerspruch ergibt sich durch Reiteration von 3 in 7 und 5 in 8. In der zweiten ergibt sich −q in 11 durch Reiteration von 10 trivial. Damit ist die Brücke zwischen Konklusion und Prämissen konstruiert. Zu beachten ist natürlich, daß die in der Beschreibung der Konstruktion verwendeten Zeilennummern der Ableitung erst nach Abschluß der Konstruktion hinzugefügt werden können.

1.3.3 Definitionen für logische Eigenschaften und Relationen

Der Begriff der logischen Implikation kann unmittelbar durch den Begriff der Ableitbarkeit definiert werden:

1) Eine Menge von Annahmen $A_1, A_2, \ldots, A_n$ impliziert logisch einen Satz B gdw B auf der letzten Zeile eines formalen Beweises aus den Annahmen ableitbar ist. Daß logische Implikation vorliegt, wird metasprach-

lich durch ⊦ zum Ausdruck gebracht: $\{A_1, A_2, \ldots, A_n\} \vdash B$.

2) Ein Satz A ist logisch wahr gdw A aus der leeren Menge der Annahmen ableitbar ist.
Daß ein Satz logisch wahr ist, wird metasprachlich durch $\vdash A$ zum Ausdruck gebracht.
(Anmerkung zur Strategie: In solchen Beweisen wird man immer die Regeln benützen müssen, die es erlauben, eingeführte Annahmen zu beseitigen, also $\supset$E, $-$E und $\equiv$E.)
3) Ein Satz A ist logisch falsch gdw $-A$ aus der leeren Menge der Annahmen ableitbar ist.
4) Sätze A, B sind logisch äquivalent gdw $A \equiv B$ aus der leeren Menge der Annahmen ableitbar ist.
Daß zwei Sätze logisch äquivalent sind, kann metasprachlich durch A::B zum Ausdruck gebracht werden.
5) Γ ist inkonsistent gdw die Negation eines seiner Elemente aus Γ ableitbar ist.
5') ist inkonsistent gdw ein Satz A und dessen Negation aus Γ ableitbar sind.

1.3.4 Erweiterungen von ND

Das System ND kann erweitert werden, wenn abgeleitete Regeln zugelassen werden. Als abgeleitete Regel kann jede abgeleitete l-Wahrheit der Form $A_1, A_2, \ldots A_n \vdash B$ benutzt werden. So ergibt z. B.
$\{A \supset B, B \supset C\} \vdash (A \supset C)$ die Regel:

Hypothetischer Syllogismus: HS
$A \supset C$ ist ableitbar, wenn $A \supset B$ und $B \supset C$ ableitbar sind.

n	A_n	
p	$A \supset B$	
q	$B \supset C$	
r	$A \supset C$	HS, p, q

Beweise können dadurch u. U. verkürzt werden. Der Nachteil ist, daß kein überschaubares System von Strategieregeln angebbar ist. Weiter kann ND durch „Vereinfachung“ der Reiterationsregel vereinfacht werden. Es ist dann erlaubt, nicht nur Annahmen, sondern allgemein alle Zeilen in übergeordneten Annahmen zu reiterieren oder einfach auf sie Bezug zu nehmen. Beweise werden kürzer, aber wiederum gilt, daß die Anwendung von Strategieregeln schwieriger wird. Zudem ist nicht mehr feststellbar, welche Ableitungsschritte zu welcher subordinierten Ableitung gehören.

1.3.5 Entscheidungsverfahren in ND

ND kann so erweitert werden, daß ein Entscheidungsverfahren entwickelt werden kann, mit dem auch Beweise für logische Kontingenz und Konsistenz möglich werden. Das Verfahren stellt – analog zum Verzweigungsverfahren – fest, ob ein Satz l-falsch ist oder nicht. Mit denselben Definitionen, die beim Verzweigungsverfahren verwendet wurden, können die Fragen nach anderen logischen Eigenschaften und Relationen entschieden werden. Als Prinzip gilt: Aus jedem l-falschen Satz bzw. jeder inkonsistenten Satzmenge kann durch mechanische Anwendung bestimmter abgeleiteter Regeln auf der letzten Zeile eines formalen Beweises ein Widerspruch abgeleitet werden. Ist das nicht der Fall, so ist der Satz nicht l-falsch. Das Verfahren hat drei Schritte. Im ersten Schritt wird mit den aus den Äquivalenzen

1) $(A \equiv B)$ :: $((A \& B) \vee (-A \& -B))$
2) $(A \supset B)$ :: $(-A \vee B)$
3) $-(A \supset B)$ :: $(A \& -B)$
4) $-(A \& B)$ :: $(-A \vee -B)$
5) $-(A \vee B)$ :: $(-A \& -B)$

zu gewinnenden Regelpaaren gearbeitet, z. B. von 2)

n	A_n
p	$A \supset B$
q	$-A \vee B$

n	A_n
p	$-A \vee B$
q	$A \supset B$

Mit ihnen kann gezeigt werden, daß es zu jedem Satz wenigstens einen ihm äquivalenten Satz gibt, in dem als Konnektive nur „&", „v" und „–" vorkommen. Wird nun das Regelpaar, das aus dem ableitbaren Distributionsgesetz

6) $(A \& (B \vee C))::((A \& B) \vee (A \& C))$

zu gewinnen ist, auf dieses Resultat angewendet, so läßt sich für jeden solchen Satz ein Satz in disjunktiver Normalform gewinnen, der ihm äquivalent ist, d. h. ein Satz, der eine Disjunktion von Konjunktionen atomarer Komponenten und negierter atomarer Komponenten ist. Dies macht den zweiten Schritt aus, aus dem das Resultat bereits abzulesen ist: Enthält jedes Disjunkt eine atomare Komponente und deren Negation, so ist die Disjunktion als ganze ein Widerspruch. Sie ist kein Widerspruch, wenn es mindestens ein Disjunkt gibt, in dem dieser Fall nicht gegeben ist. Im Verfahren ND kann das Resultat im dritten Schritt wie folgt bewiesen werden: Aus der Annahme jedes Disjunkts, das eine atomare Komponente und deren Negation enthält, kann mit –E deren Negation gewonnen werden. Mit Hilfe der ableitbaren Regel DS (disjunktiver Syllogismus)

7) $\vdash ((A \vee B) \& -A) \supset B$

kann dieses Disjunkt herausgebrochen werden. Läßt sich dieses Verfahren auf alle Disjunkte anwenden, so wird mit dem letzten verbleibenden ein Satz der Form $A \& -A$ durch &E auf der letzten Zeile der Ableitung gewinnbar sein. Ist das der Fall, so ist der Satz l-falsch; läßt sich das nicht erreichen, weil die Negation eines Disjunkts nicht zu gewinnen ist, so ist er nicht l-falsch.

1.4 Andere Darstellungsformen

1.4.1 Axiomatische Darstellung

Verschiedene axiomatische Systeme sind möglich. Hier sei das klassische System der Principia Mathematica vorgestellt. Die Axiome werden hier in der Objektsprache formuliert. Ist das der Fall, dann muß eine uniformes Substituieren betreffende Ableitungsregel eingeführt werden. B für A in C uniform substituieren bedeutet: man bildet einen Ausdruck D, der an allen Stellen, in denen A in C vorkommt, B hat, sonst aber völlig isomorph mit C ist. Werden Axiome metasprachlich formuliert, so kann auf die Substitutionsregel verzichtet werden. Vgl. die Darstellung der modalen Aussagenlogiken in Anhang II.

Axiome:
1) $(p \vee p) \supset p$
2) $q \supset (p \vee q)$
3) $(p \vee q) \supset (q \vee p)$
4) $(q \supset r) \supset ((p \vee q) \supset (p \vee r))$

Regeln:
1) Das Resultat uniformen Einsetzens einer Variablen durch einen gwf.-Satz in einem Theorem ist ein Theorem (Substitutionsregel).
2) Wenn $A \supset B$ und A Theoreme sind, dann ist auch B ein Theorem (Schnittregel, Modus Ponens).

1.4.2 Algebraische Darstellung

Die Aussagenlogik kann in einem System algebraischer Gleichungen dargestellt werden, das isomorph zu einer Booleschen Algebra ist. Die Objekte dieser Algebra werden hier nicht als Klassen, sondern als Sätze verstanden. Das Komplement $\overline{A}$ wird als Negation interpretiert, der Klassendurchschnitt $A \cap B$ als Konjunktion, die Klassenvereinigung $A \cup B$ als Disjunktion. Ein Operator $A \subset B$, durch $\overline{A} \cup B$ definiert, wird als Konditional interpretiert, die leere Klasse $\emptyset$ als das logisch Falsche, $\perp$, die Allklasse U als das logisch Wahre, $\top$. Der Grundbegriff ist der der l-Äquivalenz, die für algebraische Gleichheit steht. Sätze, die l-äquivalent zu $\top$ sind, sind logisch wahr, solche, die l-äquivalent zu $\perp$ sind, sind logisch falsch. L-Implikation und l-Konsistenz/Inkonsistenz sind entsprechend zu definieren.

2. *Prädikatenlogik*

2.1 Grammatik

2.1.1 Vokabular

Terme: a, b, c,... a_1, a_2... ad infinitum (es gibt abzählbar unendlich viele).
Individuenvariable: x, y, z,...
Prädikate: A, B, C,...
Quantoren (mit Bereichen) $(\forall x)(\quad)$, $(\exists x)\ (\quad)$.
Satzkonnektive: –, &, v, ⊃, ≡, wenn sie Formeln verknüpfen, d. h. außerhalb des Bereiches eines Quantors stehen.
Innerhalb des Bereiches eines Quantors wird durch sie

nicht ein komplexer Satz, sondern ein komplexes Prädikat gebildet. Sie fungieren hier als *Prädikatkonnektive.*

2.1.2 Grammatische Terminologie

Zur grammatischen Metasprache werden zusätzlich zu den für die Aussagenlogik verabredeten die folgenden Zeichen eingeführt:

φ, ψ für beliebige gwf.-Formeln, atomare sowohl wie quantifizierte
P, Q, R für beliebige n-stellige Prädikate
t, u,... t_1, t_2... für beliebige Terme
x, *v* für beliebige Individuenvariable
Der Ausdruck φt besagt „t kommt in φ vor".
Der Ausdruck φx besagt „*x* kommt in φ vor".

Atomare Formel df: Ein Prädikat P, gefolgt von nicht notwendigerweise verschiedenen Termen t_1, t_2, t_3...; folgt nur ein Term, so ist das Prädikat einstellig oder monadisch, folgen mehrere, so handelt es sich um mehrstellige Prädikate, d. h. Relationen.

Einsetzung df: Die grammatische Operation, durch die quantifizierte Formeln $(\forall x)\varphi x$, $(\exists x)\varphi x$ auf eine ihrer unendlich vielen Unterformeln t_1, t_2... zurückgeführt werden. Einsetzung wird verlangt durch:

$$\frac{(\forall x)\varphi x}{\mathrm{t}} \qquad \frac{(\exists x)\varphi x}{\mathrm{t}} \qquad \text{oder allgemein durch: } \frac{\varphi x}{\mathrm{t}}$$

Generalisierung df: Die grammatische Operation, durch die aus einer Unterformel φt ein quantifizierter Ausdruck $(\forall x)$ φx, $(\exists x)$ φx gewonnen wird. Sie wird gefordert durch:

$$\frac{\varphi \mathrm{t}}{(\forall x)\varphi x} \qquad \frac{\varphi \mathrm{t}}{(\exists x)\varphi x} \qquad \text{oder allgemein durch: } \frac{\varphi \mathrm{t}}{x}$$

Vgl. aber Anmerkung 1, unten!

2.1.3 Grammatische Regeln

1) Atomare Formeln sind gwf.
2) Wenn φ gwf ist, dann auch $-\varphi$.
3) Wenn φ, ψ gwf sind, dann auch $(\varphi \cdot \psi)$.
4) Wenn die Einsetzung in quantifizierte Formeln $(\forall x)\varphi x$, $(\exists x)\ \varphi x$ zu einer gwf führt, dann ist auch $(\forall x)\varphi x$, $(\exists x)\varphi x$ gwf.
5) Keine andere Formel ist gwf.

(*Anmerkung 1:* In der angegebenen Definition der Generalisierung ist unterstellt, daß mindestens ein in φ vorkommendes t – nicht notwendigerweise alle isomorphen t – durch die im Quantor vorkommende Variable ersetzt sein muß. Diese Vereinfachung ist vorgenommen, um in diesem kurzen Abriß unnötige Komplikationen zu vermeiden. Es mag aber technisch wünschenswert sein, auch leere Quantifizierungen zuzulassen, d. h. zu erlauben, daß aus einem φ der Form Ba oder (∃x)Bx Ausdrücke der Form (∀x)Ba und (∀x) (∃x)Bx gewonnen werden können.

Anmerkung 2: Als atomare Formeln können auch Formeln anerkannt werden, die aus P und folgenden x_1, x_2, x_3 gebildet werden. Damit sind, im Gegensatz zur hier formulierten Grammatik, allgemein Formeln zulässig, die keine Terme, aber auch keinen Quantor enthalten, oder aber eine oder mehrere Variable, aber keinen Quantor mit einer isomorphen Variablen. Solche Variablen heißen freie Variable. Ausdrücke mit freien Variablen sind weder wahr noch falsch, sie sind aber erfüllbar oder nicht erfüllbar. Wird die Sprache der Prädikatenlogik so aufgebaut, so kann auf Terme ganz verzichtet werden. Sie treten dann nur in der Metasprache auf, in der die Semantik der Prädikatenlogik formuliert wird.)

2.1.4 Grammatische Analyse

Formeln, in denen Satzkonnektive die leitenden Operatoren sind, sind zunächst nach den in 1.1.4 angegebenen Regeln zu analysieren. Formeln, in denen ein Quantor der leitende Operator ist, sind in ihre Unterformeln zu zerlegen, d. h. in Formeln, in denen der Quantor fallen gelassen und jede durch ihn gebundene Variable durch Terme $t_1, t_2, \ldots t_n \ldots$ zu ersetzen ist. Bei multipler Quantifikation ist das Verfahren für jeden vorkommenden Quantor zu wiederholen, der in den Unterformeln zum leitenden Operator wird. Werden in den Unterformeln Satzkonnektive frei, d. h. zu leitenden Operatoren, so ist das Verfahren von 1.1.4 auf sie anzuwenden, bis entweder in ihren Unterformeln solche mit Quantoren als leitenden Operatoren vorkommen, die in ihre Terme einzusetzen sind, oder schließlich die Ebene der atomaren Unterformeln erreicht ist. Es ist klar, daß eine solche Analyse nicht effektiv zum Abschluß gebracht werden kann, da es unendlich viele Terme gibt.

2.2 Semantik

2.2.1 Wahrheitsbedingungen

Die Wahrheitsbedingungen für quantifizierte Formeln werden durch Interpretationen I, die die Werte 0, 1 für alle Einsetzungen E festlegen, bestimmt:

$$(\forall x)\,\varphi x \begin{cases} = 1 \text{ für alle I, für die alle E} = 1 \\ = 0 \text{ für alle I, für die mindestens ein E} = 0 \end{cases}$$

$$(\exists x)\,\varphi x \begin{cases} = 1 \text{ für alle I, für die mindestens ein E} = 1 \\ = 0 \text{ für alle I, für die alle E} = 0 \end{cases}$$

Da $(\forall x) - \varphi x = 1$ für alle I, für die alle $-\varphi t = 1$, mithin alle $\varphi t = 0$ und $-(\exists x)\varphi x = 1$ für alle I, für die alle $E = 0$ und weiter $(\exists x) -\varphi x = 1$ für alle I, für die mindestens ein $-\varphi t = 1$, mithin mindestens ein $\varphi t = 0$ und $-(\forall x)\varphi x = 1$ für alle die mindestens ein $E = 0$, ergeben sich die Quantorennegationsgesetze, die Äquivalenz auf Grund gleicher Wahrheitsbedingungen zum Ausdruck bringen:

1) $(\forall x)-\varphi x \;::\; -(\exists x)\varphi x$
2) $(\exists x)-\varphi x \;::\; -(\forall x)\varphi x$

ähnlich läßt sich zeigen, daß:

3) $(\forall x)\varphi x \;::\; -(\exists x)-\varphi x$
4) $(\exists x)\varphi x \;::\; -(\forall x)-\varphi x$

woraus folgt, daß die Prädikatenlogik mit einem Quantor auskommen kann, da der jeweils andere durch diesen und durch Negation definierbar ist. Auf Grund gleicher Wahrheitsbedingungen für die Formeln ergeben sich die Quantorendistributionsgesetze:

1) $(\forall x)\ \varphi x \,\&\, (\forall x\ \psi x) :: (\forall x)\ (\varphi x \,\&\, \psi x)$
2) $(\exists x)\ \varphi x \vee (\exists x\ \psi x) :: (\exists x)\ (\varphi x \vee \psi x)$

2.2.2 Logische Eigenschaften und Relationen

Grundlegend ist der Begriff „unter allen Interpretationen". Eine Interpretation ist dabei zu verstehen als die Wahl eines Universums U, das den Bereich der Variablen angibt, z. B. die Menge aller natürlichen Zahlen, und einer Zuordnungsfunktion, die Prädikaten bestimmte Untermengen von U, auch Mengen geordneter Paare, Tripel usf. zuordnet. Ob diese Untermengen leer, nicht leer, gleich U usf. sind, wird durch Hinzutreten der Quantoren bestimmt.

Ein quantifizierter Satz ist dann logisch wahr, wenn er

wahr unter allen Interpretationen ist, logisch falsch, wenn er falsch unter allen Interpretationen ist. Eine Menge quantifizierter Sätze ist logisch inkonsistent, wenn falsch unter allen, konsistent, wenn wahr in mindestens einer Interpretation. Eine Satzmenge impliziert einen Satz logisch, wenn es keine Interpretation gibt, in der jedes Element der Menge wahr und der Satz falsch ist. Zwei Sätze sind äquivalent, wenn es keine Interpretation gibt, unter der sie verschiedene Wahrheitswerte haben.

Jede Interpretation führt auf eine Belegung der Einsetzungen von quantifizierten Formeln mit Wahrheitswerten, die sich aus der Belegung ihrer atomaren Komponenten mit Wahrheitswerten ergibt. Ausgehend von der Frage „konsistent oder inkonsistent" – alle anderen logischen Eigenschaften und Relationen sind ja durch sie definierbar –, kann zunächst gesagt werden, daß eine existenzquantifizierte Formel konsistent ist, wenn für eine ihrer Einsetzungen gezeigt werden kann, daß sie konsistent ist, und inkonsistent, wenn für eine ihrer Einsetzungen gezeigt werden kann, daß sie inkonsistent ist. Da alle anderen Einsetzungen dieselbe satzlogische Struktur haben, werden sie ebenfalls inkonsistent sein; mithin gibt es keine, die die existenzquantifizierte Formel, zu der sie als Einsetzung gehört, wahr macht. Sie ist somit inkonsistent. Dieselbe Betrachtung, die in dieser Form nur für monadische prädikatenlogische Formeln gilt, läßt sich auf universalquantifizierte Formeln übertragen. Ist für eine Einsetzung gezeigt, daß sie konsistent ist, so werden alle anderen, da von gleicher logischer Struktur, ebenso konsistent sein – die Formel ist also konsistent. Läßt sich von einer zeigen, daß sie inkonsistent ist, so ist die universalquantifizierte Formel inkonsistent. Das bedeutet, daß universalquantifizierte Formeln im Bereich 1, d. h. in Universen mit nur einem Individuum, konsistent/inkonsistent entscheidbar sind. Auf Grund des Distributionsgesetzes für Universalquantoren gilt, daß jede Menge universalquantifizierter Formeln eine ihr äquivalente einfache universalquantifizierte Formel hat. Demgemäß ist jede Menge universalquantifizierter Formeln, aber auch, auf Grund des entsprechenden Quantorennegationsgesetzes, jede Menge mit universalquantifizierten und negierten existenzquantifizierten Formeln im Bereich 1 entscheidbar.

Für Mengen von existenzquantifizierten Formeln und zu existenzquantifizierten Formeln äquivalenten negierten universalquantifizierten Formeln gilt das nicht. Hier besteht die Möglichkeit, daß diese Formeln in Bereichen, die weniger Individuen enthalten als es Formeln in einer solchen Menge gibt, immer falsch sind. Sie ist dann gegeben, wenn die Prädikatkomplexe der Formeln sich alle gegeneinander ausschließend verhalten und somit nicht zwei von ihnen auf ein und dasselbe Individuum zutreffen können. Abgesehen von dem Fall, daß eine dieser Formeln selbst inkonsistent oder inkonsistent mit einer in der Menge enthaltenen Universalquantifizierung ist, werden solche Formelmengen aber immer konsistent werden und bleiben in Bereichen, die mindestens ebenso viele Individuen enthalten, wie es existenzquantifizierte und negierte universalquantifizierte Formeln in der Menge gibt. Die einander ausschließenden Prädikatkombinationen können dann auf verschiedene Individuen verteilt werden.

Es läßt sich also für die bis jetzt betrachteten Fälle immer ein endlicher Bereich angeben, in dem Formeln konsistent/inkonsistent entscheidbar sind. Das gilt aber nicht für alle Fälle, in denen Relationen auftreten. Es gibt hier Formeln und Formelmengen, die für jeden endlichen Bereich immer inkonsistent sind, jedoch in einem abzählbar unendlichen Bereich konsistent werden, z. B.:

$\{(\forall x)\,(\forall y)\,(\forall z)\,((Gxy \,\&\, Gyz) \supset Gxz);\ (\forall z) - Gzz;\ (\forall x)$
$(\exists w)\,Gwx\}$

Unter der Interpretation: U = Bereich der positiven ganzen Zahlen, G = größer, wird diese Menge für jeden hier herausgeschnittenen endlichen Bereich immer falsch werden, da die hier vorkommende größte Zahl die im dritten Satz geforderte Bestimmung nicht erfüllen kann, ohne mit den beiden ersten in Konflikt zu geraten. Ist der Bereich aber unendlich, so kann immer eine neue Zahl gewählt werden, um den dritten Satz wahr zu machen. Allgemein gilt: Wenn eine Satzmenge konsistent ist, dann gibt es eine Interpretation im Bereich der positiven ganzen Zahlen, für die jedes Element der Menge wahr ist. Ebenso gilt, daß jede Satzmenge, die eine Interpretation in einem überabzählbaren Bereich hat, die alle ihre Elemente wahr macht, eine Interpretation im Bereich der abzählbar unendlichen positiven ganzen Zahlen hat. Das bedeutet aber auch, daß es jenseits der monadischen Prädikatenlogik Formeln und Mengen von Formeln mit Relationen, die eine bestimmte Form haben, geben wird, die nicht effektiv entscheidbar sind, d. h., die Feststellung „ist konsistent" kann nicht in einer endlichen Reihe von Schritten mechanisch erreicht werden.

2.2.3 Das Verzweigungsverfahren in der Prädikatenlogik

Die folgenden Regeln berücksichtigen, was in 2.2.2 gesagt wurde:

$(\exists x)\,\varphi x \checkmark$		$-(\forall x)\,\varphi x \checkmark$		$(\forall x)\,\varphi x$		$-(\exists x\ \varphi x$	
φt	$(\exists x)$	$-\varphi t$	$-(\forall x)$	φt	$(\forall x)$	$-\varphi t$	$-(\exists x)$

Restriktionen

1) Die Einsetzungsregeln können nur auf Quantoren angewendet werden, die leitende Operatoren sind, d. h., wo immer Satzkonnektive leitende Operatoren sind, müßen die sie betreffenden Dekompositionsregeln zuerst angewandt werden.
2) In mehrfach quantifizierten Formeln muß immer die im links stehenden Quantor vorkommende Variable zuerst eingesetzt werden, auch wenn dadurch die in 3) und 4) festgelegte Reihenfolge nicht eingehalten werden kann.
3) Alle nach den Regeln $(\exists x)$, $-(\forall x)$ vorzunehmenden Einsetzungen müssen vor den Einsetzungen $(\forall x)$, $-(\exists x)$ vorgenommen werden. Für jede dieser Einsetzungen ist ein Term zu wählen, der noch nicht auf dem Pfad vorkommt, zu dem die Formel gehört. Sie werden abgehakt.
4) Einsetzungen mit $(\forall x)$, $-(\exists x)$ können nur vorgenommen werden, nachdem alle Einsetzungen 3) durchgeführt wurden. Sie sind mit allen Termen durchzuführen, die auf dem Pfad, zu dem sie gehören, vorkommen. Kommen keine vor, so sind alle solche Formeln mit ein und demselben beliebig gewählten Term einzusetzen. Sie werden *nicht* abgehakt.

Strategien: Nach jeder Einsetzung 3) werden die Regeln für Satzkonnektive auf die frei werdenden Satzkonnektive angewandt. Ist dieser Prozeß abgeschlossen, so prüfe man, ob mit einer zulässigen Einsetzung 4) Pfade oder die ganze Verzweigung zum Schließen zu bringen sind. Gelingt letzteres, so ist Inkonsistenz nachgewiesen. Bleiben Pfade offen, so ist nachzuweisen, daß es mindestens einen gibt, der immer offen bleiben wird und damit Konsistenz anzeigt. Folgende Fälle können auftreten:

a) Es gibt einen Pfad, der nur quantifizierte Formeln (3) enthält. Sie werden alle abgehakt sein. Er ist offen und abgeschlossen, d. h., alle Wahrheitsbedingungen sind angegeben, und er zeigt Konsistenz für einen endlichen Maximalbereich an.

b) Ist a) nicht gegeben, so wähle man einen Pfad, in dem in 1) die in 3) und 4) vorgeschriebene Reihenfolge eingehalten werden kann und der in 3) die geringste Anzahl von Termen erhielt. Man führe alle Einsetzungen nach 4) durch. Ergibt sich dann nach Anwendung der Dekompositionsregeln für Satzkonnektive ein offener Pfad, so ist Konsistenz in einem endlichen Maximalbereich nachgewiesen.

c) Es liegt nur ein Pfad vor, auf dem die Restriktion 2) verhindert, die in 3) und 4) vorgeschriebene Reihenfolge einzuhalten. Das wird immer dann der Fall sein, wenn ein Allquantor vor einem Existenzquantor einzusetzen ist. Nach 3) ist der Existenzquantor mit einem neuen Term einzusetzen, mit dem dann aber auch der nicht abgehakte Allquantor einzusetzen ist. Der dann wiederum zum leitenden Operator gewordene Existenzquantor ist wiederum mit einem neuen Term einzusetzen usf. in infinitum. Ein einfachster solcher Fall ist:

1)	(∀x) (∃y) Rxy	
2)	(∃y) Ray ✓	1) (∀*x*)
3)	Rab	2) (∃*y*)
4)	(∃y) Rby ✓	3) (∀*x*)
5)	Rbc	4) (∃*y*) usf.

Ein solcher Pfad wird für keinen endlichen Maximalbereich vollständig, gibt also eine definitive Bejahung auf die Frage „konsistent?“ nicht an. Der Prozeß kommt nicht zum Abschluß. Es kann jedoch in einfachen Fällen wie dem vorliegenden *geschlossen* werden, daß er auch nicht schließen wird. Mithin ist die Formel konsistent, weil erfüllbar in einem unendlichen Bereich. Daß dieser Schluß richtig ist, kann in komplexen Fällen nur durch den Beweis sichergestellt werden, daß der Pfad, auf dem eine solche Formel vorkommt, durch keine anderen Formeln der Formelmenge, zu der sie gehört, zum Schließen gebracht werden kann.

2.3 Prädikatenlogik in ND

Den Satzkonnektive betreffenden Regeln sind folgende Regeln hinzuzufügen:

Universaleinführung:

n	A_n	
p	φt	
q	$(\forall x)\varphi x$	$(\forall x)$E, p

$(\forall x)$E Restriktionen:

1) t darf nicht in den Annahmen vorkommen.
2) t darf in $(\forall x)\varphi x$, nicht in φ vorkommen (t muß uniform durch die Variable in $(\forall x)$ in φx ersetzt werden).

Existenzeinführungen:

n	A_n	
p	φt	
q	$(\exists x)\varphi x$	$(\exists x)$E, p

$(\exists x)$E Keine Restriktionen.

Universalbeseitigung:

n	A_n	
p	$(\exists x)\varphi x$	
q	φt	$(\forall x)$B, p

$(\forall x)$B Keine Restriktionen.

Existenzbeseitigung:

n	A_n		
p	$(\exists x)\varphi x$		
q		φt	
r		C	
r + 1	C		$(\exists x)$B, p, q – r

$(\exists x)$B Restriktionen:

1) t darf nicht in Annahmen vorkommen.
2) t darf nicht in C vorkommen.
3) t darf nicht in $(\exists x)\varphi x$ vorkommen.

Informelle Zusammenfassung:
t darf nicht in übergeordneten Ableitungen vorkommen.

Restriktion 1) der Universaleinführung $(\forall x)$E stellt sicher, daß universalquantifizierte Sätze nur aus Termen ableitbar sind, die durch universalquantifizierte Sätze, d. h. durch Universalbeseitigung $(\forall x)$B gewonnen wurden. Restriktion 1) der Existenzbeseitigung $(\exists x)$B stellt sicher, daß für jede solche Einsetzung ein neuer Term gewählt wird. Restriktion 2) der Universaleinführung stellt sicher, daß das, was in φt über ein Individuum gesagt wird, nicht auf verschiedene Individuen verteilt werden kann. Analog stellt Restriktion 3) der Existenzbeseitigung sicher, daß das, was von verschiedenen Individuen gesagt wurde, nicht auf ein Individuum bezogen wird. Restriktion 2) der Existenzbeseitigung ist notwendig, weil φt nur eine angenommene Wahrheitsbedingung für $(\exists x)\ \varphi x$ ist, die dementsprechend mit der Beseitigung der Annahme auch zu beseitigen ist. Die Quantorennegationsgesetze sind ableitbar und können deshalb als zusätzliche abgeleitete Regeln benutzt werden.

2.4 Axiomatische Darstellung

Die Axiome der Aussagenlogik und:

1) $(\forall x)(\varphi x \supset \varphi x) \supset ((\forall x)\, \varphi x \supset (\forall x)\, \psi\, x)$
2) $(\forall x)(A \supset \varphi x) \supset (A \supset (\forall x)\, \varphi x)$
3) $(\forall x)\, \varphi x \supset \varphi t$
4) $(\forall x)\, \varphi x$, wenn eine seiner Einsetzungen φt ein Axiom ist.

Regeln: Jedes Axiom A ist ein Theorem.
Wenn $\vdash \varphi \supset \psi$ und $\vdash \varphi$, dann $\vdash \psi$

2.5 Erweiterungen in der Prädikatenlogik erster Stufe

2.5.1 Identität

Identität wird im Verzweigungsverfahren und in natürlicher Deduktion durch Regeln eingeführt, die sich aus den Eigenschaften der Identität, nämlich symmetrisch und transitiv zu sein, ableiten lassen, s. u. 2.7.

$$\frac{t_1 = t_2}{t_2 = t_1} \qquad \frac{\begin{array}{c} t_1 = t_2 \\ t_2 = t_3 \end{array}}{t_1 = t_3}$$

„——" zeigt an, daß die Zeile darunter in jeder Ableitung bzw. auf jedem Pfad gewonnen werden kann, wenn die darüber stehenden Zeilen vorkommen.

Da „=" totalreflexiv ist, s. u. 2.7, gilt die Gewinnung einer Formel $-(t = t)$, kurz geschrieben als $t \neq t$, wenn $t = t$ vorkommt, als Widerspruch.
Aus dem Leibniz-Prinzip für Individuen

$$(\forall x)(\forall y)((x = y) \supset (\varphi x \supset \varphi y))$$

sind die Regeln

$$\begin{array}{c} \varphi t_1 \\ t_1 = t_2 \\ \hline \varphi t_2 \end{array} \qquad \begin{array}{c} \varphi t_1 \\ -\varphi t_2 \\ \hline t_1 \neq t_2 \end{array}$$

zu gewinnen. In axiomatischer Darstellung genügen:

$$t_1 = t_1$$
$$t_1 = t_2 \supset \left(\varphi^{x}_{t_1} \supset \varphi^{x}_{t_2}\right)$$

2.5.2 Funktionen

Funktionen sind eine besondere Art von Relationen, nämlich die, deren Extension für jedes Element ihres Bereiches genau ein Paar enthält, das dieses Element als erste Komponente enthält, d. h., sie ordnet jedem Objekt x genau ein Objekt y zu und damit umgekehrt – jedoch nicht in allen Fällen – in der konversen Funktionsrelation dem Objekt y genau dieses Objekt x. Somit ist z. B. „größer als" keine Funktion, aber „unmittelbarer Nachfolger" ist eine. Angenommen wird weiter, daß ein x in $= \mathfrak{f}x$, wenn es die Funktionsrelation zu keinem anderen Objekt hat, eben diese Relation zu sich selbst haben wird. Diese Bedingungen der Einzigkeit und der Existenz, die jedes Funktionssymbol zu erfüllen hat, d. h. jede Relation, die als Funktion dienen kann, lassen sich formalisiert angeben als:

Einzigkeit: $(\forall x)\ (\forall y)\ (\forall z)\ ((y = \mathfrak{f}x\ \&\ z = \mathfrak{f}x) \supset y = z)$
Existenz: $(\forall x)\ (\exists y)\ y = \mathfrak{f}x$

Sie erweisen sich als wf.-wahr, d. h., die Verzweigung ihrer Negation schließt, wenn $\mathfrak{f}a$, $\mathfrak{f}\mathfrak{f}a$ usf. wie Namen behandelt werden und somit das Auftreten von $\mathfrak{f}a \neq \mathfrak{f}a$ als Widerspruch behandelt wird.

Wohlgeformte atomare Formeln sind demgemäß:

$a = \mathfrak{f}b$, $a = \mathfrak{f}\mathfrak{f}c$, $a = \mathfrak{f}\mathfrak{f}\mathfrak{f}d$ usf. aber auch
$a = \mathfrak{f}a$, $a = \mathfrak{f}\mathfrak{f}a$, $a = \mathfrak{f}\mathfrak{f}\mathfrak{f}a$ usf.

2.5.3 Definite Deskriptionen

Wenn ein Prädikat die Aufgabe erfüllen soll, die in natürlicher Sprache durch Eigennamen erfüllt werden soll – ob sie sie erfüllen und wie sie das tun, ist freilich fraglich (vgl. Haupttext III, 3) –, nämlich ein und nur ein Individuum zu bezeichnen, so kann das in der Sprache der Prädikatenlogik durch den Jotaoperator zum Ausdruck gebracht werden:

$(\iota x)Px$

Weitere Prädikate werden so bestimmten Individuen durch

$Q(\iota x)Px$

zugeordnet. Der Jotaoperator kann als Grundoperator, der nicht auf andere zurückführbar ist, behandelt werden, er kann aber auch definitorisch durch Quantoren und Identität eingeführt werden. Sein Definiens wäre:

$(\exists x)\ (\forall y)\ (Px \equiv x{=}y)$;
$(\exists x)\ (Px \,\&\, (\forall y)\ (Py \supset x = y))$

ist eine auch oft gebrauchte Formel, die logisch äquivalent ist. Weitere Prädikate können zugeordnet werden durch:

$(\exists x)(\forall y)((Px \equiv x = y) \,\&\, Qx)$,

das demgemäß das Definiens für

$Q\ (\iota x)Px$

ist. Durch diese Definition wird festgelegt nicht nur, daß das gekennzeichnete Individuum einzigartig ist, sondern auch, da der leitende Operator ein Existenzoperator ist, daß es existiert. Das hat erhebliche philosophische Konsequenzen, vgl. Haupttext III, 3, S. 170: dort zeigt sich, daß die Negation $-Q(\iota x)Px$ zweideutig ist. Sie kann nämlich a) als

$-(\exists x)(\forall y)((Px \equiv x = y) \& Qx)$ und b) als
$(\exists x)(\forall y)((Px \equiv x = y) \& -Qx)$

interpretiert werden. Durch Verabredung kann a) als die korrekte Interpretation gewertet werden. Es kann auch weiter festgelegt werden, daß Q zwar auch eine Relation sein kann, aber selbst keine weiteren Konnektive und Quantoren enthalten darf. Für die Wiedergabe von b) und allgemein komplexer Ausdrücke Q sind dann besondere Vorkehrungen nötig.

Wenn $(\iota x)Px$ mehr tun soll, als bloß Einzigartigkeit und Existenz zu fordern, nämlich das betreffende Individuum im Kontext des Universums kontextuell kennzeichnen und somit auffindbar machen soll, dann muß P besondere Bedingungen erfüllen. Die Aufgabe ist annähernd gelöst, wenn P Relationen angibt, vollständig aber nur, wenn es Funktionen enthält.

2.6 Prädikatenlogik höherer Stufe

Die Erweiterungen 2.5.2 und 2.5.3 können definitorisch auf die Prädikatenlogik erster Stufe mit Identität zurückgeführt werden und gehören mithin zu ihr. Um Eigenschaften von Prädikaten bzw. Prädikate von Prädikaten einzuführen, sind echte Erweiterungen notwendig.

2.6.1 Quantifizieren über Prädikate

Zugelassen werden Prädikatvariable und Prädikatenprädikate. Die Formationsregeln der Prädikatenlogik erster Stufe werden auf sie übertragen. Damit sind Ausdrücke wie:

$(\exists R)(\exists y)\ (\forall x)(Rxy)$
$(\exists R)\ TR$

zulässig.

Prädikatenprädikate können in zwei Klassen eingeteilt werden, solche, die auf Ausdrücke der Prädikatenlogik erster Stufe zurückführbar sind (vgl. für Beispiele 2.7), und solche, für die das nicht der Fall ist, wie z. B. in dem Ausdruck, der das Leibniz-Prinzip der Identität der Ununterscheidbaren zum Ausdruck bringt.

$$(\forall x)(\forall y)((\forall P)(Px \equiv Py) \supset x = y)$$

Läßt man nur erstere zu, ist volle Reduktion auf die Prädikatenlogik erster Stufe möglich und es liegt keine echte Erweiterung vor. Das Antinomienproblem wird vermieden. Läßt man nicht reduzierbare Prädikate zu, werden zur Vermeidung der Ableitbarkeit von Antinomien die Restriktionen der Typentheorie notwendig, vgl. Haupttext. II, 1 b.

2.6.2 Der Lambdaoperator

Der Lambdaoperator ist eine weitere Möglichkeit, über die Prädikatenlogik erster Stufe hinauszukommen. Er bildet aus einer propositionalen Funktion den Namen einer Klasse, der Klasse der Gegenstände, die durch die propositionale Funktion ausgewählt wird. Die Grammatik der Prädikatenlogik schließt dann Formeln, die gemäß 2.1.3 gebildet werden, eben die propositionalen Funktionen ein. Die Formationsregeln für den Lambdaoperator sind dieselben wie für Quantoren. Aus Fx kann (λx)Fx, aus Rxy (λxy)Rxy gebildet werden, die als Namen von Klassen und von Klassen geordneter Paare gebraucht werden können.

Eigenschaften von solchen Klassen werden durch solchen Namen zugeordnete Prädikate angegeben. So kann „T(λxy)Rxy" die Eigenschaft einer Klasse geordneter Paare angeben, die durch einen Relationsausdruck als propositionale Funktion mit Hilfe des Lambdaoperators gebildet wird, als T, z. B. transitiv zu sein. Der Lambdaoperator kann auch auf Prädikatenvariable angewendet werden. Auf diese Weise kann die Notation für die gesamte Prädikatenlogik höherer Ordnung gewonnen werden. Es gilt allerdings auch hier, daß Restriktionen eingeführt werden müssen, um Antinomien zu vermeiden.

2.7 Eigenschaften von Relationen

Eine Reihe von Eigenschaften von Relationen, also Prädikatenprädikaten, ist allgemein und im besonderen für das Verständnis von Anhang II von Interesse. Sie lassen sich alle auf Formeln definitorisch zurückführen, die in der Prädikatenlogik erster Stufe gebildet werden können.

Transitivität	$(\forall x)(\forall y)(\forall z)((Rxy \,\&\, Ryz) \supset Rxz)$
Nontransitivität	$-(\forall x)(\forall y)(\forall z)((Rxy \,\&\, Ryz) \supset Rxz)$
Intransitivität	$(\forall x)(\forall y)(\forall z)((Rxy \,\&\, Ryz) \supset -Rxz)$
Symmetrie	$(\forall x)(\forall y)(Rxy \supset Ryx)$
Nonsymmetrie	$-(\forall x)(\forall y)(Rxy \supset Ryx)$

Asymmetrie	$(\forall x)(\forall y)(Rxy \supset -Ryx)$
Reflexivität	$(\forall x)(\forall y)(Rxy \supset Rxx)$
Totalreflexivität*	$(\forall x)Rxx$
Irreflexivität	$(\forall x)(\forall y)(Rxy \supset -Rxx)$

* Zuweilen auch „Reflexivität“ genannt.

Anhang II: Abriß der nachklassischen Modallogik

Von Glen Helman

1. Aussagenlogik für einfache Modalitäten

,□A' wird gebraucht als Formel für modalisierte Sätze. ,□A' kann verschieden interpretiert werden, z. B. als ,notwendig A', ,es soll der Fall sein, daß A', ,es wird immer der Fall sein, daß A'. ,◇A' steht für modalisierte Sätze, die dual zu ,□A' sind und wird dementsprechend als

$$\Diamond A = \text{df: } -\Box -A$$

definiert. ,◇A' kann als ,möglich A', ,es ist erlaubt, daß A', ,es ist manchmal der Fall, daß A' interpretiert werden.

Es wird unterstellt, daß alle anderen wahrheitswertfunktionalen Konnektive durch ,–' und ,⊃' definiert werden können.

1.1 Axiomatische Darstellung

Die ältesten modalen Systeme sind die Systeme S1, S2 und S3 von C. I. Lewis. Die hier gegebenen Axiomatisierungen folgen E. Lemmon für S1 und S. A. Kripke für S2 und S3.

S1) Axiome:

1) □ A, wenn A eine wf.-Tautologie ist
2) $\Box((\Box(A \supset B) \& \Box(B \supset C)) \supset \Box(A \supset C))$
3) $\Box(\Box A \supset A)$
4) $\Box A \supset A$

Regeln: 1) Wenn $\vdash A \supset B$ und $\vdash A$, dann $\vdash B$.
2) Wenn $\vdash \Box(A \equiv B)$, dann $\vdash \Box(C \equiv C')$, wobei C' das Resultat der Ersetzung von A durch B in C in einer beliebigen Anzahl von Stellen ist, in denen A in C vorkommt.

S2) Strikte Axiome: 1) A, wenn A eine wf.-Tautologie ist.
2) $\Box A \supset A$
3) $\Box(A \supset B) \supset (\Box A \supset \Box B)$
4) $\Box B \supset \Box A$, wenn A ein striktes Axiom ist.

Normales Axiom: 5) $\Box(A \supset A)$

Regel: 1) Wenn $\vdash A \supset B$ und $\vdash A$, dann $\vdash B$.

S3) Wie S2, wenn Axiom 3 durch 3') $\Box(A \supset B) \supset \Box(\Box A \supset \Box B)$ ersetzt wird.

S1, S2 und S3 unterscheiden sich von stärkeren Systemen insofern, als in ihnen das Prinzip

$$\text{Wenn } \vdash A, \text{ dann } \vdash \Box A$$

nicht gilt.

Eine Gruppe von Logiken, in denen dieses Prinzip hält, sind die Systeme, die sich aus dem System K (d. h. dem System mit den unten genannten Axiomen 1, 2 und 4) und einem oder mehreren der unter 3 genannten Axiome ergeben. Mit Lemmon kann diese Gruppe allgemein wie folgt charakterisiert werden:

Axiome: 1) A, wenn A eine wf.-Tautologie ist
2) $\Box(A \supset B) \supset (\Box A \supset \Box B)$

3) Axiome $X_1 \ldots X_n$ die aus der folgenden Liste zu wählen sind:

D. $\Box A \supset \Diamond A$

T. $\Box A \supset A$

4. $\Box A \supset \Box\Box A$

B. $A \supset \Box\Diamond A$

E. $\Diamond A \supset \Box\Diamond A$

H. $(\Diamond A \& \Diamond B) \supset (\Diamond(A \& B) \vee \Diamond(A \& \Diamond B) \vee \Diamond(\Diamond A \& B))$

A. $\Box\Box A \supset \Box A$

G. $\Diamond\Box A \supset \Box\Diamond A$

4) $\Box A$, wenn A ein Axiom ist

Regel: 1) Wenn $\vdash A \supset B$ und $\vdash A$, dann $\vdash B$.

Ein System der Gruppe, die nach dem einfachsten ihrer Systeme auch Gruppe K genannt wird, wird beschrieben durch ‚K $X_1 \ldots X_n$', wobei sich K auf die Axiome 1, 2 und 4 bezieht und ‚$X_1 \ldots X_n$' eine u. U. leere Folge von Symbolen ‚DT4… G' ist, die die für das System charakteristischen zusätzlichen Axiome angeben. So bezeichnet z. B.

KT4 das System S4 von C. I. Lewis
KT4G das System S4.2
KT4H das System S4.3

Das System S5 von Lewis kann sowohl durch KT4B als auch durch KTE charakterisiert werden. Das System KT entspricht dem von R. Feys entwickelten System T und dem System M von G. H. v. Wright.

1.2 Semantik

Eine Logik wird semantisch beschrieben durch Angabe einer Klasse von Modellen, die dieser Logik entsprechen. Jedes Modell in einer Klasse von Modellen liefert eine vollständige Spezifizierung einer Zugangsrelation R zwischen den Elementen einer Menge W „möglicher Welten" (vgl. Haupttext, S. 193f.). Da in jeder Logik durch ihre Beschreibung $KX_1\ X_2 \ldots X_n$ eine Mehrzahl von solchen Spezifikationen zulässig sind, hat man Klassen von Modellen. Die Angabe der Klasse von Modellen legt fest, wann ein Satz in einem dieser Modelle gültig ist. Ein Satz ist ein gültiger Satz der Logik, wenn er in jedem Modell der Klasse von Modellen, die diese Logik charakterisieren, gültig ist. Man kann drei Arten unterscheiden:

Allgemeine Kripke-Modelle:
Zugrunde liegt eine Struktur $\langle W, N, R, I \rangle$, in der:

1) W eine nicht leere Menge von Welten repräsentiert.
2) N eine nicht leere Untermenge von W, die Menge der *normalen* Welten (vgl. Haupttext, S. 195) repräsentiert.
3) R eine binäre Relation über W zwischen einer Welt und anderen Welten, die unterschiedene Alternativen zu dieser Welt sind, darstellt.
4) I eine Funktion ist, die jedem *atomaren* Satz P die Menge von Welten zuordnet, in denen P wahr ist.

Dies vorausgesetzt, kann eine Funktion E definiert werden, die jedem Satz A einen Wahrheitswert E(w, A) mit Bezug auf jede Welt w zuordnet:

1) $E(w,P) = 1$ gdw $w \in I(P)$
2) $E(w, -A) = 1$ gdw $E(w,A) = 0$
3) $E(w,A \supset B) = 1$ gdw $E(w,A) = 0$, oder $E(w,B) = 1$
4) $E(w,\Box A) = 1$ gdw $w \in N$ und $E(w',A) = 1$ für alle w', für die gilt wRw'.

4) Legt fest, daß ein Satz $\Box A$ wahr für eine Welt w ist, wenn w normal ist und A wahr in allen Welten ist, die Alternativen zu w sind.

Definition der Gültigkeit: Ein Satz A ist gültig in einem Modell, wenn und nur wenn E(w, A) = 1 für jede Welt w in N.

Normale Kripke-Modelle:
Es handelt sich um die Modelle, in denen N = W ist. In der allgemeinen Strukturbeschreibung kann N fallengelassen werden: <W,R,I>. N braucht in 4 nicht erwähnt zu werden und wird in der Definition der Gültigkeit durch W ersetzt.

Universale Kripke-Modelle:
Es handelt sich um die Modelle, in denen R universal ist, d. h. wRw' für alle w und w'. 4 kann vereinfacht werden zu:

4') E(w, □A) gdw E(w',A) = 1 für jedes w' in W.

Ein Satz ist gültig in einem universalen Modell, wenn E(w,A) = 1 für alle w in W.

Auf dieser Grundlage können nun die Klassen von Modellen angegeben werden – mit Ausnahme von S1 –, die den oben erwähnten Axiomensystemen entsprechen. Was erforderlich ist, sind Angaben über R.

S2 wird durch die allgemeinen Kripke-Modelle erfüllt, für die gilt, daß wRw für alle w in N. S3 wird durch die allgemeinen Kripke-Modelle erfüllt, für die gilt: für alle w in N, wRw; und für alle w,w' in N und alle w" in W: wenn wRw' und w'Rw", dann wRw".

Das System K und die durch Angabe zusätzlicher Axiome $X_1 \dots X_n$ aus ihm zu gewinnenden Systeme werden durch normale Kripke-Modelle erfüllt. Die zusätzlichen Axiome können durch Angabe entsprechender Eigenschaften von R repräsentiert werden.

D: Für jedes w in W gibt es ein w', so daß wRw'
T: Für jedes w in W: wRw (d. h., R ist totalreflexiv).
4: Für jedes w, w', w'' in W: wenn wRw' und w'Rw'', dann wRw'' (d. h., R ist transitiv).
B: Für jedes w, w' in W, wenn wRw', dann w'Rw (d. h., R ist symmetrisch).
E: Für jedes w, w', w'' in W, wenn wRw' und wRw'', dann w'Rw''.
H: Für jedes w, w', w'' in W: wenn wRw' und wRw'', dann entweder w' = w'' oder w'Rw'' oder w''Rw'.
A: Für jedes w, w', w'' in W: wenn wRw', dann gibt es mindestens ein w'' in W, so daß wRw''und w''Rw'.
G: Für jedes w, w', w'' in W: wenn wRw' und wRw'', dann gibt es ein w''' in W, so daß w'Rw''' und w''Rw'''.

$KX_1 \ldots X_n$ bestimmt die Klasse normaler Modelle, in denen R die Bedingungen $X_1 \ldots X_n$ erfüllt und wird auch benutzt, um diese Klasse zu bezeichnen.

S4 wird erfüllt durch die Klasse KT4, d. h. durch die normalen Kripke-Modelle, in denen R die Eigenschaften T4 hat. S5 ist erfüllt durch die normalen Kripke-Modelle, in denen R durch die Eigenschaften T4B, aber auch durch die Modelle, in denen es durch TE, die Eigenschaften der sogenannten Äquivalenzrelation, bestimmt ist. Es wird aber auch durch die universalen Kripke-Modelle, in denen R universal ist, erfüllt. Daß ein System durch mehrere Klassen von Modellen erfüllt wird, ergibt sich häufig. Für viele der erwähnten Systeme gilt weiter, daß sie durch die Teilklasse der Klassen ihrer Modelle erfüllt werden können, die sich durch die zusätzliche Annahme, daß W endlich sei, ergeben. Sie haben die Eigenschaft des endlichen Modells (finite model property).

Die Bedeutung von R und seinen Eigenschaften ändert

sich mit den unterschiedlichen Interpretationen von ‚□'. Wenn ‚□A' ‚notwendig A' bedeuten soll, dann wRw' gdw w' eine Möglichkeit mit Bezug auf w ist. Wenn , □A' ‚es soll der Fall sein, daß A' bedeutet, dann wRw' gdw w' moralisch ideal mit Bezug auf w ist. Wenn ‚□A' ‚es wird immer der Fall sein, daß A' bedeutet, dann wRw' gdw w' ein Zeitpunkt im Zukunftshorizont von w ist. Starke, aber natürliche Zusammenstellungen von Eigenschaften für diese drei Interpretationen sind TE (oder TB4), D4E und D4HA. Da nicht angenommen werden kann, daß jede Welt moralisch ideal mit Bezug auf sich selbst ist und beim Zeitpunkt in seinem eigenen Zukunftshorizont liegt, ist T für die zweite und dritte Interpretation nicht zulässig. D ist ein schwächeres Substitut, das nur ansetzt, daß für jede Welt eine moralisch idealere existiert bzw. daß jeder Zeitpunkt irgendeinen Zeitpunkt in seinem Zukunftshorizont hat. In der deontischen Interpretation besagt die von E, daß alle Welten, die ideal mit Bezug auf eine gegebene Welt sind, auch untereinander ideal sind. Das ist deontisch plausibel, aber ein entsprechendes Prinzip kann in einer temporalen Interpretation nicht verwendet werden. H ist hier ein schwächeres Substitut, das festlegt, daß einer von zwei verschiedenen Zeitpunkten in der Zukunft immer im Zukunftshorizont des anderen liegen muß. A ist eine andere Konsequenz von E und besagt, daß es keinen ersten Zeitpunkt in der Zukunft für einen gegebenen Zeitpunkt gibt, ein Aspekt der Kontinuität der Zeit. 4 erscheint in allen gegebenen Zusammenstellungen. Es muß eliminiert werden, wenn die Modalität hinsichtlich ihrer Ausdehnung eingeschränkt wird, wenn z. B. ‚□A' ‚für die nächste Zukunft wird es der Fall sein, daß A' bedeuten soll (vgl. Haupttext, S. 198f.).

1.3 Verzweigungstechnik

Das Verzweigungsverfahren kann für die Lösung von Problemen in den modalen Systemen der Gruppe K angewendet werden. Die Regeln für den Ansatz der Prüfung auf logische Eigenschaften und Relationen bleiben dieselben. Hinzu tritt lediglich die Regel, daß alle Sätze im Ansatz mit ‚0' zu indizieren sind: A_0.

Die verwendete Sprache führt folgende Änderungen bzw. Ergänzungen ein:

1) Sätze A werden durch Zahlen i (0, 1, 2,...) indiziert und erscheinen als A_i. Die Indizes beziehen sich auf verschiedene „mögliche Welten".
2) Es werden Bedingungen der Form iRj durch die Regeln für die Dekomposition von $\Diamond A_i$ und $-\Box A_i$ und die Regeln für 4, B, E, T, D und A eingeführt. Sie sind Bedingungen für die Anwendung der Dekompositionsregeln $\Box$A und $-\Diamond$A.

Dekompositionsregeln:

1) Alle Regeln für die Dekomposition wahrheitswertfunktionaler Konnektive.

2) Regeln für $\Box$, $\Diamond$, $-\Box$, $-\Diamond$:

Regel $\Box$A:	p	iRj		Regel $-\Diamond$A:	p	iRj	
	q	$\Box A_i$			q	$-\Diamond A_i$	
	t	A_j	$\Box$A, p, q		t	$-A_j$	$-\Diamond$A, p, q

Die Regeln können nur angewendet werden, wenn die Bedingung iRj im Verzweigungspfad ist oder durch andere Regeln in den Pfad gebracht werden kann. Ein Pfad ist vollständig und offen nur dann, wenn die Regeln auf alle solchen Bedingungen, die in ihn gebracht werden können, angewandt wurden. Zeilen der Form $\Box A_i$ und $-\Diamond A_i$ können nicht abgehakt werden. Es ist zu beachten, daß es sich bei diesen und den folgenden Regeln nicht um eine Dekomposition in Wahrheitswertbedingungen handelt, wie bei den Regeln von 1. Es gilt, daß t aus q folgt, wenn die durch K festgelegten Bedingungen für R gelten, was durch Zeile p als zusätzliche Prämisse unterstellt wird.

Regel $\Diamond A$:

p		$\Diamond A_i$ ✓		
r	iRk	$iRn_1 \ldots iRn_m$		$\Diamond$A, p
s	A_k	$A_{n_1} \ldots A_{n_m}$		

Regel $-\Box A$:

p		$-\Box A_i$ ✓		
r	iRk	$iRn_1 \ldots iRn_m$		$-\Box$A,p
s	$-A_k$	$-A_{n_1} \ldots -A_{n_m}$		

‚k' muß eine Zahl sein, die nicht im Pfad vorkommt. $n_1 \ldots n_m$ in den anderen Zweigen rechts von k sind die Zahlen, die bereits im Pfad vorkommen. Der linke Pfad mit k *muß* hinzugefügt werden. Die Pfade rechts können hinzugefügt werden. Welche Pfade hinzugefügt werden, hängt von strategischen Gesichtspunkten ab. Die Strategieregel lautet: man wähle einen der Pfade n_1 bis n_m, der vollständig und offen sein wird.

3) Regeln, die Eigenschaften von Relationen betreffen, die durch Erweiterungen des Systems K festgelegt werden:

Regel 4:

p	iRj	
r	jRk	
s	iRk	4,p,r

Regel B:

p	iRj	
r	jRi	B, p

Regel E:

p	iRj	
r	iRk	
s	jRk	E,p,r

Regel T:

iRi	T

Regel D:

iRk	iRn_1	iRn_m	D

Regel A:

p		iRj		
s	iRk	iRn_1	iRn_m	A,p
t	kRj	n_1 Rj	n_mRj	

In Regel D und A gelten dieselben Zusatzregeln und strategischen Gesichtspunkte, die oben für die Regeln $\Diamond$A und $-\Box$A genannt wurden. Alle diese Regeln lassen sich quantorenlogisch aus den Eigenschaften von R ableiten. In einer solchen Ableitung fungieren i, j, k, n_1, n_2... als Einsetzungen in Variable x, y, deren Bereich alle w aus W sind. So ergibt sich in Regel 4 iRk aus iRj und jRk durch die implizit vorausgesetzte Eigenschaft der Transitivität für R, d. h. aus:

$$(\forall x)(\forall y)(\forall z)((xRy \,\&\, yRz) \supset xRz) \qquad x, y, z \in W$$

Die mehrfache Verzweigung in D und A – eine Regel für G kann auf ähnliche Weise konstruiert werden – wird erforderlich, weil die diesen Eigenschaften entsprechenden quantorenlogischen Formeln Existenzquantoren enthalten. Dasselbe gilt für die Regeln $\Diamond$A und $-\Box$A, die zum Ausdruck bringen, daß es mindestens ein w in W gibt, in dem A_i bzw. $-A_i$ wahr ist. Eine Regel für H kann konstruiert werden, wenn Bedingungen für i = j hinzugefügt werden und mit ihnen die Regeln, die für „=" allgemein im Verzweigungsverfahren gelten. Das Verfahren kann auch über die normalen Systeme hinaus auf allgemeine und universale Systeme mit Einführung entsprechender Regeln ausgedehnt werden. Vereinfachte Systeme für die vom logischen Gesichtspunkt betrachtet wichtigen Systeme S4 und S5 wurden von M. F. Fitting entwickelt.

Es gilt nun:

1) Ein Verzweigungspfad ist geschlossen, wenn ein Satz und dessen Negation mit derselben Indexzahl im Pfad vorkommen.
2) Ein Verzweigungspfad ist offen und vollständig, wenn er nicht geschlossen ist und

a) alle zusammengesetzten Ausdrücke, ausgenommen $\Box A$ und $-\Diamond A$, abgehakt sind.

b) Wenn die Regeln für $\Box A$ und $-\Diamond A$ dem Verzweigungspfad nichts mehr hinzufügen, d. h. auf alle im Pfad vorkommenden und durch andere Regeln zu gewinnenden i, j, k... angewendet wurden

c) Die Eigenschaften von R, die die entsprechende Logik fordert, sind erfüllt, wenn W die Menge der Indexzahlen im Verzweigungspfad ist und R die Relation ist, die zwischen Indexzahlen i und j besteht, gdw die Bedingung iRj im Pfad auftritt.

Beispiele:

1) Es wird gezeigt, daß $\Box(\Diamond P \equiv \Box\Diamond P)$ ein Theorem von KE ist. Alle Pfade schließen, wenn, wie im Verzweigungsverfahren erforderlich, von der Negation des Theorems (Neg. Th.) ausgegangen wird.

1)	$-\Box(\Diamond P \equiv \Box\Diamond P)_0$ ✓	Neg. Th.		
2)	$0R1_1$	1, $-\Box A$		
3)	$-(\Diamond P \equiv \Box\Diamond P)_1$ ✓	1, $-\Box A$		
4)	$\Diamond P_1$ ✓		$-\Diamond P_1$	3, $-(\equiv)$
5)	$-\Box\Diamond P_1$ ✓		$\Box\Diamond P_1$	3, $-(\equiv)$
6)	1R2	4, $\Diamond A$		
7)	P_2	4, $\Diamond A$		
8)	1R3	5, $-\Box A$		
9)	$-\Diamond P_3$	5, $-\Box A$		
10)	3R2	E, 6, 8		
11)	$-P_2$	$-\Diamond A$, 9, 10		
	x			
	7,11		12) 1R1	E, 2, 2
			13) $\Diamond P_1$	5, 12, $\Box A$
			x	
			4,13	

2) Es wird gezeigt, daß $\Diamond\Box P \supset \Box P$ kein Theorem von KD4 ist. Der rechte Zweig ist vollständig und offen.

1)	$-(\Diamond\Box P \supset \Box P)_0$ ✓		Neg. Th.
2)	$\Diamond\Box P_0$ ✓		1, $-(\supset)$
3)	$-\Box P_0$ ✓		1, $-(\supset)$
4)	0R1		2, $\Diamond$A
5)	$\Box P_1$		2, $\Diamond$A
6)	0R2		3, $-\Box$A
7)	$-P_2$		3, $-\Box$A
8)	1R3	1R1	D
9)		P_1	5, $\Box$A
10)	2R4	$\underline{\underline{\text{2R2}}}$	D

Mit 1R1 durch D in Zeile 8 wird durch $\Diamond$ A von Zeile 5, $\Box P_1$ ein P_1 in Zeile 9 verlangt. Die wiederholte Anwendung von D führt auf ein 2R2 in Zeile 10, auf das sich kein Ausdruck der Form $\Box A_i$, $-\Diamond A_i$ mehr bezieht. Der Pfad ist offen.

2. *Intensionale Interpretation anderer Konnektive*

Vom grammatischen Standpunkt aus betrachtet, besteht die Sprache einer Aussagenlogik im allgemeinsten Sinne aus atomaren Sätzen – zu denen u. U. auch Satzkonstante treten – und aus mit Hilfe von Konnektiven gebildeten zusammengesetzten Sätzen. Modale Logiken, d. h. solche, die Modaloperatoren enthalten, sind nur eine Gruppe der Aussagenlogiken, für die keine klassische, d. h. keine extensionale, sondern eine intensionale semantische Interpretation gegeben werden kann. Eine der Logiken, die ein intensionales semantisches Modell, aber keine Modaloperatoren hat, ist die intuitionistische Logik.

2.1 Semantik

Zunächst ist die allgemeine Form intensionaler Semantiken für aussagenlogische Sprachen anzugeben. Ein Modell für eine aussagenlogische Sprache ist eine Struktur <W, N, I>, in der W eine nicht leere Menge, N eine Untermenge von W und I eine Funktion ist, die jedem atomaren Satz, jeder Satzkonstanten und jedem Konnektiv eine Intension wie folgt zuordnet:

1) Wenn A ein atomarer Satz oder eine Satzkonstante ist, dann ist I(A) eine Untermenge von W.
2) Wenn ‚·' ein n-stelliges Konnektiv ist, dann ist I(·) eine Funktion, die auf Folgen von Untermengen von W angewandt, eine Untermenge von W ergibt.

Die Untermengen von W sind als Propositionen aufzufassen. I ist dann die Funktion, die in I(A) festlegt, welche Proposition durch einen atomaren Satz oder eine Satzkonstante ausgedrückt wird. I legt in 2 fest, in welcher Weise die Proposition, die durch einen zusammengesetzten Satz zum Ausdruck gebracht wird, $\cdot\,(A_1, A_2, \ldots A_n)$, von den Propositionen, die durch die Teilsätze $A_1, A_2, \ldots A_n$ ausgedrückt werden, abhängt. I ordnet demgemäß jedem Satz eine Proposition zu nach der Formel:

$$I(\cdot(A_1, A_2, \ldots A_n)) = I(\cdot)(I(A_1), I(A_2), \ldots I(A_n))$$

Der Wahrheitswert E(w,A) eines Satzes A in einer Welt w wird angegeben durch:

$$E(w, A) = 1 \text{ gdw } w \in I(A)$$

Ein Satz A ist gültig in einem Modell wie zuvor, wenn $E(w, A) = 1$ für jedes w in N. Ein Konnektiv ist extensional in einem Modell, wenn $E(w, \cdot\,(A_1, A_2, \ldots A_n)) = E(w, \cdot\,(B_1, B_2, \ldots B_n))$ für jedes w in N, für das gilt $E(w, A_i) = E(w, B_i)$ für $1 \leqslant i \leqslant n$; d. h., der Wahrheitswert eines extensional zusammengesetzten Satzes hängt lediglich von den Wahrheitswerten der Komponenten und nicht von anderen Eigenschaften der Proposition ab, die er zum Ausdruck bringt. Andererseits gibt es zusammengesetzte Sätze, deren Wahrheitswerte auch von den Werten abhängig sind, die ihre Komponenten in anderen normalen Welten, nicht aber in nicht-normalen Welten annehmen. Solche Sätze werden oft „intensional" genannt. Die Terminologie ist jedoch uneinheitlich. Zuweilen werden sie auch „klassisch" genannt. Im letzteren Falle wird der Terminus „intensional" für alle Zusammensetzungen gebraucht, die nicht extensional sind, also nicht eingeschränkt sind auf die genannte Bedingung. Wird „intensional" eingeschränkt auf die genannte Bedingung gebraucht, so können alle Zusammensetzungen, die nicht intensional in diesem Sinne sind, ‚hyperintensional' genannt werden.

Speziellere Logiken ergeben sich durch Beschreibung speziellerer Klassen von Modellen. Je nach dem Charakter des spezielleren logischen Problems kann es praktisch sein, den allgemeinsten Rahmen in abweichender Weise zu charakterisieren. Beispiele sind die Semantik der intuitionistischen Logik, die Semantik für irreale Konditionalsätze von Lewis und R. Stalnaker und die von R. Routeley und R. K. Meyer entwickelte Semantik für Relevanzlogiken.

2.2 Intuitionistische Logik

Ein Axiomensystem, das die intuitionistische Logik repräsentiert, ist das folgende:

Axiome:
1) $A \supset (B \supset A)$
2) $(A \supset (B \supset C)) \supset ((A \supset B) \supset (B \supset C))$
3) $(A \& B) \supset A$
4) $(A \& B) \supset B$
5) $A \supset (B \supset (A \& B))$

6) $A \supset (A \vee B)$
7) $B \supset (A \vee B)$
8) $(A \supset C) \supset ((B \supset C) \supset ((A \vee B) \supset C))$
9) $(A \supset -B) \supset (B \supset -A)$
10) $-A \supset (A \supset B)$

Regel: Wenn $\vdash A \supset B$ und $\vdash A$, dann $\vdash B$.

Die nahe Verwandtschaft dieser Logik zu S4 kann bereits auf syntaktisch-grammatischer Ebene gezeigt werden, wenn die folgenden Übersetzungsregeln verwendet werden:

1) $T(P) = \Box P$ (P ist atomar)
2) $T(-A) = \Box - T(A)$
3) $T(A \& B) = T(A) \& T(B)$
4) $T(A \vee B) = T(A) \vee T(B)$
5) $T(A \supset B) = \Box(T(A) \supset T(B))$

A ist ein Theorem der intuitionistischen Logik gdw wenn T(A) ein Theorem von S4 ist. Mit denselben Übersetzungsregeln läßt sich die Verwandtschaft zwischen S5 und der klassischen zweiwertigen Logik zeigen – und es lassen sich propositionale Logiken zu S4.2 und S4.3 entwickeln.

Die strukturelle Verwandtschaft läßt sich semantisch begründen, wenn das Kripke-Modell der intuitionistischen Logik in Betracht gezogen wird. Es ist die Struktur $\langle W, R, I \rangle$, in der W eine nichtleere Menge und R eine reflexive und transitive Relation über W ist. I ordnet jedem atomaren Satz eine Untermenge von W zu, die die folgenden Bedingungen erfüllt:

Wenn $w \in I(P)$ und wRw', dann ist $w' \in I(P)$.

Die Funktion E wird wie folgt definiert:

1) $E(w, P) = 1$ gdw $w \in I(P)$, P ist atomar
2) $E(w, -A) =$ gdw $E(w', A) = 0$ für jedes w' in wRw'

3) $E(w, A \& B) = 1$ gdw $E(w, A) = 1$ und $E(w,B) = 1$
4) $E(w, A \vee B) = 1$ gdw $E(w, A) = 1$ oder $E(w,B) = 1$
5) $E(w, A \supset B) = 1$ gdw $E(w', A) = 0$, für jedes w' in wRw' oder $E(w', B) = 1$

Da R reflexiv und transitiv ist und das Modell ein normales Kripke-Modell ist, gehören die Modelle der intuitionistischen Logik, die durch die oben angegebenen Axiome charakterisiert sind, zu KT4. Das aber sind auch die Modelle für S4. Ein Unterschied zwischen S4 und der intuitionistischen Logik liegt darin, daß S4 lediglich den Modaloperator mit Bezug auf R definiert. Die intuitionistische Logik hat keinen Modaloperator, definiert aber „–" und „⊃" nicht wahrheitswertfunktional, sondern mit Bezug auf ein R, das ebenso definiert ist, wie das von S4. Ein weiterer Unterschied ist, daß die Propositionen, die atomaren Sätzen zugeordnet werden, in den Modellen der intuitionistischen Logik notwendig wahr sein müßen, wenn sie überhaupt wahr sind.

2.3 Mehrwertige Logiken und ihre Beziehungen zur intensionalen Semantik

Die einfachsten mehrwertigen Logiken sind die dreiwertigen. J. Łukasiewicz entwickelte eine solche Logik, in der die Konnektive durch die unten angegebenen Matrizen 1–4 definiert werden. Die Definition logischer Eigenschaften und Relationen bleibt dieselbe wie in der klassischen Logik. Das System kann axiomatisch dargestellt werden:

Definitionen:	1)	$A \vee B =$ df. $(A \supset B) \supset B$
	2)	$A \& B =$ df. $-(-A \vee -B)$
Axiome:	1)	$A \supset (B \supset A)$
	2)	$(A \supset B) \supset ((B \supset C) \supset (A \supset C))$

3) $((A \supset -A) \supset A) \supset A$

4) $(-A \supset -B) \supset (B \supset A)$

Regel: Wenn $\vdash A \supset B$ und $\vdash A$, dann $\vdash B$.

Nur ein so geringer Bruchteil der klassischen logischen Wahrheiten bleibt gültig, daß eine Interpretation schwierig ist. Ergänzt man sie aber durch die in den Matrizen 5 und 6 (vgl. unten) angegebenen Definitionen für Modaloperatoren, so erhält man ein modallogisches System, das akzeptabler ist. Auch es enthält aber Theoreme wie:

$$\vdash A \supset (A \supset \Box A) \qquad \vdash \Diamond A \equiv (-A \supset A),$$

die von manchen als evidenzparadox (vgl. Haupttext, S. 189f.) angesehen werden.

Ein System, das als eine Variante der intuitionistischen Logik interpretiert werden kann, wurde von A. Heyting vorgelegt. Es übernimmt die Interpretationen von „&“ und „v“ in der in Matrize 2 und 3 angegebenen Form, hat aber für „–“ und „⊃“ die in Matrizen 1’ und 4’ angegebenen Varianten. Das System kann axiomatisiert werden. Zu den angegebenen 10 Axiomen der intuitionistischen Logik tritt dann ein Axiom:

$$11) \ (-A \supset B) \supset (((B \supset A) \supset B) \supset B),$$

das aber, von den Grundsätzen der intuitionistischen Logik aus betrachtet, problematisch ist.

–	
1	0
½	½
0	1

1)

&	1	½	0
1	1	½	0
½	½	½	0
0	0	0	0

2)

v	1	½	0
1	1	1	1
½	1	½	½
0	1	½	0

3)

⊃	1	½	0
1	1	½	0
½	1	1	½
0	1	1	1

4)

□	
1	1
½	0
0	0

5)

◇	
1	1
½	1
0	0

6)

⊃	1	½	0
1	1	½	0
½	1	1	0
0	1	1	1

4’)

–	
1	0
½	0
0	1

1’)

Dreiwertige Systeme können umgeformt werden zu Systemen mit mehr, u. U. unendlich vielen Werten. v_n sei die Menge der Brüche ($n \geqslant 2$) $\frac{0}{n-1}, \frac{1}{n-1}, \ldots \frac{n-1}{n-1}$; $v_{\aleph_0}$ sei die Menge der Brüche, 0 bis 1 eingeschlossen; $v_{\aleph_1}$ sei die Menge der reellen Zahlen von 0 bis 1, dieselben eingeschlossen, die eine Menge von Werten ordnen. Dann gibt es für jede Menge solcher Werte eine Funktion I, die den atomaren Sätzen Werte zuordnet. Sie kann auch wie folgt gebraucht werden, um zusammengesetzten Sätzen Werte zuzuordnen. 1–6 definieren eine Modallogik nach Łukasiewicz mit beliebig vielen, u. U. auch unendlich vielen Werten. 2, 3, 4' und 1' ergeben ebensolche intuitionistischen Logiken.

1) $I(-A) = 1 - I(A)$

2) $I(A \& B) = \min(I(A), I(B))$

3) $I(A \vee B) = \max(I(A), I(B))$

4) $I(A \supset B) = \min(1, 1 - I(A) + I(B)) = 1$, wenn $I(A) \leqslant I(B)$
$= 1 - (I(A) - I(B))$, wenn $I(A) > I(B)$

5) $I(\Box A) = 1$, wenn $I(A) = 1$
0, wenn $I(A) < 1$

6) $I(\Diamond A) = 1$, wenn $I(A) > 0$
0, wenn $I(A) = 0$

4') $I(A \supset B) = 1$, wenn $I(A) \leqslant I(B)$
$I(B)$, wenn $I(A) > I(B)$

1') $I(-A) = 1$, wenn $I(A) = 0$
0, wenn $I(A) > 0$

Es kann gezeigt werden, daß mehrwertige Logiken auch Modelle in der Semantik möglicher Welten haben. S_k sei die Menge der Zahlen von 0 bis k einschließlich. Dann ist ein n-wertiges Modell die Struktur $\langle W, R, I \rangle$, in der $W = S_{n-2}$, R ist „$\leqslant$", und I ordnet jedem atomaren Satz P eine Untemenge von W so zu , daß gilt:

Für alle w, w' in W, wenn $w \in I(P)$ und $w \leqslant w'$, dann ist $w' \in I(P)$.

E ist wie folgt zu definieren:

1) $E(w, P) = 1$ gdw $w \in I(P)$
2) $E(w, -A) = 1$ gdw $E((n-2)-w, A) = 0$ (entspricht 1)
3) $E(w, A \& B) = 1$ gdw $E(w, A) = 1$ und $E(w, B) = 1$ (entspricht 2)
4) $E(w, A \vee B) = 1$ gdw $E(w, A) = 1$ oder $E(w, B) = 1$ (entspricht 3)
5) $E(w, A \supset B) = 1$ gdw für jedes $w' \leqslant (n-2) - w$ entweder $E(w', A) = 0$ oder $E(w + w', B) = 1$(entspricht 4)
2') $E(w, -A) = 1$ gdw $E(w', A) = 0$ für jedes w', für das gilt $w \leqslant w'$ (entspricht 1')
5') $E(w, A \supset B) = 1$ gdw für jedes w', für das gilt $w \leqslant w'$, entweder $E(w', A) = 0$ oder $E(w', B) = 1$ (entspricht 4')

Diese Modelle können mit den Matrizen verglichen werden, wenn die Werte wie folgt definiert werden:

1) Der erste (d. h. der niedrigste) Wert ist die leere Klasse.
2) Der k–te Wert (für $2 \leqslant k \leqslant n$) ist die Klasse der Elemente von n–k bis n–2 einschließlich.

Die beiden Definitionen von E bestimmen dann die Matrizen von Łukasiewicz und Heyting für diese Werte.

Diese Modelle können auch mit den Kripke-Modellen für die intuitionistische Logik verglichen werden, die oben besprochen wurden. Sie können als Kripke-Modelle charakterisiert werden, in denen W unendlich ist und R nicht nur reflexiv und transitiv, sondern auch antisymmetrisch (d. h. für alle w, w' in W: wenn wRw' und w'Rw, dann w = w') und Konnex (d. h. für alle w, w' in W: entweder wRw' oder w'Rw) ist. Anzumerken ist auch, daß die Bedingungen 1,2', 3, 4, 5', oben dieselben sind, wie die, die benutzt werden, um E für Kripke-Modelle zu definieren. Die Logik, die durch diese Definition mit Bezug auf die Klasse aller Modelle dieser Art bestimmt wird, hat ihren Platz zwischen der intuitionistischen Logik und Heytings dreiwertiger Logik. Sie kann axiomatisch charakterisiert werden durch Hinzufügen von

$$11') \ (A \supset B) \vee (B \supset A)$$

zu den 10 Axiomen der intuitionistischen Logik. 11' tritt hier an die Stelle des Axioms 11, wie es für das dreiwertige System eingeführt wurde. Es handelt sich hier um eine Logik, die sich zu S4.3 ebenso verhält, wie die intuitionistische Logik zu S4, wenn die oben erwähnten Übersetzungstechniken verwendet werden.

3. Multiple Modalitäten

Formal besteht die Möglichkeit, Sprachen mit mehreren modalen Operatoren $\Box_1, \Box_2, \ldots \Box_n$ und $\Diamond_1, \Diamond_2, \ldots \Diamond_n$, die zueinander dual sind und für die allgemein gilt: $\Diamond_i A = \text{df} - \Box_i - A$, zu konstruieren. Zu betrachten ist eine Verallgemeinerung der normalen Kripke-Modelle – andere Möglichkeiten stehen natürlich offen –, die die Struktur $<W, R_1, \ldots R_n, I>$ hat, wobei:

1) W eine nichtleere Menge ist, 2) R_i für $1 \leqslant i \leqslant n$ eine binäre Relation ist und 3) I ein Funktion ist, die jedem atomaren Satz eine Untermenge von W zuordnet. Die wahrheitswertzuordnende Funktion E ist zu definieren als: für $1 \leqslant i \leqslant n$ $E(w, \Box_i A) = 1$ gdw $E(w', A) = 1$ für jedes w', für das gilt wRw'. Die Definition der Gültigkeit bleibt dieselbe.

Verschiedene Klassen von Modellen ergeben sich durch:

1) Festlegung der Eigenschaften $X_1 \ldots X_n$ für jede Relation R_i.
2) Festlegung der Beziehungen zwischen R_i, R_j usf.

Der Anwendungsbereich solcher Formalismen ist groß. Ein Ausschnitt ist der Anwendungsbereich der Zeitlogiken, der hier als Beispiel genommen werden kann.

$\Box_v$ sei verstanden als ‚Es war immer der Fall, daß…'
$\Box_z$ sei verstanden als ‚Es wird immer der Fall sein, daß…'
$\Diamond_v$ sei verstanden als ‚Es war in einer Zeit der Fall, daß…'
$\Diamond_z$ sei verstanden als ‚Es wird einmal der Fall sein, daß…'

Ein einfachstes System der temporalen Logik K_t enthält die Axiome der modalen Logik K bezogen auf $\Box_v$ und $\Box_z$, d. h. 1, 2a, 2b und 4, und zwei Axiome 3a, 3b, die etwas über das Verhältnis von Zukunft und Vergangenheit aussagen.

Axiome: 1) A, wenn A eine wf.-Tautologie ist
2a) $\Box_v (A \supset B) \supset (\Box_v A \supset \Box_v B)$
2b) $\Box_z (A \supset B) \supset (\Box_z A \supset \Box_z B)$
3a) $A \supset \Box_v \Diamond_z A$
3b) $A \supset \Box_z \Diamond_v A$
4) $\Box_v A$ und $\Box_z A$, wenn A ein Axiom ist

Regel: Wenn $\vdash A \supset B$ und $\vdash A$, dann $\vdash B$.

In einem Modell der Struktur $<W, R_v, R_z, I>$ wird 3a und 3b durch:

Für jedes w, w' in W: wR_vw' gdw $w'R_zw$ und umgekehrt

semantisch bestimmt. Für eine weiter entwickelte Zeitlogik sind weitere Axiome und entsprechende Festlegungen über Eigenschaften $\Box_v$ und $\Box_z$ hinzuzufügen. D4HA bietet sich an, kann aber auch noch erweitert werden.

4. Prädikatenlogik erster Stufe für Modalitäten

Die Prädikatenlogik mit Modalitäten ist nicht so vollständig entwickelt wie die Aussagenlogik mit Modalitäten. Als Beispiel einer solchen Logik wird hier ein System S5 vorgestellt. Zunächst wird ein einfaches System S5Q entwickelt, das dann durch Hinzufügung weiterer Axiome erweitert wird.

1) wf.-Tautologien
2) Die Axiome des Systems S5 für Modaloperatoren
3) Axiome für Quantoren:
   a) $(\forall x)\ (\varphi x \supset \psi x) \supset ((\forall x)\ \varphi x \supset (\forall x)\ \psi x)$
   b) $(\forall x)\ (A \supset \varphi x) \supset (A \supset (\forall x)\ \varphi x)$
   c) $(\forall y)\ ((\forall x)\varphi x \supset \varphi y)$
4) Axiome für Identität:
   a) $t = t$
   b) $(t_1 = t_2) \supset ((t_1 = t_3) \supset (t_2 = t_3))$
   c) $\Box(t_1 = t_2) \supset (\varphi^x_{t_1} \supset \varphi^x_{t_2})$
5) Einschlußbedingungen für Axiome:
   a) Wenn φ ein Axiom ist, dann ist $\Box\varphi$ ein Axiom.
   b) $(\forall x)\ \varphi x$ ist ein Axiom, wenn irgendeine Einsetzung φt ein Axiom ist.

Regel: Wenn $\vdash \varphi \supset \psi$ und $\vdash \varphi$, dann $\vdash \psi$.

Mit der Wahl dieser Axiome ist dieses System auf die Theorie freier Quantifizierung festgelegt. Es ist „frei“ von den Annahmen, a) daß jeder Term in den Bereich der Quantoren fällt und b) daß dieser Bereich nicht leer ist. In der Wahl der Axiome für Identität wird zwischen notwendiger und kontingenter Identität unterschieden (4 c). Damit sind intensionale Prädikate eingeführt, d. h. solche, deren Werte nicht erhalten bleiben, wenn sie durch kontingente Identitäten ersetzt werden.

Um die semantische Struktur dieses Systems zu charakterisieren, kann die allgemeine Modellstruktur <W, U, D, I> gewählt werden, in der:

1) W eine nichtleere Menge ist.
2) U eine Menge von Funktionen über W ist, die Menge der individuellen Begriffe, die das Universum des Modells bilden.
3) D eine Funktion ist, die jeder Welt w eine Untermenge D_w von U als den Bereich dieser Welt zuordnet.
4) I eine Funktion ist, die jedem Ausdruck, der kein logischer Operator ist, eine Intension wie folgt zuordnet:
   a) Für jeden Term t: $I(t) \in U$.
   b) Für jeden atomaren Satz P: I(P) ist eine Untermenge von W.
   c) Für jedes n-stellige Prädikat R: I(R) ist eine n-stellige Funktion über U, die Untermengen von W als Werte hat.

Individuelle Begriffe sind die Intensionen von Termen. Der individuelle Begriff α, die Intension eines Terms t, hat $\alpha(w)$ für eine Welt w als seinen Wert, d. h. das Objekt, das die Extension von t in w ist. D_w ist die Menge individueller Begriffe, die die individuellen Wesen von Objekten, die in w existieren, angeben. Wie zuvor repräsentieren Mengen möglicher Welten Propositionen und geben die Intensionen von Sätzen an, die jetzt prädikatenlogische Formeln sind.

Gesetzt, es sei ein Modell <W, U, D, I>, ein Term t und ein individueller Begriff α in U gegeben, dann ist I^t_α eine Funktion, die α t zuordnet und sonst mit I übereinstimmt. Für jedes Modell M = <W, U, D, I> kann eine Funktion

E_M definiert werden, die jeder Formel eine Extension zuordnet. (Das Subskript „M“ wird fallengelassen. Wenn E E_M für M = <W, U, D, I> ist, dann ist E^t_α für M’ = <W, U, D, I^t_α>):

1) E(w, P) = 1 gdw $w \in I(P)$ (wobei P ein atomarer Satz ist)
2) $E(w, R\ t_1 \dots t_n) = 1$ gdw $w \in I(R)(I(t_1), \dots I(t_n))$
3) $E(w, t_1 = t_2) = 1$ gdw $(I(t_1))(w) = (I(t_2))(w)$
4) $E(w, -\varphi) = 1$ gdw $E(w, \varphi) = 0$
5) $E(w, \varphi \supset \psi) = 1$ gdw $E(w, \varphi) = 0$ oder $E(w, \psi) = 1$
6) $E(w, \Box\varphi) = 1$ gdw für alle w’ in W: $E(w', \varphi) = 1$
7) $E(w, (\forall x)\, \varphi x) = 1$ gdw für alle α in D_w: $E^t_\alpha(w, \varphi\, t) = 1$, sofern t nicht in $(\forall x)\ \varphi x$ vorkommt.

Eine Formel φ ist gültig in einem Modell gdw wenn E(w, φ) = 1 für alle Belegungen α und Welten w; φ ist logisch gültig in S5Q gdw es gültig in allen Modellen ist.

S5Q unterscheidet sich von der klassischen Prädikatenlogik durch die Abschwächung des Einsetzungsaxioms:

aus $(\forall x)\varphi x \supset \varphi t$ wird $(\forall y)\ ((\forall x)\ \varphi x \supset \varphi y)$

und des Identitätsersetzungsaxioms:

aus $(t_1 = t_2) \supset (\varphi^x_{t_1} \supset \varphi^x_{t_2})$ wird $\Box(t_1 = t_2) \supset (\varphi^x_{t_1} \supset \varphi^x_{t_2})$

Beide können in verschiedener Weise verstärkt werden. Die Verstärkungen können in durchsichtigerer Weise formuliert werden, wenn die folgenden Abkürzungen eingeführt werden:

Ot stehe für $(\exists x)\ (x = t)$
Ox stehe für $(\exists y)\ (y = x)$

(wobei x und y distinkt sind, d. h. sich auf Unterschiedenes beziehen). D. h., Ot bringt zum Ausdruck, daß die Extension von t ein existierendes Objekt ist.

Weiter gelte, daß [φ]t als Abkürzung für $(\exists x)(x = t \,\&\, \varphi x)$ mit Bezug auf $(\forall x)\,\varphi x$ stehe. Wenn kein universaler Quantor im Kontext steht, wird $[\varphi]^{x}_{t}$ geschrieben.

Weitere schwache Gesetze für Einsetzung und Ersetzung können mit Hilfe dieser Abkürzungen geschrieben werden als:

$\vdash (\forall x)\,\varphi x \supset (Ot \supset [\varphi]t)$ $\qquad$ $\vdash t_1 = t_2 \supset ([\varphi]^{x}_{t_1} \supset [\varphi]^{x}_{t_2})$

Stärkere Einsetzungsprinzipien können eingeführt werden, wenn die rechts stehenden Bedingungen für Modelle erfüllt sind:

	O_w ist die Menge der individuellen Begriffe, für die gilt: $\alpha(w) = \beta(w)$ für irgendein β in D_w. P ist die Menge der individuellen Begriffe, die für eine Welt w in D_w sind.
1) Volle Einsetzung $(\forall x)\,\varphi x \supset \varphi t$	Für alle w in W und α in U: α ist in D_w.
2) Volle Einsetzung für [φ]t $(\forall x)\,\varphi x \supset [\varphi]t$	Für alle w in W und α in U: α ist in O_w.
3) Nahezu volle Einsetzung $(\forall x)\,\varphi x \supset (Ot \supset \varphi t)$	Für alle w in W und α in U: α ist in D_w unter der Voraussetzung, daß es in O_w ist.
4) Nicht leere Bereiche $(\forall x)\,\varphi x \supset (\exists x)\,\varphi x$	Für alle w in W: D_w ist nicht leer.
5) Konstante Bereiche $(\forall y)\,\Box\,((\forall x)\,\varphi x \supset \varphi y)$	Für alle w in W und α in U: wenn α in P ist, dann ist α in D_w.

6) Nahezu konstante Bereiche $(\forall y) \Box ((\forall x)\, \varphi x \supset (Oy \supset \varphi y))$	Für alle w in W und α in U: wenn α in P ist, dann ist α in D_w, wenn es in O_w ist.

Für konstante Bereiche könnte auch die Barcanformel

$$(\forall x)\, \Box \varphi x \supset \Box\, (\forall x)\, \varphi x$$

als Axiom benutzt werden.

O_w ist die Menge der Individualbegriffe, deren Extension existierende Objekte in w sind. P ist die Menge der possibilia, d. h. der Individualbegriffe, die in einer möglichen Welt im Bereich von Quantoren sind. Das Prinzip der vollen Einsetzbarkeit (1) fordert, daß alle Individualbegriffe sich auf individuelle Wesen von existierenden Objekten beziehen. Diese Forderung kann in zwei schwächere Forderungen zerlegt werden. Die erste der beiden fordert, daß jeder individuelle Begriff ein existierendes Objekt als Extension hat. Sie wird durch die volle Einsetzung für [φ]t erfüllt. Die zweite fordert, daß kein individueller Begriff auf ein existierendes Objekt bezogen werden kann, wenn er nicht ein Wesen dieses Objekts ist. Sie wird durch das Prinzip der nahezu vollen Einsetzung (3) erfüllt. Die zweite Forderung macht eine Unterscheidung zwischen den individuellen Begriffen, die sich auf Wesen beziehen – wie das, wie zuweilen angenommen wird, für Eigennamen der Fall sein soll –, und solchen, die bloß deskriptiv zutreffen, unmöglich.

Die Einsetzungsprinzipien 4–6 betreffen allgemeine Annahmen über die Elemente von Bereichen: daß alle nichtleer sind, daß alle dieselben Elemente haben und daß alle Unterschiede der Elemente sich durch Variationen in der Klasse existierender Objekte und nicht durch Varia-

tionen in der Klasse der individuellen Begriffe, die sich auf Wesen beziehen, ergeben. (Zur philosophischen Problematik, die sich mit der verwendeten ontologischen Terminologie ergibt, vgl. Haupttext, S. 312f.)
Die Erweiterungen für Identität sind:

1) Volle Trennung $t_1 = t_2 \supset \Box(t_1 = t_2)$	Für alle α, β in U und w in W: wenn $\alpha(w) = \beta(w)$, dann $\alpha = \beta$.
2) Getrennte Bereiche $(\forall x)\Box(\forall y)\Box((x = y) \supset \Box(x = y))$	Für alle α, β in P und w in W: wenn $\alpha(w) = \beta(w)$, dann $\alpha = \beta$.
3) Nahezu getrennte Bereiche $(\forall x)\Box(\forall y)\Box(((x = y) \,\&\, Ox \,\&\, Oy) \supset \Box(x = y))$	Für alle α, β in P und w in W: wenn $\alpha(w) = \beta(w)$ und α, β sind in O_w, dann $\alpha = \beta$.
4) Schwach getrennte Bereiche $(\forall x)(\forall y)((x = y) \supset \Box(x = y))$	Für all α, β in U und w in W: wenn $\alpha(w) = \beta(w)$ und α, β sind in D_w, dann $\alpha = \beta$.
5) Extensionalität für primitive Prädikate $t_1 = t_2 \supset (\varphi^x_{t_1} \supset \varphi^x_{t_2})$, wenn x nicht im Bereich von $\Box$ auftritt	Für jedes n-stellige Prädikat R, w in W und $\alpha_1, \alpha_2, \ldots \alpha_n$; $\beta_1, \beta_2, \ldots \beta_n$ in U: wenn $\alpha_i(w) = \beta_i(w)$ für $1 \leqslant i \leqslant n$, dann $w \in I(R)(\alpha_i, \ldots \alpha_n)$ gdw $w \in I(R)(\beta_1, \ldots \beta_n)$.

Die Prinzipien 1–4 bringen immer schwächer werdende Forderungen hinsichtlich der zureichenden Bedingungen für die Identität individueller Begriffe zum Ausdruck. 1) besagt, daß die Identität der Extension immer zureichend ist. 2) legt fest, daß diese Bedingung zureichend für possibilia ist. 3) sagt, daß es für die Identität von possibilia zureicht, dasselbe existierende Objekt zur Extension zu haben. 4) fordert, daß die Identität der Extension im Falle individueller Begriffe im aktuellen Bereich einer Quantifikation zureichend ist. 4) besagt demgemäß, daß kein existierendes Objekt mehr als ein Wesen hat. Wenn nahezu konstante Bereiche angenommen werden, so impliziert das, daß kein existierendes Objekt in der Extension von mehr als einem possibile sein kann, d. h., 4) impliziert unter dieser Bedingung 3). 5) legt fest, daß primitive Prädikate nicht von den Intensionen der Terme, auf die sie bezogen werden, abhängen, d. h., sie sind nicht intensional. Daraus folgt, daß die Intension nur dann zu berücksichtigen ist, wenn der zu ersetzende Term im Bereich eines Modaloperators liegt.

Unter bestimmten Voraussetzungen können die Modelle vereinfacht werden. Wird z. B. volle Einsetzung und volle Trennung angenommen, so ergeben sich Modelle der Struktur $<W, D, I>$. D ist hier der Bereich von Objekten in allen Welten. I ordnet Interpretationen wie zuvor zu, sofern es sich um logische Ausdrücke handelt. Nichtlogischen Ausdrücken ordnet es Interpretationen wie folgt zu:

1) I(t) ist in D gdw t ein Term ist.
2) I(R) ist eine Funktion, die eine Menge $I(R)(d_1, \ldots d_n)$ von Welten für jede Sequenz $d_1, \ldots d_n$ von Objekten in D bestimmt.

Die Interpretationen von Termen sind damit Extensionen. I^t_d ordnet d t zu und ist sonst wie I. ‚E^t_d' ist eine Abkürzung analog zu ‚E^t_α'. Die Definition von E wird modifiziert wie folgt:

3') $E(w, t_1 = t_2) = 1$ gdw $I(t_1) = I(t_2)$

7') $E(w, (\forall x)\varphi x) = 1$ gdw für alle d in D, $E^t_d(w, \varphi t) = 1$, vorausgesetzt, daß t nicht in $(\forall x)\ \varphi x$ vorkommt.

Dieses starke System ist die gebräuchlichste Form der quantifizierten modalen Logik, aber eine Reihe von Systemen zwischen ihm und dem oben besprochenen S5Q sind in der Literatur diskutiert worden.

Literatur zu Anhang II:

1.: Chellas *1980*; Fitting *1977*; Hughes/Cresswell *1968*; Kripke *1963a; 1965a;* Lemmon *1957*; *1977*; Lewis, C. I./Langford *1932*; Routley *1977.*

2.1 und 2.2: Cresswell *1972*; Kripke *1965b*; Lewis, D. K. *1973a*; Routley/Meyer *1973*; Stalnaker *1968.*

2.3: Łukasiewicz *1930*; 1938 in *1970*; Urquhart *1973.*

3.: Gabbay *1976*; Prior *1967*; Segerberg *1970.*

4.: Bacon *1980*; Bressan *1972*; Gupta *1980*; Hintikka *1973*; Kripke *1963b*; Lewis, D. K. *1968*; Parks *1976.*

Literaturverzeichnis

Abkürzungen

APF	Acta Philosophica Fennica
APQ	American Philosophical Quarterly
BJPS	British Journal for the Philosophy of Science
BSPS	Boston Studies in the Philosophy of Science
JP	Journal of Philosophy
JPPF	Jahrbuch für Philosophie und phänomenologische Forschung
JSL	Journal of Symbolic Logic
KS	Kant-Studien
ND	Notre Dame Journal of Formal Logic
PAS	Proceedings of the Aristotelian Society
PF	Phänomenologische Forschungen
PPR	Philosophy and Phenomenological Research
PR	Philosophical Review
PS	Philosophical Studies
PSC	Philosophy of Science
RM	Revue of Metaphysics
ZMLGM	Zeitschrift für mathematische Logik und Grundlagen der Mathematik

Addison, J. W. u. a. (Hrsg.) *1965* The Theory of Models: Proceedings of 1963 Symposion of Berkeley, Amsterdam.

Anderson, A. R. *1956* The Formal Analysis of Normative Systems, in: Rescher *1967*, 147–213.

–	*1970*	St. Paul's Epistle to Titus, in: Martin *1970*, 1–11.
Anderson, A. R. u. a. (Hrsg.)	*1975*	The Logical Enterprize, New Haven and London.
Anderson, A. R./ Belnap, N. D.	*1962a*	The Pure Calculus of Entailment, in: JSL 27 (1962) 19–52.
–/–	*1962b*	Tautological Entailment, in: JSL 27 (1962) 8–17.
–/–	*1975*	Entailment, Princeton.
Aristoteles	cat.	Categoriae, in: Aristotelis Opera, 2 Bde., hrsg. von I. Bekker, Berlin 1831, 1–15.
–	de int.	De Interpretatione, in: Aristotelis Opera, hrsg. von I. Bekker, 16–23.
–	an. pr.	Analytica Priora, in: Aristotelis Opera, hrsg. von I. Bekker, 24–70.
–	an. post.	Analytica Posteriora, in: Aristotelis Opera, hrsg. von I. Bekker, 71–100.
–	top.	Topica, in: Aristotelis Opera, hrsg. von I. Bekker, 100–163.
–	so. el.	De Sophisticis Elenchi, in: Aristotelis Opera, hrsg. von I. Bekker, 164–183.
–	Met.	Metaphysik, in: Aristotelis Opera, hrsg. von I. Bekker, 980–1093.
Arnauld, N./Nicole, P	*1662*	La logique ou l'art de penser, Paris.
Austin, J. L.	*1950*	Truth, in: PAS Suppl. 24 (1950) 112–128.
–	*1961*	Philosophical Papers, Oxford.
–	*1962*	How to do Things with Words, Cambridge, Mass.
Ayer, A. J.	*1936*	Language, Truth and Logic, London ²1946.
–	*1947*	Thinking and Meaning, London.

–	*1956*	The Problem of Knowledge, London.
– (Hrsg.)	*1957*	Logical Positivism – a Debate, Glencoe.
Bachelard, S.	*1957*	La Logique de Husserl: études sur logique formelle et logique transcendentale, Paris. (Engl. erw.: A Study of Husserl's Formal and Transcendental Logic, Evanston 1968.)
Bacon, J.	*1980*	Substance and First Order Quantification over Individual Concepts, in: JS 45 (1980) 193–203.
Bar-Hillel, Y.	*1954*	Indexical Expressions, in: Mind 63 (1954) 359–379.
–	*1957*	New Light on the Liar, in: Analysis 18 (1957) 1–72.
–	*1964*	Language and Information, Reading, Mass.
–	*1970*	Aspects of Language, Amsterdam/Jerusalem.
Becker, O.	*1930*	Zur Logik der Modalitäten, in: JPPF 11 (1930) 497–548.
Belnap, N. D. J.	*1961*	Tonk, Plonk and Plink, in: Copi/Gould *1978*, 44–53.
Belnap, N. D. J./ Dunn, M.	*1968*	The Substitution Interpretation of the Quantifiers, in: Nous 2 (1968) 177–185.
Bernays, P.	*1930*	Die Philosophie der Mathematik und die Hilbertsche Beweistheorie, in: Blätter für Deutsche Philsophie 4 (1930) 326–367.
–	*1935*	Sur le platonisme dans les mathématiques, in: L'Enseignement math. 34 (1935/1936) 52–69. (Engl.: On Platonism in Mathematics, in: Putnam/ Benacerraf *1964*, 274–288.)

Beth, E. W.	*1959*	The Foundations of Mathematics, Amsterdam.
Beth, E. W./ Piaget, J.	*1960*	Epistémologie mathématique et psychologie, Paris.
Birkhoff, G./Neumann, J. v.	*1936*	The Logic of Quantum Mechanics, in: Annals of Mathematics 37 (1936) 823–843.
Black, M.	*1950*	Philosophical Analysis, Ithaca, N.Y.
Blanché, R.	*1962*	Axiomatics, London.
Blanshard, B.	*1939*	The Nature of Thought, London.
Bocheński, I. M.	*1956*	Formale Logik, Freiburg/ München [4]1978.
Bocheński, I. M./ Church, A./ Goodman, N.	*1956*	The Problem of Universals, Notre Dame.
Bodnar, J.	*1979*	Bolzano and Husserl, London.
Bolzano, B.	WSL	Wissenschaftslehre, 4 Bde., hrsg. von W. Schulz, Bd. I–II Leipzig 1929, Bd. III Leipzig 1930, Bd. IV Leipzig 1931.
Boole, G.	*1847*	The Mathematical Analysis of Logic, London/Cambridge.
Boolos, G. S./Jeffrey, R. C.	*1974*	Computability and Logic, London.
Bressan, A.	*1972*	A General Interpreted Modal Calculus, New Haven.
Brouwer, L. E. J.	*1919*	Begründung der Mengenlehre unabhängig vom logischen Satz vom ausgeschlossenen Dritten, in: Koniklijke Nederlandse Akademie van Wetenschappen te Amsterdam, Verhandelingen 1[e] sect. 12, no. 5 (1918) 1–43; 1[e] sect. 19, no. 7 (1919) 1–33. (Auch in: Collected Works, Bd. 1 Philosophy and Foundations of Mathema-

		tics, hrsg. von A. Heyting, Amsterdam o. J., 150–221.)
–	*1928*	Intuitionistische Betrachtungen über den Formalismus, in: Sitz. Ber. d. Preuss. Akad. d. Wiss., phys.-math. Kl. (1928) 48–52. (Auch in: Collected Works, Bd. 1, hrsg. von A. Heyting, Amsterdam o. J., 409–444.
–	*1948*	Consciousness, Philosophy and Mathematics, in: Proceedings of the 10th Intern. Congress of Philosophy, I, Amsterdam (1948) 1235–1249. (Auch in: Collected Works, Bd. 1, hrsg. von A. Heyting, Amsterdam o. J., 480–494.)
–	*1967*	On the Significance of the Principle of the Excluded Third in Mathematics, in: Heijenhoort *1967 b*, 334–345.
Brunstaedt, F.	*1930*	Logik. Handbuch der Philosophie, hrsg. von Baeumler und Schroeter, Abtlg. I, München.
Burali-Forti, C.	*1897*	Una questione sui numeri transfiniti, in: Rend. Circolo Matem. Palermo 11 (1897) 425–439.
Butler, R. J. (Hrsg.)	*1962*	Analytical Philosophy, Oxford.
Cantor, G.	*1964*	Gesammelte Abhandlungen, hrsg. von E. Zermelo, Hildesheim.
Carnap, R.	*1928 a*	Der logische Aufbau der Welt, Hamburg [3]1966.
–	*1928 b*	Scheinprobleme in der Philosophie, Berlin.
–	*1931 a*	Überwindung der Metaphysik durch logische Analyse der

		Sprache, in: Erkenntnis 2 (1931) 219–241.
–	*1931 b*	The Logicist, Foundations of Mathematics, in: Putnam/ Benacerraf *1964*, 31–41. (Deutsch: Die logizistische Grundlegung der Mathematik, in: Erkenntnis 2 [1931] 91–105.)
–	*1935*	Philosophy and Logical Syntax, London.
–	*1939*	Foundation of Logics and Mathematics, Chicago.
–	*1947*	Meaning and Necessity, 2. erw. Aufl. Chicago 1956. (Deutsch: Bedeutung und Notwendigkeit, Wien 1972.)
Carr, D./Casey, E. (Hrsg.)	*1973*	Explorations in Phenomenology, The Hague.
Chellas, B. F.	*1980*	Modal Logic, Cambridge.
Chihara, C.	*1972*	Russell's Theory of Types, in: Pears *1972*, 275–289.
–	*1973*	Ontology and the Vicious Circle Principle, Ithaca.
Chisholm, R. M.	*1963 a*	The Logic of Knowing, in: JP 60 (1963) 773–795.
–	*1963 b*	Contrary to Duty Imperatives and Deontic Logic, in: Analysis 23 (1963) 33–36.
–	*1967*	Identity through Possible Worlds, in: Nous 1 (1967) 1–8.
Chomsky, N.	*1957*	Syntactic Structures, The Hague.
–	*1959*	A Review of B. F. Skinner's Verbal Behaviour, in: Language 35 (1959) 26–58.
–	*1965*	Aspects of the Theory of Syntax, Cambridge, Mass.
–	*1966*	Cartesian Linguistics. A Chapter in the History of Ra-

		tionalist Thought, New York/ London.
–	*1967*	Current Issues in Linguistic Theory, The Hague.
Church, A.	*1936*	A Note on the Entscheidungsproblem, in: JSL 1 (1936) 40–41, 101–102.
–	*1940*	A Formulation of the Simple Theory of Types, in: JSL 5 (1940) 56–68.
–	*1951*	The Need for Abstract Entities in Semantic Analysis, in: Daedalus 80 (1951) 100–102. (Auch in: Copi/Gould *1978*, 166–176.)
–	*1953*	Formulation of the Logic of Sense and Denotation, in: Henle u. a. *1953*, 3–24.
Copi, I. M.	*1971*	The Theory of Logical Types, London.
Copi, I. M./Gould, J. (Hrsg.)	*1967*	Contemporary Readings in Logical Theory, London.
–/–	*1978*	Contemporary Philosophical Logic, New York.
Cresswell, M. J.	*1972*	Intensional Logics and Logical Truth, in: JPL 1 (1972) 2–15.
Curry, H. B./Feys, R.	*1958*	Combinatory Logic, Amsterdam.
Danielson, S.	*1968*	Preference and Obligation, Uppsala.
Davidson, D.	*1964*	The Method of Extension and Intension, in: Schilpp *1964*, 311–350.
–	*1967 a*	Causal Relations, in: JP 64 (1967) 691–703. (Deutsch in: Posch *1981*, 79–101.)
–	*1967 b*	The Logical Form of Action Sentences, in: Rescher *1967*, 81–95.
–	*1967 c*	Truth and Meaning, in: Synthese 17 (1967) 304–323.

–	*1970*	Semantics for Natural Languages, in: Linguaggi nella societa e nella technica, hrsg. von B. Visentini, Mailand 1970, 177–188.
–	*1973*	In Defense of Convention T, in: Leblanc *1973,* 17–24.
–	*1974*	Belief and the Basis of Meaning, in: Synthese 27 (1974) 309–324.
Davidson, D./Harmann, G. (Hrsg.)	*1975*	The Logic of Grammar, Encino/Belmont, Cal.
Davis, J. W. (Hrsg.)	*1969*	Philosophical Logic, Dordrecht.
De Morgan, A.	*1847*	Formal Logic or the Calculus of Inference, Necessary and Probable, London.
Descartes, R.	Disc. methode	Discours de la méthode, in: Oeuvres, hrsg. von C. Adam und P. Tannery, Bd. 6, Paris 1947f.
Dewey, J.	*1901*	A Short Catechism Concerning Truth, in: J. Dewey: The Influence of Darwinism on Philosophy, New York 1901, 154–168.
–	*1925*	Experience and Nature, Chicago 1952.
Donellan, K.	*1966*	Reference and Descriptions, in: PR 75 (1966) 281–304. (Auch in: Copi/Gould *1978,* 97–119.)
Dubarle, D./Dos, A.	*1972*	Logique et dialectique, Paris.
Dummet, M. A. E.	*1959*	Truth, in: PAS 59 (1959) 141–162.
–	*1973*	Frege, Philosophy of Language, London.
–	*1976a*	What is a Theory of Meaning II, in: Evans/McDowell *1976,* 67–137.

–	*1976b*	Frege as a Realist, in: Inquiry, Interdisciplinary Journal 19 (1976) 455–492.
Eley, L.	*1969*	Metakritik der Formalen Logik, Den Haag.
Epstein, G./Dunn, M. (Hrsg.)	*1977*	Modern Use of Multiple Valued Logic, Boston.
Evans, H./McDowell, J.	*1976*	Truth and Meaning, Oxford.
Fay, Th.	*1978*	Heidegger: The Origin and Development of Symbolic Logic, in: KS 69 (1978) 444–460.
Feigl, H./Sellars, W. (Hrsg.)	*1949*	Readings in Philosophical Analysis, New York.
Feyerabend, P.	*1970*	Consolations for the Specialist, in: Criticism and the Growth of Knowledge, hrsg. von I. Lakatos und A. Musgrave, London 1970, 197–230.
Feys, R.	*1937*	Les logiques nouvelles des modalités, in: Revue néoscolastique de philosophie 40 (1937) 517–553; 41 (1938) 217–252.
Field, H.	*1972*	Tarski's Theory of Truth, in: JP 69 (1972) 347–375.
Fitch, F. B.	*1938*	The Consistency of the Ramified Principia, in: JSL 3 (1938) 140–149.
Fitting, M. F.	*1969*	Intuitionistic Logic, Model Theory and Forcing, Amsterdam.
–	*1977*	A Tableau System for S5, in: ND 18 (1977) 292–294.
Føllesdal, D.	*1958*	Husserl und Frege. Ein Beitrag zur Beleuchtung der Entstehung der Phänomenologischen Philosophie, Oslo.
–	*1967*	Knowledge, Identy and Existence, in: Theoria 33 (1967) 31–37.

–	*1969*	Husserl's Notion of Noema, in: JP 66 (1969) 680–687.
Fraassen, B. van	*1966*	Singular Terms, Truth-value Gaps and Free Logic, in: JP 63 (1966) 481–495.
–	*1967*	Meaning Relations among Predicates, in: Nous 1 (1967) 161–179.
–	*1975*	Platonism's Pyrrhic Victory, in: Anderson u.a. *1975*, 39–50.
Frege, G.	*1961*	Die Grundlagen der Arithmetik, Darmstadt/Hildesheim.
–	*1962*	Grundgesetze der Arithmetik, begriffsschriftlich abgeleitet, Nachdruck Darmstadt/Hildesheim 1962.
–	*1964*	Begriffsschrift und andere Aufsätze, hrsg. von I. Angelelli, Darmstadt/Hildesheim.
–	*1967*	Kleine Schriften, hrsg. von I. Angelelli, Darmstadt/Hildesheim.
Frey, G.	*1965*	Sprache, Ausdruck des Bewußtseins, Stuttgart.
Freytag Löringhoff, B. v.	*1955*	Logik, ihr System und ihr Verhältnis zur Logistik, Stuttgart.
Gabbay, D. M.	*1976*	Investigations in Modal and Tense Logic with Applications to Problems in Philosophy and Linguistics, Dordrecht.
Gadamer, H.-G.	*1965*	Wahrheit und Methode, 2. erw. Aufl. Tübingen 1965.
–	*1971*	Hegels Dialektik, Tübingen.
Gallin, D.	*1975*	Intensional and Higher Order Modal Logic, Amsterdam.
Garver, N.	*1970*	The Range of Truth and Falsity, in: Martin *1970*, 121–126.
Geach, P.	*1967*	Intensional Identity, in: JP 64 (1967) 627–632.
Gentzen, G.	*1934*	Untersuchung über das logi-

		sche Schließen I, II, in: Mathematische Zeitschrift 39 (1934) 176–210, 405–431.
–	*1938a*	Die gegenwärtige Lage der mathematischen Grundlagenforschung, in: Forschungen zur Logik und zur Grundlegung der exakten Wissenschaften, Neue Folge 4 (1938) 1–18.
–	*1938b*	Neue Fassung des Widerspruchsfreiheitsbeweises für die reine Zahlentheorie, in: Forschungen zur Logik und zur Grundlegung der exakten Wissenschaften, Neue Folge 4 (1938) 19–44.
Gödel, K.	*1931*	Über formal unentscheidbare Sätze der Principia Mathematica und verwandter Systeme, in: Monatshefte für Mathematik und Physik (1931) 173–198.
Goodman, N.	*1947*	The Problem of Counterfactual Conditionals, in: JP 44 (1947) 113–128.
–	*1955*	Fact, Fiction and Forecast, Cambridge, Mass.
–	*1978*	A World of Individuals, in: Copi/Gould *1978*, 177–190.
Goodman, N./ Quine, W. V. O.	*1947*	Steps towards a Constructive Nominalism, in: JSL 12 (1947) 105–122.
Grelling, K./Nelson, L.	*1907/ 1908*	Bemerkungen zu den Paradoxien von Russell und Burali-Forti, in: Abhandlungen der Fries'schen Schule 2 (1907/ 1908) 301–334.
Gupta, A.	*1980*	The Logic of Common Nouns: An Investigation in

		Quantified Modal Logic, New Haven.
Haack, S.	*1977a*	Lewis Ontological Slum, in: RM 30 (1977) 415–429.
–	*1977b*	Analyticity and Logical Truth, in: Theoria 43 (1977) 129–143.
–	*1978*	Philosophy of Logics, London.
Halldén, S.	*1949*	The Logic of Nonsense, Uppsala.
Harmann, G.	*1970*	Deep Structure as Logical Form, in: Synthese 21 (1970) 275–297.
–	*1971*	Substitutional Quantification and Quotation, in: Nous 5 (1971) 275–279.
–	*1972*	Adverbs, Facts, Events, in: Foundations of Language 9 (1972) 38–65.
Harmann, G./Davidson, D. (Hrsg.)	*1972*	Semantics of Natural Languages, Dordrecht.
Harrah, D.	*1975*	A System for Erotetic Sentences, in: Anderson u.a. *1975*, 235–245.
Hegel, G. W. F.	Logik	Wissenschaft der Logik. Erster Teil. Die objektive Logik, in: Sämtliche Werke (Jubiläumsausgabe), hrsg. von H. Glockner, Bd. 4, Stuttgart 1958; Wissenschaft der Logik. Zweiter Teil. Die subjektive Logik oder Lehre vom Begriff, in: Sämtliche Werke, Bd. 5, Stuttgart 1949.
Heidegger, M.	*1976*	Logik. Die Frage nach der Wahrheit, hrsg. von. W. Biemel, in: Gesamtausgabe, Abtlg. II, Bd. 21, Frankfurt a.M. 1976.

–	*1978*	Metaphysische Anfangsgründe der Logik, hrsg. von V. Held, in: Gesamtausgabe, Abtlg. II, Bd. 26, Frankfurt a. M. 1978.
Heijenhoort, J. van	*1967a*	Logic as a Calculus and Logic as a Language, in: Synthese 17 (1967) 324–330.
– (Hrsg.)	*1967b*	From Frege to Goedel. A Source Book in Mathematical Logic 1879–1931, Cambridge, Mass.
Hempel, C. G.	*1930*	On the Logical Positivsts' Theory of Truth, in: Analysis 2 (1930) 49–59.
Henkin, L.	*1950*	Completeness in the Theory of Types, in: JSL 15 (1950) 81–91.
Henle, P. u. a. (Hrsg.)	*1953*	Structure, Method and Meaning, New York.
Heyting, A.	*1930a*	Die Formalen Regeln der Intuitionistischen Logik, in: Sitz. Ber. d. Preuss. Akad. d. Wiss., phys.-math. Kl. (1930) 42–56.
–	*1930b*	Die Formalen Regeln der Intuitionistischen Mathematik, in: Sitz. Ber. d. Preuss. Akad. d. Wiss., phys.-math. Kl. (1930) 57–71, 158–169.
–	*1931*	Die intuitionistische Grundlegung der Mathematik, in: Erkenntnis 2 (1931) 106–115.
–	*1934*	Mathematische Grundlagenforschung. Intuitionismus, Beweistheorie, Berlin.
–	*1956*	Intuitionism. An Introduction, Amsterdam.
Hilbert, D.	*1904*	Über die Grundlagen der Logik und Arithmetik, in: Verhdlg. d. III. Int. Mathema-

		tiker Kongresses in Heidelberg 1904, Leipzig 1905, 174–185. (Auch in: Grundlagen der Geometrie, Leipzig [7]1930.)
–	*1931*	Beweis des tertium non datur, in: Nachrichten der Gesellschaft der Wissenschaften zu Göttingen (1931) 120–125.
–	*1935*	Gesammelte Abhandlungen, Berlin.
Hilbert, D./Ackermann, W.	*1928*	Grundzüge der theoretischen Logik, Berlin.
Hilpinen, R. (Hrsg.)	*1971*	Deontic Logic: Introductory and Systematic Readings, Dordrecht.
Hintikka, J.	*1957a*	Modality as Referential Multiplicity, in: Ajatus 20 (1957) 49–63.
–	*1957b*	Quantifiers in Deontic Logic, in: Societas Scientiarum Fennica, Com. Hum. Lit. 23 (1957) Nr. 4.
–	*1961*	Modality and Quantification, in: Theoria 27 (1961) 119–128.
–	*1962*	Knowledge and Belief, Ithaca.
–	*1966*	Knowing oneself, in: Theoria 32 (1966) 1–13.
–	*1967*	Individuals, Possible Worlds and Epistemic Logic, in: Nous 1 (1967) 33–62.
–	*1969a*	Models for Modality, Dordrecht.
–	*1969b*	Semantics for Propositional Attitudes, in: Davis *1969*, 21–45. (Auch in: Linsky *1971*, 145–167.)
–	*1973*	Logic, Language Games and Information, London.
–	*1975*	The Intensions of Intentionality, Dordrecht.

– *1981* Phenomenology vs. Possible World Semantics, in: Revue Internationale de Philosophie 35 (1981) 74–90.

Hiz, H. *1951* On the Inferential Sense of Contrary to Fact Conditionals, in: JP 48 (1951) 484–487.

Hughes, G. E./Cresswell, M. V. *1968* An Introduction to Modal Logic, London.

Husserl, E. CM Cartesianische Meditationen, Husserliana I, Den Haag 1950.

– Ideen Ideen zu einer reinen Phänomenologie und phänomenologischen Philosophie, Husserliana III, Den Haag 1950. (Zuerst in: JPPF 1 [Halle 1913].)

– APS Analysen zur Passiven Synthesis 1918–1926, Husserliana XI, Den Haag 1966.

– FTL Formale und Transzendentale Logik, Husserliana XVII, Den Haag 1974. (Zuerst in: JPPF 10 [Halle 1927].)

– LU Logische Untersuchungen, Husserliana XVIII, Den Haag 1975.

– EU Erfahrung und Urteil, hrsg. von L. Landgrebe, Hamburg 1954.

James, W. *1907* Pragmatism. A New Name for some Old Ways of Thinking, New York.

– *1909* The Meaning of Truth, New York ^{2}1914.

Jevons, W. S. *1870* Elementary Lessons in Logic, London. (Deutsch: Leitfaden der Logik, Leipzig 1906.)

Johannson, I. *1936* Der Minimalkalkül, ein reduzierter intuitionistischer Formalismus, in: Compositio

		Mathematica 4 (1936) 119 bis 136.
Kamlah, W./Lorenzen, P.	*1967*	Logische Propädeutik. Vorschule des vernünftigen Redens, Mannheim.
Kanger, S.	*1957*	The Morning Star Paradox, in: Theoria 13 (1957) 7–11.
Kant, I.	KrV	Kritik der reinen Vernunft, in: Kants Werke (Akademie-Ausgabe), Bd. III, Berlin 1968 (Seitenangaben nach der 2. Originalausgabe [B] von 1787).
–	Prol.	Prolegomena zu einer jeden künftigen Metaphysik, die als Wissenschaft wird auftreten können, in: Kants Werke (Akademie-Ausgabe), Bd. IV, Berlin 1968, 253–384.
–	Logik	Logik, in: Kants Werke (Akademie-Ausgabe), Bd. IX, Berlin 1968, 1–150.
Kaplan, D.	*1964*	Foundations of Intensional Logic, Diss. Univ. of California at Los Angeles.
–	*1968*	Quantifying In, in: Synthese 19 (1968) 178–214. (Auch in: Davidson/Harmann *1975*, 160 bis 181.)
–	*1970*	What is Russell's Theory of Description?, in: Davidson/Harmann *1975*, 210–217.
Katz, J. J.	*1966*	The Philosophy of Language, New York/London. (Deutsch: Philosophie der Sprache, Frankfurt a. M. 1969.)
Kleene, S. C.	*1952*	Introduction to Metamathematics, New York.
Klibanski, R. (Hrsg.)	*1968*	Contemporary Philosophy I, Florence.

Kneale, W. C.	*1946/ 1947*	The Truths of Logic, in: PAS 46 (1946/1947) 207–234.
Kneale, W. C./ Kneale, M.	*1962*	The Development of Logic, Oxford.
Körner, S.	*1955*	Conceptual Thinking, London.
–	*1960*	The Philosophy of Mathematics, London. (Deutsch: Die Philosophie der Mathematik, München 1968.)
–	*1966*	Experience and Theory, London. (Deutsch: Erfahrung und Theorie, Frankfurt a.M. 1970.)
– (Hrsg.)	*1976*	Philosophy of Logic, Oxford.
Kreisel, G.	*1958*	Hilbert's Program, in: Dialectica 12 (1958) 488–500. (Auch in: Putnam/Benacerraf *1964*, 157–180.)
–	*1963a*	Sementical Analysis of Modal Logic, I. Normal Propositional Logic, in: ZMLGM 9 (1963) 67–93.
Kripke, S. A.	*1959*	A Completness Theorem in Modal Logic, in: JSL 24 (1959) 1–14.
–	*1963b*	Semantical Considerations on Modal Logic, in: APF 16 (1963) 83–94. (Auch in: Linsky *1971*, 63–72.)
–	*1965a*	Semantical Analysis of Modal Logic II, in: Addison u.a. *1965*, 206–220.
–	*1965b*	Semantical Analysis of Intuitionistic Logic I, in: J. N. Crossley/M. A. E. Dummet (Hrsg.): Formal Systems and Recursive Functions, Amsterdam 1965, 92–130.
–	*1972*	Naming and Necessity, in:

		Harmann/Davidson *1972*, 253–355.
–	*1975*	Outline of a Theory of Truth, in: JP 72 (1975) 690–716.
–	*1976*	Is there a Problem about Substitutional Quantification, in: Evans/McDowell *1976*, 325 bis 419.
–	*1977*	Identity and Necessity, in: Schwarz *1977*, 66–101.
–	*1980*	Naming and Necessity, Cambridge, Mass.
Kuhn, Th.	*1962*	The Structure of Scientific Revolutions, Chicago.
Kutschera, F. v.	*1964*	Die Antinomien der Logik, Freiburg/München.
–	*1969*	Ein verallgemeinerter Widerlegungsbegriff für Gentzenkalküle, in: Archiv für mathematische Logik und Grundlagenforschung 12 (1969) 104 bis 118.
–	*1973*	Einführung in die Logik der Normen, Werte und Entscheidungen, Freiburg/München.
–	*1975*	Normative Präferenzen und bedingte Obligationen, in: Normenlogik, hrsg. von H. Lenk, Pullach 1975, 137 bis 165.
–	*1976a*	Einführung in die Intensionale Semantik, Berlin/New York.
–	*1976b*	Conventions of Language and Intensional Semantics, in: Theoretical Linguistics 2 (1976) 155–183.
–	*1976c*	Epistemic Interpretations of Conditionals, in: Language in Focus, hrsg. von A. Kasher, Dordrecht 1976, 487–501.

Kutschera, F. v./ Breitkopf, A.	*1971*	Einführung in die moderne Logik, Freiburg/München [4]1979.
Lambert, K. (Hrsg.)	*1969*	The Logical Way of Doing Things, New York.
Leblanc, H. (Hrsg.)	*1973*	Truth, Syntax and Modality, Amsterdam.
Leibniz, G.	UCAC	Schriften zur universalen Charakteristik und Ars Combinatoria, in: Die Philosophischen Schriften, hrsg. von C. I. Gerhardt, Bd. 7, Berlin 1890, Nachdruck Hildesheim 1961, 184–247.
–	NE	Noveaux essais sur l'entendement humain, in: Die Philosophischen Schriften, hrsg. von C. I. Gerhardt, Bd. 5, Berlin 1882, Nachdruck Hildesheim 1960, 39ff.
–	PA	Philosophische Abhandlungen, in: Die Philosophischen Schriften, hrsg. von C. I. Gerhardt, Bd. 6, Berlin 1885, Nachdruck Hildesheim 1961, 473–629.
Lemmon, E.	*1957*	New Foundations for Lewis Modal Systems, in: JSL 22 (1957) 176–186.
–	*1959*	Is there only one Correct System of Modal Logic?, in: PAS Suppl. 23 (1959) 23–40.
–	*1977*	An Introduction to Modal Logic, Oxford.
Lesniewski, S.	*1930*	Über die Grundlagen der Ontologie, in: Comptes rendues des séances de la Societé des Sciences et des Lettres de Varsovie, Classe III, Vol. 23 (1930) 111–132.

Lewis, C. I. *1918* A Survey of Symbolic Logic, Berkeley.

– *1929* Mind and World Order. Outline of a Theory of Knowledge, New York.

Lewis, C. I./Langford, S. *1932* Symbolic Logic, New York/London.

Lewis, D. K. *1968* Counterpart Theory and Quantified Modal Logic, in: JP 65 (1968) 113–126.

– *1969* Convention, Cambridge, Mass.

– *1970* General Semantics, in: Synthese 22 (1970) 18–67.

– *1971* Counterparts of Persons and their Bodies, in: JP 68 (1971) 203–211.

– *1973 a* Counterfactuals, Cambridge, Mass.

– *1973 b* Causation, in: JP 70 (1973) 556–567. (Deutsch in: Posch *1981*, 102–126.)

Linsky, L. (Hrsg.) *1971* Reference and Modality, London.

– *1972* Two Concepts of Quantification, in: Nous 6 (1972) 224–239.

– *1977* Names and Descriptions, Chicago.

Lipps, H. *1938* Untersuchungen zu einer hermeneutischen Logik, in: Werke, Bd. 2, Frankfurt a.M. ^{4}1976.

Lorenz, K. *1968* Dialogspiele als Semantische Grundlage von Logikkalkülen, in: Archiv für mathematische Logik und Grundlagenforschung 11 (1968) 32–55, 73–100.

– *1970* Elemente der Sprachkritik. Eine Alternative zum Dogmatis-

		mus und Skeptizismus in der analytischen Philosophie, Frankfurt a. M.
Lorenzen, P.	*1955*	Einführung in die operative Logik und Mathematik, Berlin/Göttingen/Heidelberg.
–	*1962*	Metamathematik, Mannheim.
–	*1968*	Methodisches Denken, Frankfurt a. M.
Łukasiewicz, J.	*1920*	O logice trójwartościowej, in: Ruch filozoficznej 5 (1920) 169–171. (Englisch in: McCall *1967*, 15–18.)
–	*1930*	Philosophische Bemerkungen zu mehrwertigen Systemen des Aussagenkalküls, in: Compr. rend. séances Soc. d. Sciences et de Lettres Varsovie III, 23 (1930) 51–77. (Englisch in: McCall *1967*, 40–65.)
–	*1970*	Selected Works, Amsterdam.
Luschei, E. C.	*1967*	The Logical Systems of Lesniewski, Amsterdam.
MacColl, H.	*1880*	Symbolic Reasoning, in: Mind 5 (1880) 45–60.
–	*1906*	Symbolic Logic and its Applications, London.
Mackie, J. L.	*1962*	Counterfactuals and Causal Laws, in: Butler *1962*, 66–80.
Marcus, R. B.	*1946*	A Fundamental Calculus of First Order Based on Strict Implication, in: JSL 11 (1946) 1–16.
–	*1962*	Modalities and Intensional Languages, in: Synthese 17 (1962) 303–322.
–	*1967*	Essentialism in Modal Logic, in: Nous 1 (1967) 91–96.
–	*1975*	Does the Principle of Substitu-

		tivity Rest on a Mistake?, in: Anderson u.a. *1975*, 31–38.
Martin, R. M. (Hrsg.)	*1970*	The Paradox of the Liar, New Haven/London.
McCall, S. (Hrsg.)	*1967*	Polish Logic, Oxford.
–	*1970*	A Non-classical Theory of Truth with an Application to Intuitionism, in: APQ 7 (1970) 83–90.
McDowell, J.	*1977*	On the Sense and Reference of a Proper Name, in: Mind 86 (1977) 159–185.
McKinsey, J./ Tarski, A.	*1948*	Some Theorems about the Sentential Calculus of Lewis and Heyting, in: JSL 13 (1948) 1–15.
Meinong, A.	*1971*	Über Gegenstandstheorie, in: Untersuchungen zur Gegenstandstheorie und Psychologie, in: Gesamtausgabe, hrsg. von R. Haller/R. Kindinger/ R. Chisholm, Bd. 2, Graz 1971, 481–530.
Mill, J. S.	*1843*	A System of Logic, Ratiocinative and Inductive, London. (Deutsch in: Gesammelte Schriften, hrsg. von Gomperz, Leipzig 1869ff.)
Mohanty, J. N.	*1964*	Edmund Husserl's Theory of Meaning, The Hague.
–	*1974a*	On Husserl's Theory of Meaning, in: Southwestern Journal of Philosophy 5 (1974) Nr. 3, 229–244.
– (Hrsg.)	*1974b*	Frege – Husserl Correspondence, in: Southwestern Journal of Philosophy 5 (1974) Nr. 4, 83–95.
–	*1977a*	Husserl's Theory of Meaning, in: A. Elliston/P. McCormick (Hrsg.): Husserl, Expo-

		sitions and Appraisals, Notre Dame 1977, 18–37.
– (Hrsg.)	*1977 b*	Readings on Edmund Husserl's Logical Investigations, The Hague.
–	*1978*	On the Roots of Reference, Quine, Piaget and Husserl, in: Southwestern Journal of Philosophy 9 (1978) Nr. 2, 21–43.
–	*1979*	Husserl's Transcendental Phenomenology and Essentialism, in: RM 32 (1978/1979) 299–321.
–	*1981*	Intentionality and „Possible Worlds", in: Revue Internationale de Philosophie 136 (1981) 91–112.
Montague, R.	*1974*	Formal Philosophy, hrsg. von R. Thomason, New Haven/ London.
Morris, C.	*1938*	Foundations of the Theory of Signs, Chicago.
–	*1946*	Signs, Language and Behaviour, New York.
Myhill, J.	*1952*	Two Ways of Ontology in Modern Logic, in: RM 5 (1952) 639–655.
Nagel, E./Newman, J. R.	*1959*	Goedel's Proof, London.
Neurath, O.	*1932*	Protokollsätze, in: Erkenntnis 3 (1932) 204–214.
Parks, Z.	*1976*	Investigations into Quantified Modal Logic, in: Studia Logica 35 (1976) 109–125.
Parsons, T.	*1967*	Grades of Essentialism in Quantified Modal Logic, in: Nous 1 (1967) 181–200.
–	*1969*	Essentialism and Quantified Modal Logic, in: PR 78 (1969) 35–56.
Pears, D. F. (Hrsg.)	*1972*	Bertrand Russell, New York.

Peirce, C. S.	*1930–1958*	Collected Papers, hrsg. von C. E. Hartshorne/P. Weiss, Cambridge, Mass.
Perelman, C.	*1970*	Le Champ de l'Argumentation, Brüssel.
Perelman, C./Olbrechts-Tyteca, L.	*1958*	Traité de l'Argumentation, Paris.
Pfänder, A.	*1921*	Logik, in: JPFF 4 (1921) 136–365.
Platinga, A.	*1969*	De re et de dicto, in: Nous 3 (1969) 235–258.
–	*1974*	The Nature of Necessity, Oxford.
Ploucquet, G.	*1766*	Sammlung der Schriften, welche den logischen Calcul des Herrn Professor Ploucquet betreffen, hrsg. von F. A. Boek, Leipzig.
Popper, K. R.	*1935*	Logik der Forschung, Wien. (Engl. erw.: The Logic of Scientific Discovery, London 1959.)
–	*1962*	Conjectures and Refutations, New York [3]1968.
Posch, G. (Hrsg.)	*1981*	Kausalität. Neue Texte, Stuttgart.
Post, E.	*1921*	Introduction to a General Theory of Elementary Propositions, in: American Journal of Mathematics 43 (1921) 163–185.
Prawitz, D.	*1965*	Natural Deduction, Stockholm.
Prior, A. N.	*1949*	Logic and the Basis of Ethics, Oxford.
–	*1957*	Time and Modality, Oxford.
–	*1960*	The Runabout Inference Ticket, in: Analysis 21 (1960) 38–39. (Auch in: Copi/Gould *1978*, 37f.)
–	*1962*	Possible Worlds, in: The Phi-

		losophical Quarterly 12 (1962) 36–46.
–	*1963*	Is the Concept of Referential Opacity really Necessary, in: APF 16 (1963) 189–200.
–	*1964*	Conjunction and Contonktion Revisted, in: Analysis 24 (1964) 191–195. (Auch in: Copi/Gould *1978,* 49–53.)
–	*1967*	Past, Presence and Future Oxford.
–	*1968*	Papers on Past and Tense, Oxford.
Putnam, H.	*1957*	Three valued Logic, in: PS 8 (1957) 73–80. (Auch in: Copi/Gould *1978,* 327–334.)
–	*1971*	Philosophy of Logic, New York/Evanstone.
Putnam, H./Benacerraf, P. (Hrsg.)	*1964*	Philosophy of Mathematics, Oxford.
Quine, W. V. O.	*1940*	Mathematical Logic, Cambridge, Mass.
–	*1943*	Notes on Existence and Necessity, in: JP 40 (1943) 113–127. (Auch in: L. Linsky [Hrsg.]: Semantics and the Philosophy of Language, Urband, Ill. 1952, 77–91.)
–	*1947 a*	On Universals, in: JSL 12 (1947) 74–84.
–	*1947 b*	The Problem of Interpreting Modal Logic, in: JSL (1947) 43–48. (Auch in: Copi/Gould *1978,* 250–256.)
–	*1950*	Methods of Logic, New York/Chicago. (Deutsch: Grundzüge der Logik, Frankfurt a. M. 1969.)
–	*1953*	From a Logical Point of View, Cambridge, Mass.

–	*1955*	On Frege's Way out, in: Mind 64 (1955) 145–159.
–	*1960*	Word and Object, New York/London.
–	*1963*	Set Theory and its Logic, Cambridge, Mass.
–	*1966*	Selected Logical Papers, New York.
–	*1969*	Ontological Relativity, New York.
–	*1970*	Philosophy of Logic, Englewood Cliffs.
–	*1972*	Russell's Ontological Development, in: Pears *1972*, 290–305.
–	*1973*	The Roots of Reference, La Salle, Ill.
–	*1975*	On the Individuation of Attributes, in: Anderson u. a. *1975*, 3–14.
–	*1976*	The Ways of Paradox and other Essays, Cambridge, Mass.
Ramsey, F. P.	*1931*	The Foundations of Mathematics and other Essays, London.
Reichenbach, H.	*1944*	Philosophic Foundations of Quantum Mechanics, Berkeley/Los Angeles.
Rescher, N.	*1961*	Belief-Contravening Suppositions, in: PR 70 (1961) 176–196.
– (Hrsg.)	*1967*	The Logic of Decision and Action, Pittsburgh.
– (Hrsg.)	*1968*	Studies in Logical Theory, Oxford.
–	*1969*	Many-Valued Logic, New York.
–	*1973*	The Coherence Theory of Truth, Oxford.

–	*1977*	Methodological Pragmatism, Oxford.
Richards, T.	*1975*	The Worlds of David Lewis, in: Australasian Journal of Philosophy 53 (1975) 105 bis 118.
Robinson, A.	*1965*	Introduction to Model Theory and the Metamathematics of Algebra, 2. Aufl. Amsterdam.
–	*1968*	Model Theory, in: Klibanski *1968*, 61–86.
Rosen, S.	*1980*	The Limits of Analysis, New York.
Ross, A.	*1968*	Directives and Normes, London.
Rosser, J. B.	*1930*	An Informal Exposition of Proofs of Goedel's Theorem and Church's Theorem, in: JSL 4 (1930) 53–60.
Rosser, J. B./Turquette, A. R.	*1952*	Many-Valued Logics, Amsterdam.
Rota, G. C.	*1973*	Edmund Husserl and the Reform of Logic, in: Carr/Casey *1973*, 299–305.
Routley, R.	*1977*	Welding Semantics for Weak Strict Modal Logics into the General Framework of Modal Semantics, in: ZMLGM 23 (1977) 497–510.
Routley, R./Meyer, K.	*1973*	The Semantic of Entailment, in: Leblanc *1973*, 199–243.
Russell, B.	*1903*	The Principles of Mathematics, London.
–	*1910*	Philosophical Essays, London.
–	*1938*	The Relevance of Psychology to Logic, in: PAS Suppl. 17 (1938) 42–53.
–	*1956*	Logic and Knowlege, hrsg. von Marsh, London.

–	*1959*	My Philosophical Development, London.
Russell, B./Whitehead, A. N.	*1910–1913*	Principia Mathematica, Bd. 1, 1910, Cambridge ²1925; Bd. 2 1912, Cambridge ²1927; Bd. 3 1913, Cambridge ²1927.
Ryle, G.	*1933*	Imaginary Objects, in: PAS Suppl. 12 (1933) 18–43.
–	*1938*	Categories, in: PAS Suppl. 38 (1937/1938) 189–206.
–	*1949*	The Concept of Mind, London. (Deutsch: Der Begriff des Geistes, Stuttgart 1969.)
–	*1950*	If, So and Because, in: Black *1950*, 302–318.
Scheffler, I.	*1967*	Science and Subjectivity, Indianapolis/New York.
Schiller, F. C. S.	*1912*	Formal Logic. A Scientific and a Social Problem, New York.
–	*1930*	Logic for Use, New York.
Schilpp, P. (Hrsg.)	*1964*	The Philosophy of R. Carnap, La Salle, Ill.
Schmit, R.	*1981*	Husserls Philosophie der Mathematik, Bonn.
Schütte, K.	*1960a*	Syntactical and Semantical Properties of Simple Type Theory, in: JSL 25 (1960) 305–326.
–	*1960b*	Beweistheorie, Berlin/Göttingen/Heidelberg.
Schwarz, S. (Hrsg.)	*1977*	Naming, Necessity and Natural Kinds, Ithaca.
Searle, J. R.	*1958*	Proper Names, in: Mind 67 (1958) 166–173.
–	*1969*	Speech Acts, Cambridge, Mass.
–	*1975*	The Logical Status of Fictional Discourse, in: New Literary History 6 (1975) 319–332.
Seebohm, Th.	*1971*	Zwei neuere Explikate der Begriffe „analytisch“ und „syn-

thetisch", in: KS 62 (1971) 202–217.

– *1974* Das Widerspruchsprinzip in der Kantischen Logik und der Hegelschen Dialektik, in: Akten des 4. Internationalen Kant-Kongresses, Mainz 1974, 862–874.

– *1976a* Zur Phänomenologie kognitiver Leistungen im Umgang mit Formalen Sprachen, in: Phänomenologische Forschungen 2 (1976) 49–75.

– *1976b* The Grammar of Hegel's Dialectic, in: Hegel-Studien 11 (1976) 149–180.

– *1977* Bemerkungen zum Problem der Interpretation irrealer Konditionalsätze als verkürzter Schlüsse, in: KS 68 (1977) 2–17.

Segerberg, K. *1970* Modal Logic with Linear Alternatives, in: Theoria 36 (1970) 301–322.

Sellars, W. *1963* Science, Perception and Reality, London.

Skinner, B. F. *1957* Verbal Behaviour, New York.

Skyrms, B. *1970* Return of the Liar: Three Valued Logic and the Concept of Truth, in: APQ 7 (1970) 130–153.

Smiley, T. J. *1960* Sense without Denotation, in: Analysis 20 (1960) 125–135.

– *1963* The Logical Basis of Ethics, in: APF 16 (1963) 237–246.

Smith, D. W./ McIntyre, R. *1971* Intentionality via Intensions, in: JP 68 (1971) 541–561.

– *1975* Husserl's Identification of Meaning and Noema, in: Monist 59 (1975/1976) 115–132.

Smullyan, R. M. *1957* Languages in which Selfrefe-

		rence is Possible, in: JSL 22 (1957) 55–67.
Sokolowski, R.	*1968*	The Logic of Parts and Wholes in Husserl's Investigations, in: PPR 28 (1968) 537–553.
–	*1973*	Logics and Mathematics in Husserl's Formal and Transcendental Logic, in: Carr/Casey *1973*, 306–327.
–	*1976*	The Presence of Judgment, in: Phänomenologische Forschungen 2 (1976) 19–28.
Stalnaker, R.	*1968*	A Theory of Conditionals, in: N. Rescher (Hrsg.): Studies in Logical Theory, Oxford 1968, 98–112.
Stalnaker, R./ Thomason, R.	*1970*	A Semantic Analysis of Conditional Logic, in: Theoria 36 (1970) 23–42.
Stegmüller, W.	*1956*	Das Universalienproblem einst und jetzt, in: Archiv für Philosophie 6 (1956) 192–225.
–	*1957*	Das Wahrheitsproblem und die Idee der Semantik, Wien.
–	*1959*	Unvollständigkeit und Unentscheidbarkeit, Wien.
Strawson, P. F.	*1949*	Truth, in: Analysis 9 (1949) 66–83.
–	*1952*	Introduction to Logical Theory, London.
–	*1956*	Singular Terms, Ontology and Identity, in: Mind 65 (1956) 433–454.
–	*1959*	Individuals. An Essay in Descriptive Metaphysics, London.
–	*1964*	Carnap's View on Constructed Systems versus Natural Languages, in: Schilpp *1964*, 503–518.

–	*1971*	Logico-Linguistic Papers, London.
–	*1974*	Subject and Predicate in Logic and Grammar, Andover (Hampshire).
Tarski, A.	*1930a*	Über einige fundamentale Begriffe der Metamathematik, in: Comptes rendues des séances de la Societe des Sciences et des Lettres de Varsovie, Cl. III, 23 (1930) 22–29.
–	*1930b*	Fundamentale Begriffe der Methodologie der deduktiven Wissenschaften, in: Monatshefte für Mathematik und Physik 37 (1930) 361–404.
–	*1933*	Der Wahrheitsbegriff in den formalen Sprachen, in: Studia Philosophica 1 (1936) 261–405. (Polnisch: Pojęcie prawdy w językach nauk dedukcyjnach, Warszawa 1933.)
–	*1935/ 1936*	Grundzüge des Systemkalküls, in: Fundamenta Mathematica 25 (1935) 503–526 und 26 (1936) 283–301.
–	*1944*	The Semantic Conception of Truth and the Foundation of Semantics, in: PPR 4 (1944) 341–376.
–	*1956*	Logic, Semantics, Metamathematics, hrsg. von J. H. Woodger, Oxford. (Enthält in engl. Übersetzung: *1930a,* 30–37; *1930b,* 60–109; *1933,* 152 bis 278; *1935/1936,* 342 bis 383.)
Thiel, C.	*1965*	Sinn und Bedeutung in der Logik Gottlob Freges, Meisenheim.
–	*1972*	Grundlagenkrise und Grundlagenstreit, Meisenheim.

Thomason, R.	*1969*	Modal Logic and Metaphysics, in: Lambert *1969*, 119–146.
Toulmin, S. E.	*1953*	Philosophy of Science, London.
–	*1958*	The Uses of Argument, London.
–	*1972*	Human Understandings, Princeton, N.J.
Tragesser, R.	*1972*	Eidetic Analysis, Informal Rigor and a Phenomenological Critique of Carnap's Notion of Explication, in: PPR 33 (1972) 48–61.
–	*1973*	On the Phenomenological Foundation of Mathematics, in: Carr/Casey *1973*, 285 bis 298.
–	*1977*	Phenomenology and Logic, Ithaca.
Tugendhat, E.	*1960*	Tarskis semantische Definition der Wahrheit und ihre Stellung innerhalb der Geschichte des Wahrheitsproblems im logischen Positivismus, in: Philosophische Rundschau 8 (1960) 131–159.
Urquhart, A.	*1973*	An Interpretation of Many Valued Logic, in: ZMLGM 19 (1973) 111–114.
Waismann, F.	*1950*	Analytic-Synthetic, in: Analysis 11 (1950/1951) 25–38.
Waletzki, W.	*1980*	Was ist ein irrealer Konditionalsatz?, in: KS 71 (1980) 254–269.
Willard, D. A.	*1964*	Meaning and Universals in Husserl's Logische Untersuchungen, New York.
–	*1972*	The Paradox of Logical Positivism. Husserl's Way out, in: APQ 9 (1972) 94–100.

Williams, B./ Montifiori, A.	*1966*	British Analytical Philosophy, London.
Wittgenstein, L.	*1922*	Tractatus Logico-Philosophicus, London 1922, Frankfurt a. M. 1960.
–	*1953*	Philosophische Untersuchungen/Philosophical Investigations, hrsg. von E. M. Anscombe/R. Rhees, Oxford 1953, Frankfurt a. M. 1960.
Woods, J.	*1974*	The Logic of Fiction, The Hague.
Wright, G. H. v.	*1951*	An Essay in Modal Logic, Amsterdam.
–	*1957*	Logical Studies, London.
Zelený, J.	*1980*	The Logic of Marx, London.
Zinov'ev, A. A.	*1963*	Philosophical Problems of Many-Valued Logic, Dordrecht.

Personenregister

Sachregister

Kursive Seitenangaben beziehen sich auf Anhang I und II.

Handbuch Philosophie

herausgegeben von Elisabeth Ströker und Wolfgang Wieland
im Verlag Karl Alber, Freiburg/München

Die Bände des *Handbuchs Philosophie* entfalten die hauptsächlichen Fragestellungen der verschiedenen Disziplinen, stellen ihre Theorien nach Grundprinzipien und Konsequenzen klar heraus und machen ihre Grenzen durch Berücksichtigung interner und externer Kritik sichtbar. Keine Richtung oder Schule wird einseitig repräsentiert, vielmehr kommen alle Aspekte zur Sprache, die sachdienlich die internationale Problemdiskussion bestimmen. Da es indessen keine völlig standpunktunabhängige Philosophie gibt, wird jeder Autor in seinen Band einbringen, was ihm im Zusammenhang seiner Forschungen wesentlich erscheint. Das schließt die Möglichkeit ein, bei der Darstellung fremder Auffassungen der eigenen Kritik Raum zu geben. So wird jene Vielfalt widergespiegelt, in der sich das philosophische Denken unserer Tage manifestiert.
Das Gesamtwerk ist nach philosophischen Disziplinen gegliedert. Jeder Band hat wesentlich den gegenwärtigen Problemstand seiner Disziplin zum Gegenstand. Das Schwergewicht liegt auf der systematischen Darstellung; Historisches wird berücksichtigt, soweit es dazu beiträgt, die gegenwärtige Problematik begreiflich zu machen. Die Zielsetzung des Werkes bedingt eine klare und verständliche Diktion auf einem der Sachproblematik angemessenen Sprachniveau. Daher werden die Fachterminologien so verwendet, daß die Bedeutung der Spezialausdrücke auch dem einer Disziplin ferner Stehenden aus dem Kontext hinreichend deutlich wird.
Jeder Band mit Bibliographie, Sachregister und Personenregister. Die Bibliographie bringt jeweils eine Auswahl der einschlägigen Literatur: Gesamtdarstellungen der Disziplin, Monographien zu zentralen Problemen, Literatur mit historischer Ausrichtung, Zeitschriftenaufsätze und Lexikonartikel.

Umseitig eine Übersicht
über die einzelnen Bände des *Handbuchs Philosophie*

Die einzelnen Bände

des *Handbuchs Philosophie* in der Reihenfolge, in der sie erschienen sind oder voraussichtlich erscheinen werden:

Politische Philosophie. Von Klaus Hartmann (Tübingen). 1981
Sprachphilosophie. Von Josef Simon (Bonn). 1981
Philosophie der Sozialwissenschaften. Von Karl Acham (Graz). 1983
Religionsphilosophie. Von Richard Schaeffler (Bochum). 1983
Philosophie der Logik. Von Thomas M. Seebohm (Mainz). 1984
Analytische Philosophie. Von Hans-Ulrich Hoche (Bochum) und Werner Strube (Bochum)
Philosophie der Mathematik. Von Christian Thiel (Erlangen)
Philosophie der Geisteswissenschaften. Von Theodor Bodammer (Ludwigsburg)
Rechtsphilosophie. Von Erich Fries (Göttingen)
Philosophie der Geschichte. Von Hans Michael Baumgartner (Gießen)
Philosophie der Kunst. Von Willi Oelmüller (Bochum)
Metaphysik. Von Kurt Flasch (Bochum)
Philosophische Hermeneutik. Von Manfred Riedel (Erlangen)
Philosophie der Naturwissenschaften. Von Elisabeth Ströker (Köln)
Ethik. Von Jürgen Sprute (Göttingen)
Erkenntnistheorie. Von Rainer Enskat (Heidelberg)
Phänomenologische Philosophie. Von Paul Janssen (Köln) und Elisabeth Ströker (Köln)
Allgemeine Wissenschaftstheorie

Verlag Karl Alber, Freiburg/München